《포크는 왜 네 갈퀴를 달게 되었나》는…

세계적 공학칼럼니스트이며 과학기술의 실패 분석failure analysis 분야에서 독보적인 존재인 헨리 페트로스키가 우리가 소유한 물건들의 탄생과 진화의 과정을 뜨거운 학문적 열정과 체계적인 고찰을 통해 완성한 역작이다. "작은 물건에 큰 뜻이 숨어 있다"는 그의 명언처럼 사소해 보이지만 쓸모가 많은 물건들의 발명과 디자인에 얽힌 사회적·기술적 요인 및 배경을 분석하여 모든 인공물의 발명, 창조, 혁신에 요구되는 기본 원리를 제시했다.

현대 사회를 주도하고 있는 애플, 구글, 삼성, LG 같은 세계적 기업들은 '디자인 경영'의 중요성을 강조하며, 앞으로 디자인이 기업의 성패를 가늠할 것이라고 주장했다. 디자인이 단순히 사물의 외형을 포장하는 수단이 아니라, 사물의 기능과 미적 감각이 결합하여 그 물건의 가치를 대변하는 유용한 수단임을 알고 있었던 것이다. 페트로스키는 전 세계가 '디자인 경영'을 주목하기 이전부터 디자인의 본성과 힘, 그 가치를 일찌감치 깨닫고 이를 깊이 연구해온 디자인공학 분야의 선구자이다. 그는 디자인이 공학기술과 인간의 감성이 결합된 총체적인 과정이라는 사실을 인지하고, 이를 대중에 널리 알리기 위해 공학적 탐구를 게을리하지 않았다. 그 결과 보통 사람들이 그냥 지나치고 마는 일상의 사물에 대해 탁월한 통찰력으로 디자인의 진화 과정을 밝혀내고, 어떤 디자인은 왜 성공을 거두고 어떤 것은 왜 실패했는지 분석함으로써 사물의 쓸모와 가치를 새롭게 정립하여 뛰어난 수작을 탄생시켰다.

이 책은 1995년 《포크는 왜 네 갈퀴를 달게 되었나》로 국내에 처음 소개되었다. 이후 '교보문고 선정 중학생에게 읽히기 좋은 책', '대학 신입생들을 위한 필독서', '방송대 권장도서 100권', '디자인학도를 위한 도서'로 추천되며 전 세대를 아우르는 폭넓은 사랑을 받아왔다.

모던&클래식은
시대와 분야를 초월해 인류 지성사를 빛낸 위대한 저서를 엄선하여
출간하는 김영사의 명품 교양 시리즈입니다.

포크는 왜 네 갈퀴를 달게 되었나

포크는 왜 네 갈퀴를 달게 되었나

지은이_ 헨리 페트로스키
옮긴이_ 백이호

1판 1쇄 발행_ 2014. 2. 26
1판 4쇄 발행_ 2019. 6. 26

발행처_ 김영사
발행인_ 고세규
기획_ 이인식 지식융합연구소장

등록번호_ 제406-2003-036호
등록일자_ 1979. 5. 17.

경기도 파주시 문발로 197(문발동) 우편번호 10881
마케팅부 031)955-3100, 편집부 031)955-3200, 팩시밀리 031)955-3111

값은 뒤표지에 있습니다.
ISBN 978-89-349-6650-0 03500, 978-89-349-5063-9(세트)

홈페이지_ www.gimmyoung.com 블로그_ blog.naver.com/gybook
페이스북_ facebook.com/gybooks 이메일_ bestbook@gimmyoung.com

좋은 독자가 좋은 책을 만듭니다.
김영사는 독자 여러분의 의견에 항상 귀 기울이고 있습니다.

헨리 페트로스키
이인식 해제 | 백이호 옮김

THE EVOLUTION OF USEFUL THINGS

김영사

해제

흔해 빠진 물건의 위대한 디자인

이인식(지식융합연구소 소장)

작은 물건에 큰 뜻이 숨어 있다_헨리 페트로스키

1

세계적 공학칼럼니스트로서 '테크놀로지의 계관시인'이라 불리는 헨리 페트로스키는 과학기술의 실패 분석failure analysis 분야에서 독보적인 존재이다.

1985년 펴낸 첫 번째 저서인 《인간과 공학 이야기To Engineer Is Human》에서 페트로스키는 "세상의 모든 것은 무너진다"고 전제하고, "실패에 대한 개념을 갖는 것이 공학을 이해하는 첫걸음이라고 믿는데, 그것은 공학 디자인의 첫 번째 목표가 바로 이 실패를 하지 않는 것이기 때문이다"라고 강조했다.

페트로스키는 이 책에서 설계가 완벽하지 못한 실패 사례로 1940년 미국에서 개통 4개월 만에 강풍을 이기지 못하고 무너진 현수교인 터코마내로스 다리 사건, 1979년 미국 스리마일 섬의 핵발전소에서 원자로 중심부의 냉각수가 흘러나와 방사능이 대규모로 유출된 사건, 1981년 미국 하얏트 리젠시 호텔의 고가 통로가 붕괴되어 114명이 죽은 사건 등을 소개하고, 실패가 발생하는 이유는 사람들의 무지, 부주의, 탐욕 때문이라고 분석했다.

페트로스키의 실패 연구는 2004년 출간된 《기술의 한계를 넘어 Pushing the Limits》에서 한층 체계화되었다. 일반 대중에게 '한계를 시험하고 극한을 초월함으로써 지평을 넓힌 공학의 여러 가지 모험담'을 알리기 위해 집필된 이 책에서 미국 동부 델라웨어 강에 건설될 당시 세계에서 가장 긴 현수교였던 벤저민 프랭클린 다리, 새 천년의 도래를 기념하기 위해 세워진 영국의 밀레니엄 다리, 강도 7.5의 지진에도 끄떡없었던 세계 최장의 다리인 일본 고베의 아카시 대교 등의 특성을 분석하고, 대형 교량과 댐의 붕괴를 초래하는 첫 번째 요인은 공학자의 오만과 허영심이라고 질타했다. 가령 1928년 430여 명의 목숨을 앗아간 세인트프랜시스 댐의 붕괴는 '과거의 경험이면 충분하다는 식의 교만' 때문에 발생했다는 것이다.

2006년 페트로스키는 자신의 실패 연구를 중간 결산한 《종이 한 장의 차이Success Through Failure》를 펴냈다. 원제가 '실패를 통한 성공'인 것처럼 이 책에서 페트로스키는 "모든 것은 언제나 개선의 여지를 남긴다"고 전제하면서, '실패는 여전히 성공을 향한 동력'이라고 강조했다.

사람이 실패를 두려워하는 것은 인지상정이다. 또한 실패를 숨기고 싶어 하는 것은 인간의 보편적 심리이다. 그러나 실패를 은폐하면 똑같은 실패를 되풀이하거나 큰 실패를 하게 마련이다.

페트로스키의 실패 분석처럼, 우리의 주변에서 반복되는 실패를 부정적으로 받아들이는 것이 아니라 실패의 속성을 이해하여 나쁜 실패는 재발을 예방하고 좋은 실패는 새로운 창조의 씨앗으로 삼자는 취지로 출현한 연구를 '실패학失敗學'이라 이른다.

실패에는 그 나름의 법칙이 있다. 이른바 '하인리히 법칙Heinrich's Law'이다. 1931년 미국의 산업안전 전문가인 허버트 하인리히Herbert Heinrich, 1886~1962가 펴낸 《산업사고 예방Industrial Accident Prevention》에 제시된 이 법칙은 '1대 29대 300법칙'이라 불린다. 하나의 큰 재해에는 경미한 상처를 입히는 가벼운 재해가 29건 들어 있고, 29건에는 인명 피해는 없지만 깜짝 놀랄 만한 사건이 300건 존재한다는 뜻이다. 이를테면 큰 실패가 일어날 때에는 반드시 전조가 있으므로 이 전조를 알아내서 적절하게 대응하면 큰 실패를 충분히 예방할 수 있다는 것이다.

페트로스키 역시 《종이 한 장의 차이》에서 '실패의 30주년 주기 법칙'을 내놓았다. 30년 주기로 대형 교량 붕괴 사고가 일어난다는 뜻이다. 1847년 영국에서 건설 중이던 대형 교량이 무너진 이후, 1879년 스코틀랜드 다리, 1907년 캐나다의 퀘벡 다리, 1940년 터코마내로스 다리, 1970년 호주 멜버른의 다리가 붕괴하는 사고가 30년 주기로 발생한 것으로 나타났다. 페트로스키는 이처럼 실패가 30년마다 반복되는 것은 인간의 오만과 성공에 대한 터무니없는 믿음 때문이라고 경고했다.

실패 문화가 가장 잘 구축된 나라는 미국과 일본이다. 특히 일본의 실패학 연구 열기는 우리 사회에 시사하는 바가 적지 않다. 무엇보다 한국 사회는 오랫동안 풍미한 성장 제일주의 문화의 잔재인 성공 신화에 중독되어 실패로부터 교훈을 얻으려는 노력을 찾아보기 힘들기 때문이다. 우리나라는 한때 다리와 백화점이 무너지고 지하철에 불이 붙어 애꿎은 시민들이 떼죽음을 당하는 사고 공화국이었다. 우리 사회도 페트로스키의 실패학 연구를 타산지석으로 삼아 '창조적 실패'가 사회 발전의 밑거름이 되도록 해야 할 것 같다.

2

헨리 페트로스키는 《인간과 공학 이야기》의 머리말에서 "디자인이란 예전에는 없던 무언가를 새롭게 만드는 일이며 이는 바로 공학의 핵심이기도 하다"며 디자인과 공학을 같은 뜻으로 사용했다. 공학칼럼니스트로서 그가 실패 분석과 함께 관심을 갖는 주제가 디자인임을 엿볼 수 있는 대목이다.

1989년 펴낸 두 번째 저서인 《연필The Pencil》은 페트로스키의 해박한 식견과 유려한 필체가 빛나는 화제작으로, 공학 디자인에 대한 그의 저술이 쏟아져 나올 것임을 유감없이 보여준 작품이라 아니할 수 없다. 그의 표현을 빌리면 "문화적으로 정치적으로 기술적으로 역사의 거듭되는 부침 속에서 하나의 인공물이 발전되는 과정을 추적한" 《연필》은 "사실상 별로 눈에 띄지 않을 만큼 우리에게 익숙하며, 아무 생각 없이 손에 들었다가 치워버리기도 하는 평범한 물건"에 불과한 연필을 선택하여 그 역사와 상징성을 통해 공학과 디자인에 접근한 역작이다. 페트로스키는 "연필의 역사 속에 혼재되어 있는 국제적 갈등이라든지 무역, 국가 간의 경쟁 등이 해낸 역할이 석유·자동차·철강·원자력 같은 현대의 국제적 산업에도 귀중한 교훈이 될 것임을 의심치 않는다"고 서문에서 집필 의도를 밝히기도 했다.

《연필》에서 언뜻 보기에 간단해 보이는 인공물의 진화 과정을 추적해 모든 디자인과 발명에 적용되는 보편적 원칙을 밝혀냈던 특유의 공학적 탐구를 좀 더 확대시켜 집필한 역작이 바로 이 책《포크는 왜 네 갈퀴를 달게 되었나The Evolution of Useful Things》이다. 1992년 출간된 이 책은 "작은 물건에 큰 뜻이 숨어 있다"는 페트로스키의 명언처럼 일상생활에서 쓸모가 많지만 사소해 보이는 물건들의 발명과 디자인에 얽힌 사회적 및 기술적 요인과 배경을 분석하여 모든 인공물의 발명·창조·혁신에 요구되는 기본 원리를 제시했다. 이를테면 포크는 어떻게 네 갈퀴를 달게 되었나, 클립은 어떻게 발전해왔는가, 지퍼는 왜 그런 이름으로 불리게 되었는가, 알루미늄캔의 밑바닥은 왜 움푹 들어갔는가, 붉은 포도주는 왜 목이 긴 병에 담는가 같이 시시콜콜해 보이는 질문에 대해 궁금증을 풀어주면서 공학 디자인의 본질에 대해 타의 추종을 불허하는 탁견을 내놓았다.

1996년 펴낸《디자인이 세상을 바꾼다Invention by Design》도 연필심 같은 사소한 물건에서부터 마천루 같은 현대식 건물에 이르기까지 우리에게 친숙한 인공물에 대한 사례연구를 통해 공학과 디자인이 지닌 본질을 탐구한다. 자연에서 영감을 얻어 설계된 수정궁Crystal Palace과 도꼬마리 씨앗을 모방해서 만든 벨크로Velcro도 소개되어 있다.

2003년 출간된《디자인이 만든 세상Small Things Considered》에는 대형마트의 구조, 고속도로의 톨게이트, 식당의 음식 주문과 요금 계산,

완벽한 집의 설계 등 생활 주변에서 마주치는 익숙한 공간의 디자인에 대한 깐깐한 해설이 실려 있고, 종이컵·정수기·칫솔·만능테이프·문손잡이·전기스위치·수도꼭지·야채 깎는 칼·의자 등 소소한 일상용품의 모양새를 만들어낸 디자인의 발전 과정을 설명하면서 흔해 빠진 물건 속에 위대한 디자인이 숨어 있음을 보여준다.

페트로스키는 디자인에 관한 몇 권의 걸출한 저서에서 보통 사람들의 눈으로는 그냥 지나치고 마는 일상의 사물에 대해 탁월한 통찰력으로 디자인의 진화 과정을 밝혀내고 어떤 디자인은 왜 성공을 거두고 어떤 것은 왜 실패했는지 분석함으로써 사물의 쓸모와 가치를 새롭게 자리매김하는 놀라운 글 솜씨를 발휘했다.

3

이 책《포크는 왜 네 갈퀴를 달게 되었나》는 우리에게 '쓸모 있는 물건'으로 여겨질 만한 이유가 여러 가지 있을 테지만 특히 두 가지 측면에서 그 가치와 쓰임새를 살펴보고 싶다.

하나는 자연중심기술이다. 2012년 5월 펴낸《자연은 위대한 스승이다》에서 수정궁처럼 자연으로부터 영감을 얻어 디자인을 하거나, 벨크로처럼 자연을 모방하여 물건을 만드는 기술을 통틀어 자연중심기술 또는 청색기술blue technology이라 부를 것을 제안한 바 있다.

자연을 스승으로 삼고 인류사회의 지속 가능한 발전의 해법을 모색하는 청색기술은 녹색기술의 한계를 보완할 가능성이 커 보인다.

녹색기술은 환경오염이 발생한 뒤의 사후 처리적 대응의 측면이 강한 반면에 청색기술은 환경오염 물질의 발생을 사전에 원천적으로 억제하려는 기술이기 때문이다.

페트로스키로부터 흔해 빠진 물건에서 위대한 디자인의 실마리를 찾아내는 안목을 배울 수 있다면 위대한 발명가인 자연으로부터 영감을 얻거나 자연을 모방해서 친자연적인 물건을 얼마든지 디자인해낼 수 있을 터이므로 이 책은 미래의 발명가·엔지니어·디자이너에게 훌륭한 교본이 되고도 남을 것임에 틀림없다.

이 책《포크는 왜 네 갈퀴를 달게 되었나》가 우리에게 '쓸모 있는 물건'으로 여겨질 만한 다른 측면 하나는 융합convergence이다. 21세기 들어 서로 다른 학문·기술·산업 영역 사이의 경계를 넘나들며 새로운 주제에 도전하는 지식융합, 기술융합, 산업융합은 새로운 가치 창조의 원동력이 되고 있다.

특히 산업융합은 기술, 제품, 서비스가 서로 융합하여 새로운 부가가치를 창출하는 방향으로 전개되는 추세이다. 대표적 사례로는 여러 제품끼리 융합된 스마트폰을 들 수 있다. 다양한 휴대 장치의 기능을 합쳐놓은 애플의 스마트폰이 거둔 성공은 산업융합의 중요성을 상징적으로 보여주었다. 이러한 애플의 성공 신화는 전적으로 스티브 잡스Steve Jobs, 1955~2011의 융합적 사고에서 비롯되었다. 잡스는 신제품을 발표할 때 대형 스크린에 리버럴 아츠liberal arts와 테크놀로지의 교차로 표지판을 띄우면서 "교양과목과 결합한 기술이야말로 우리 가슴을 노래하게 한다"고 말했다. 오늘날 대학의 교양과목에는 인문학·사회과학·자연과학·어학 따위의 모든 학문이 포함된다. 하지만 우리나라에서는 잡스의 말을, 인문학과 기술을 융합하여 스마트폰처럼 세상을 바꾸는 제품을 만들었다는 의미로 받아들여지고 있다. 어쨌거나 인문학적 상상력을 정보기술에 접목한 잡스의 융합적 사고방식이 애플 제품의 세계 시장 석권을 일구어낸 원동력임은 명백한 사실이다.

이러한 융합적 사고를 일찌감치 유감없이 보여준 사람이 다름 아닌 페트로스키가 아니겠는가. 그는 인문학적 안목으로 공학기술에 접근해 단순히 사물의 디자인을 분석하는 데 머물지 않고 인간의 본성까지 파헤치고 있기 때문이다.

헨리 페트로스키처럼 사물을 꿰뚫어보는 탐구 정신과 스티브 잡스처럼 시대를 앞서가는 기업가 정신으로, 디자인이 훌륭한 물건을 만들어 세상을 바꾸는 융합형 인재들이 많이 배출된다면 얼마나 반가운 일이겠는가.

머리말

무엇이 물건의 형태를 결정하는가

지금 내가 앉아 있는 곳의 주변은 하늘과 몇 그루의 나무만 제외하면 온통 다 사람들이 만든 것으로 가득하다. 앞에 놓인 책상, 책과 컴퓨터, 뒤쪽의 의자, 융단과 문, 위에 달린 램프, 천장과 지붕, 창밖에 난 도로, 자동차와 건물들까지도 모두 자연의 일부를 분해한 후 다시 조립해 만든 것이다. 굳이 진실을 파고들자면, 하늘은 공해로 채색되고 가로수는 도시 개발계획에 따라 나뉜 공간에 걸맞도록 기묘한 모양으로 꾸며져 있다. 도시에서 실제로 보고 감지할 수 있는 모든 것에는 인간의 손길이 닿아 있기에 우리가 접하는 대다수의 물건은 디자인이라는 과정을 거쳐 탄생한다.

우리의 다양한 지각작용이 이러한 인공물과 밀접한 관계에 있다고 전제한다면, 그 물건들이 어떻게 지금의 모양을 띠게 되었는지에 대해 의문이 생기기 마련이다. 기술이 만들어낸 하나의 인공물은 어떻게 다른 모양이 아닌 현재의 모양을 하게 되었는가? 어떤 과정을 거쳐 이처럼 독특하면서도 보편성을 갖춘 제품들이 설계되었는가?

서로 다른 문화권에서 모양은 전혀 다르면서도 본질적인 기능만은 똑같은 도구가 쓰이는 이유는 하나의 획일적인 메커니즘이 존재하기 때문인가? 좀 더 구체적으로 보자. 서양의 나이프와 포크의 발전을 동양의 젓가락이 발달해온 원리로 설명할 수 있는가? 밀면서 자르는 서양 톱과 당기면서 자르는 동양 톱의 모양에 대해 똑같은 획일적인 논리로 쉽게 설명이 가능한가? 만일 형태가 기능에 따라 결정되는 것이 아니라면, 도대체 어떠한 메커니즘이 우리 인공 세계의 모양과 형태를 정하는 것인가?

이러한 의문들이 내가 이 책을 쓰도록 이끌었다. 이 책은 사람이 만든 물건이 왜 부서지는지를 이해하고자 쓴《인간과 공학 이야기》를 시작으로, 인공물이 역사 속에서 문화, 정치, 기술의 변천에 따라 어떻게 진화해왔는지를 추적한《연필》로 이어지는 공학에 대한 탐구를 좀 더 확장한 것이다. 나는 각 물건의 물리적인 결함보다는 그 실패가 물리적·기능적·문화적·심리적으로 함축하고 있는 의미 전반에 관해 관심을 가져왔다. 이 책은 디자인 세계에서 금과옥조로 받들어지는 '형태는 기능에 따라 결정된다Form follows function'라는 명제에 반박하는 내용으로 보일 수도 있겠지만, 물건 그 자체에 국한하지 않고 말로는 표현하기 어려운 창조적인 발명과 설계 과정의 근원까지 고찰하고 있다.

물건이 물건으로부터 진화하듯 책 또한 책에서부터 진화한다. 이 책을 쓰면서 나는 다시 한 번 많은 도서관과 사서에게 큰 도움을 받았다. 언제나처럼 듀크대학 베시치 공학도서관 관장 에릭 스미스에게 감사의 뜻을 전한다. 가끔 나의 애매모호한 자료 요청에도 불구하고 그는 항상 침착하게 인내심을 발휘하면서 내가 생각지도 못한 유용한 정보까지 먼저 찾아내주었다. 퍼킨스도서관 공공문서과에 근무하는 스튜어트 바제프스키 또한 특허와 관련된 매우 중요한 문헌을 소개해주었으며, 노스캐롤라이나주립대학 도서관의 특허문서 보관소에서는 다양한 자료를 친절하게 제공해주었다. 몇몇 기업에서는 회사 연혁과 카탈로그, 설명서를 보내주어 도서관에서 찾지 못한 물건들의 역사와 현재의 상황에 관해 매우 귀중한 내용을 읽을 수 있었다. 또한 많은 친구와 독자, 수집가도 저술에 관련된 자료와 물건을 후하게 나눠주었다. 이 책의 출간에 도움을 준 많은 분들께 감사의 뜻을 전한다.

오래전부터 발명가, 디자이너와 주고받은 서신과 대화가 이 책을 구상하는 데 큰 도움이 되었지만, 실타래처럼 복잡하게 얽히고설켜 있어 기여한 부분을 분명하게 밝히기에는 어려움이 많았다. 그래서 그들의 개별적인 공헌은 부득이 대부분 익명으로 처리할 수밖에 없었다. 그러나 전문가들이 기록하거나 발표한 자료 가운데 도움이 된 것들은 기억할 수 있는 범위 내에서 참고문헌에 출처를 밝혀두었다. 몇몇 작가나 엔지니어, 기술사학자들이 자료와 함께 격려를 보내주었는데, 그중에서도 프리먼 다이슨, 유진 퍼거슨, 멜빈 크랜츠버그, 월터 빈센티 씨에게 특별히 감사의 말을 전한다.

한 권의 책을 쓰기 위해서는 시간과 공간이 필요하다. 시간은 존 사이먼 구겐하임 기념재단John Simon Guggenheim Memorial Foundation의 특별연구원이 되어 혜택을 받았고, 공간은 퍼킨스도서관의 열람석을 이용할 수 있도록 도움을 받았다. 특히 여러 색깔의 연필로 원고를 교정하고 출간을 준비해준 유능한 편집자 애시빌 그린과 앨프리드 노프 출판사의 다른 분들에게도 감사의 마음을 전한다. 혹시라도 이 책에 어떤 부족한 점이 있다면 모두 나의 책임이다.

마지막으로 매일 저녁 집에서 사색과 독서에 몰두해야 하는 사정을 이해해주고, 부서진 것들은 물론 기괴하게 생긴 것들까지 수많은 흥미로운 물건을 끊임없이 가져와 정보 수집을 도와준 가족들에게 고마움을 전한다. 그리고 이 책의 색인 작업을 맡아준 스티븐과 카렌, 또한 집필 과정에서 매 단계마다 원고를 읽고 교정을 봐준 캐서린에게 감사한다.

듀크대학 퍼킨스도서관에서

헨리 페트로스키

차례

4 —— 핀에서 클립까지

5 —— 작은 물건에도 큰 뜻이 숨어 있다

6 —— 옷핀에서 지퍼까지

11 —— 닫아야 열린다

12 —— 조금만 바꿔도 큰돈이 벌린다

13 —— 적당히 좋은 것이 최고보다 나을 때도 있다

14 —— 개선의 여지는 항상 있다

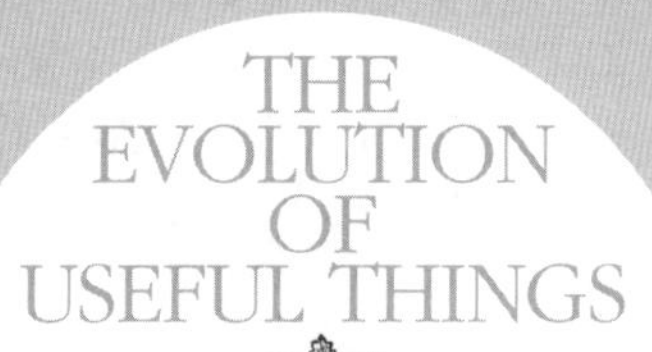
THE
EVOLUTION
OF
USEFUL THINGS

포크는 어떻게
갈퀴를 달게 되었는가

1

HOW THE FORK GOT ITS TINES

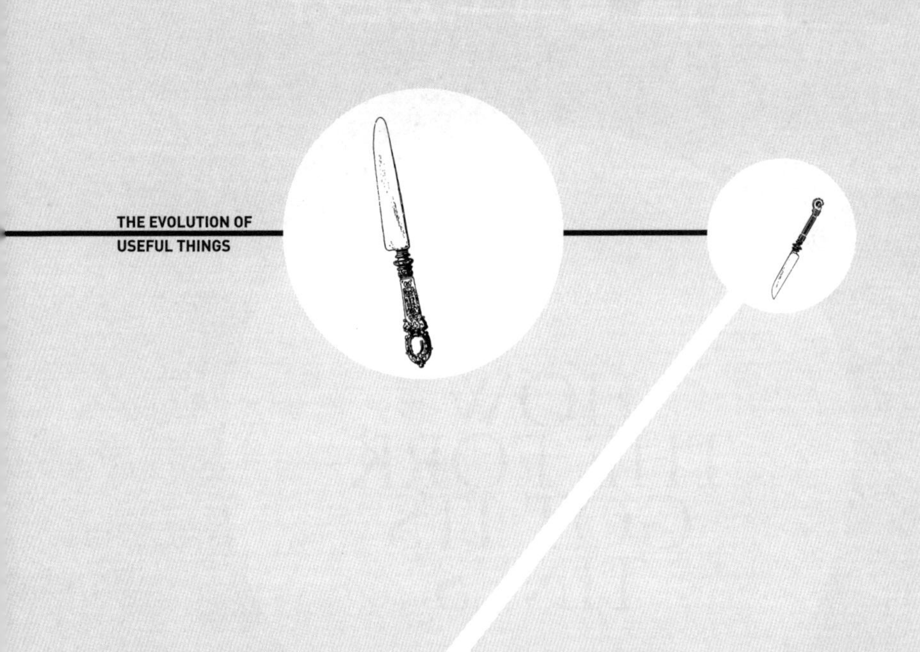
THE EVOLUTION OF
USEFUL THINGS

식사도구에 대한 다양한 탐구

우리가 매일 사용하는 식사도구들은 우리의 손만큼이나 친숙하다. 만찬장에서 왼손잡이와 오른손잡이가 서로 팔꿈치를 부딪치기라도 해야 새삼스럽게 눈길이 갈까, 우리는 거의 무의식적으로 마치 손가락을 놀리듯 익숙하게 나이프와 포크, 숟가락을 사용한다.

과연 이것들은 언제부터 우리에게 이처럼 편리하고 친숙한 도구가 되었을까? 목욕통에 몸을 담그고 있다가 부력을 발견하며 "유레카!"라고 외치던 아르키메데스처럼, 우리 조상들 중 어느 한 분의 머릿속에 갑자기 영감으로 떠올랐을까? 아니면 신체의 일부처럼 자연스럽게 진화했을까? 왜 동양 문화권에서는 서양의 식기류를 그렇게 이질적으로 느낄까? 왜 젓가락은 엄지손가락에 모든 손이 집중되도록 만들어졌을까? 우리가 현재 사용하는 식사도구들은 정말로 '완벽'할까, 아니면 개선의 여지가 있을까?

식탁에서 시작된 이러한 질문들이 바로 모든 인공물의 기원과 진화를 탐구하는 틀이라고 할 수 있다. 그리고 그 해답을 찾아가는 과정에서 모든 인공물의 형태를 결정하게 만든 기술 발달의 본질에 대해서도 통찰이 가능하다. 식사도구를 구성하는 각 품목이 보이는 다양성의 기원을 살펴보면 병, 망치, 종이 클립부터 교량, 자동차, 원자력발전소에 이르기까지 모든 인공물의 다양성을 이해하기가 더욱 쉬워진다. 나이프, 포크, 숟가락의 진화에 대한 탐구가 모든 기술 제품들의 진화를 통합하는 이론으로 이어지는 것이다. 우리가 매일 사용하면서도 사실은 별로 아는 것이 없는 식사도구에 관한 탐구가 바로 우리가 알아내고 싶어 하던 것, 즉 내부적으로 상호 연계되는 발명, 혁신, 디자인 및 공학의 본질에 대해 고찰할 수 있는 좋은 시발점이 된다.

일부 저술가들은 물건의 기원을 꽤나 분명히 정의한다. 움베르토 에코Umberto Eco와 조반니 초르촐리Giovanni B. Zorzoli는 그들의 저서 《그림으로 보는 발명의 역사The Picture History of Inventions》에서 "오늘날 우리가 사용하는 모든 도구는 선사시대의 여명기에 만들어진 물건들에 바탕을 두고 있다"고 단언했다. 그리고 조지 바살라George Basalla는 저서 《기술의 진화The Evolution of Technology》에서 "인공의 세계에 나타난 모든 새로운 물건들은 이미 존재하던 모종의 대상에 바탕을 두고 있다"는 것이 상식이라고 단정했다. 이러한 주장은 식사도구에도 들어맞는다.

우리의 머나먼 조상도 분명 음식을 먹었을 테니 당연히 그 먹는 방식이 자못 궁금해진다. 최초의 조상들이 먹는 방식은 동물의 방법과 비슷했다. 처음에는 과일, 채소, 고기, 생선 등에서 먹을 만큼을 떼어내기 위해 이와 손톱을 사용했을 것이다. 그러나 그것만으로는 한계가 있었고, 이 모든 것을 쉽게 잘라 씹어 먹기 위한 도구가 필요했다.

칼은 매우 단단한 돌과 바위, 조각난 부싯돌과 흑요석에서 유래된 것으로 보인다. 갈라진 모서리가 무척 날카로워 채소 껍질이나 동물 가죽을 벗겨내거나 조각을 자르고 찢어내는 데 적합했다. 이는 우연히 누군가가 맨발로 들판을 걷다가 부싯돌의 파편에 상처를 입는 순간, 나이프의 기능과 필요성을 발견했을 수도 있다. 일단 우연한 사고와 필요 의지 사이에 연결고리가 생기면, 날카로운 부싯돌 파편을 더 찾아내기란 어렵지 않았을 것이다. 파편들이 부족하면, 낙석에서 저절로 갈라져 생긴 틈을 살피며 석재를 깨뜨려 부수는 초보적인 방법도 연구했을 것이다.

시간이 흐르면서, 선사시대 사람들은 부싯돌 칼을 찾아내거나 만들고 사용하는 데 숙달되었을 것이다. 그리고 자연스럽게 다른 독창적인 장치들을 발견하고 개발했다. 불을 이용해 음식물을 익힐 수 있게 되면서, 곱고 잘게 썰어서 불 위에 올려놓은 고기일지라도 데우고 익힐 때까지 충분히 오랫동안 들고 있기가 쉽지 않다는 것도 알았고, 그 과정에서 오늘날 아이들이 감자를 구울 때와 비슷한 방식으로 막대기를 사용하기 시작했을 것이다. 주변 나무나 숲에서 쉽게 구할 수 있는 끝이 날카로운 막대기를 꽂아 요리를 하니 손가락에 화상을 입을 위험성이 줄었다. 그리고 먹잇감을 꼭 통째로 굽지 않더라도 고깃덩어리가 크면 더 큰 막대기를 구했을 것이다.

1000년 전 색슨 지방에서 사용하던 물결무늬의 스크래머색스 칼날에는 '게베르트가 나의 주인이다'라고 새겨져 있다. 초기의 칼은 개인의 자랑스러운 소지품이었고 다양한 기능이 있었다. 끝이 뾰족한 칼날은 적의 살을 꿰뚫을 뿐 아니라 음식 조각을 꽂아서 먹을 때도 사용했다. 사라진 지 오래된 이 칼의 손잡이는 나무나 뼈로 되어 있었을 것이다.

구운 음식을 불에서 꺼낸 후에는 먼저 부싯돌 칼로 잘라내 골고루 나누어 먹었을 것이다. 불을 둘러싸고 모여 앉아 끝이 뾰족한 막대기로 뼈에서 따뜻하고 부드러운 고깃덩어리를 발라내 먹거나 아니면 손가락을 쓸 수밖에 없었을 것이다. 고기를 잘라낼 때는 날카로운 날, 찌를 때는 끝이 뾰족한 막대기를 사용하는 방식으로 역할이 분리되면서, 나이프의 쓰임새도 오늘날처럼 진화했음을 쉽게 짐작할 수 있다. 옛날에는 칼을 청동이나 철로 만들었으며 나무, 조가비, 뿔 등으로 손잡이를 달았다. 이 칼들은 식사도구뿐 아니라 연장이나 무기 등 쓰임새가 다양했다. 앵글로색슨인들은 '스크래머색스scramasax'로 알려진 외날의 칼을 항상 지니고 다녔다.

사람들은 아직도 대부분 닥치는 대로 이와 손가락으로 뼈에서 살을 발라내 먹었지만 좀 더 세련된 사람들은 주로 칼을 사용하기 시작했다. 예의를 차려야 하는 상황이라면 딱딱한 빵조각으로 그릇을 고정하고, 칼로 음식을 잘라 입에 넣음으로써 양손을 더럽히지 않고 깨끗하게 식사할 수 있었을 것이다.

나이프 두 개를 사용하는 세련된 식사법

내가 처음으로 나이프 하나만 써서 음식을 먹어본 것은 몇 년 전 몬트리올에서였다. 옛 성채에서 주지사가 주최하는 연회가 열렸는데 100여 명쯤 되는 사람들이 조그마한 무대의 삼면에 나란히 배치된 길고 낡은 나무식탁에 앉았다. 각자의 자리에는 냅킨과 나이프가 하나씩만 놓여 있었다. 우리는 그것만 사용해서 구운 닭고기, 감자, 당근 및 빵으로 차려진 만찬을 모두 먹어야 했다. 단단한 당근이나 감자는 나이프의 날로 작게 잘라내 칼끝으로 푹 찔러 입에 넣으면 되니 비교적 먹기가 쉬웠다. 그러나 닭고기를 자를 때는 한동안 애를 먹었다. 처음에는 빵으로 닭고기를 눌러 고정하려 했으나 너무 물러 금방 부서지고 축축해지는 바람에 결국 손가락으로 먹어야 했다. 그날 저녁 내내 손에 묻은 기름기 때문에 거북한 느낌이 들었다. 최소한 나이프 하나만 더 있었어도 편리하고 품위 있는 식사가 되었으리라.

또 다른 경험은 텍사스 A&M대학에서 학생들, 교수들과 함께 바비큐를 먹을 때였다. 캠퍼스 방문을 끝내고 노스캐롤라이나로 돌아가는 비행기를 타기 전에 가벼운 저녁식사를 해야 했다. 초청한 인사 중의 한 사람이 내가 동남부 지역에서 알게 되어 매우 좋아한 다양한 돼지고기 대신에, 진짜 바비큐로 알려진 텍사스 쇠고기 바비큐를 먹어보는 것도 즐거운 일이라며 권했다. 나는 식당 특별 메뉴를 주문했는데, 종업원은 양지머리 몇 점, 통째로 익힌 양파 두 개, 두툼한 오이 피클, 큼지막한 체더치즈 한 조각, 하얀 빵 두 조각 모두를 크고 하얀 방습지에 한꺼번에 싸서 내왔다. 그 종이를 펴서 접시 겸 매트로 사용했는데, 그 위에는 푸줏간에서 쓸 법한 밋밋한 나무 손잡이가 달린 매우 예리하고 뾰족한 나이프가 놓여 있었다.

함께 있던 애지Aggie 부부가 하는 대로 나는 양지머리 한 점을 나이프 끝으로 찍어 빵 위에 올려놓았다. 우리는 한쪽을 덮지 않은 샌드위치와 앞에 놓인 다른 모든 음식을 한 입 크기로 잘라내 먹기 시작했다. 그야말로 꿀맛이었다. 단단한 음식들이었지만 나이프가 아주 예리해 꾹 눌러주기만 해도 종이 위에서 미끄러지지 않고 썰어졌기 때문에 나이프 하나만으로도 잘 먹을 수 있었다. 그러나 우리를 초대한 사람이 나이프를 조심성 없이 함부로 휘두르는 바람에 본인 입술에 상처를 내거나 혹은 더 큰 사고라도 낼까 봐 식사 내내 신경이 쓰였다. 그가 장난스럽게 "우리가 나이프를 입으로 집어넣는 순간 혹시 누군가가 뒤에서 가볍게 등을 툭 치는 일은 설마 없겠지?"라고 농담까지 해 나는 더 불안했다.

나이프 두 개를 사용하는 식사법은 투박하고 위험해 보일 수도 있지만, 한때는 가장 세련된 식사법으로 여겨졌다. 중세시대에는 최고로 격식 있는 만찬 자리에서 양손에 나이프를 하나씩 들고 식사를 했다. 오른손잡이라면 왼손에 든 나이프로 고기를 고정하고 오른손에 든 나이프로 고기를 적절한 크기로 썰어 나이프 끝으로 고깃점을 찍어 입에 넣었다. 두 개의 나이프로 식사하는 방식은 분명한 진화였으며, 이 방식에 익숙한 사람들은 오늘날 우리가 나이프와 포크를 사용하는 것처럼 두 개의 나이프를 잘 다루었다.

그러나 끝이 날카롭고 뾰족한 나이프로 고기를 붙잡고 있는 것이

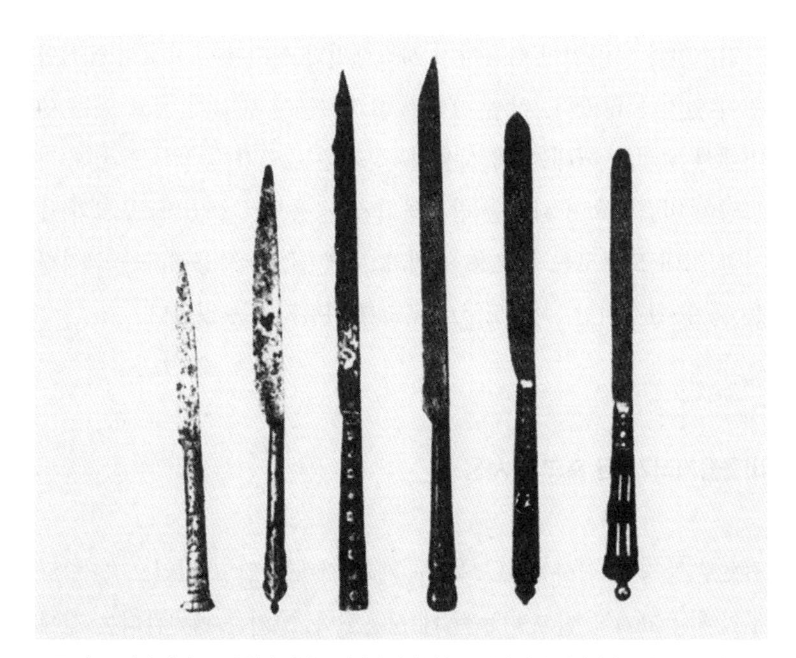

모든 인공물처럼 나이프도 유행에 따라 스타일이 변화했다. 특히 손잡이 장식에서 크게 두드러졌다. 이 영국제 나이프들은 왼쪽부터 대략 1530년, 1530년, 1580년, 1580년, 1630년, 1633년에 만들어졌으며 포크가 도입되기 전까지 그 기능을 수행할 수 있도록 끝부분이 일정한 형태로 유지되었다.

그렇게 쉬운 일은 아니다. 양손으로 나이프만 사용해서 스테이크를 먹어보면 금방 알 수 있다. 고정할 나이프로 접시에 놓인 스테이크를 붙들고 있으려면, 고기가 미끄러지지 않도록 꽤 애를 써야 한다. 또 나이프로 고기를 찍으려고 하면, 피겨스케이팅을 하듯 그 자리에서 고기가 빙글빙글 돌아버리는 경우도 있다. 결국 손가락을 쓰는 일이 자주 생긴다.

이와 같은 여러 불편함과 결함 때문에 포크가 개발되었다. 포크는 그리스인과 로마인이 사용하기 시작했지만 식사용 포크로서 공식명칭이 있지는 않았다. 이후 그리스 요리사들이 뜨겁게 끓고 있는 냄비에서 고기를 꺼내는 데 사용한 '식육용 포크'가 등장하는데, 손과 모양이 비슷했으며 화상을 방지하기 위한 용도로 쓰였다. 포크와 유사한 고대 도구로는 건초용 갈퀴와 포세이돈이 사용했다는 삼지창을 들 수 있겠지만, 식사도구로 포크를 사용하지는 않았다.

비웃음거리가 된 포크의 사용

최초로 등장한 식사용 포크는 두 개의 갈퀴를 달고 있었으며, 주로 부엌에서 고기를 썰고 나누는 데 사용했다. 고기를 꿰찌른다는 점에서는 나이프와 다를 바가 없었지만 갈퀴가 두 개였기 때문에 고기를 썰 때 쉽게 움직이거나 뒤틀리지 않도록 붙잡아 고정할 수 있었다. 일직선으로 된 막대기로 불 위에 있는 고기를 자주 꿰찌르다 보면 어쩌다 끝이 갈라진 막대기를 사용하는 경험을 쉽사리 했을 테고, 선사시대 사람들도 이러한 장점을 틀림없이 알았을 것이다. 그러나 막상 포크를 식사도구로 사용하기까지는 오랜 시간이 걸렸다. 빨라야 7세기 초, 중동의 왕실에 처음으로 도입되었고 11세기경에야 이탈리아로 전해졌다.

14세기 이전까지는 포크가 크게 중요한 역할을 하지 못했다. 프랑스의 샤를 5세(재위 1364~1380)의 물품 목록에 은과 금으로 된 포크가 있었지만 "포크는 손가락을 더럽힐 수 있는 음식을 먹을 때만 사용했다"는 설명도 함께 있었다. 음식을 찍어 입에 넣는 식사용 포크는 카트린 드 메디치Catherine de Médicis가 1533년에 앙리 2세와 결혼하면서 프랑스로 전해졌다. 그러나 겉치레용 장식 정도로 여겨졌고, 포크로 음식을 입에 넣다가 떨어트려서 비웃음거리가 되기도 했다. 프랑스인이 실질적으로 포크를 널리 사용하기까지는 한참이나 더 걸렸다.

17세기 전까지도 영국에서는 포크를 사용하지 않았다. 1608년에 프랑스, 이탈리아, 스위스, 독일을 여행한 영국인 토머스 코리에이트Thomas Coryate는 3년 후에 저서 《5개월간 급하게 주워 삼킨 이색 풍물Crudities Hastily Gobbled Up in Five Months》을 내놓아 모험담의 일부를 들려주었다. 당시 영국에서는 큰 고깃덩어리를 식탁 위에 차려놓으면 사람들이 각자 한쪽 손으로는 구운 고기를 붙잡고 다른 손의 나이프로 필요한 만큼을 썰어 먹는 것이 상례였는데, 그는 이탈리아에서 전혀 다른 방식을 목격했다.

> 나는 이탈리아의 모든 도시와 마을에서 독특한 풍습을 목격했다. 내가 여행한 어떤 나라에서도 보지 못했으며 현재 다른 어떤 기독교 국가에도 없는, 오직 이탈리아에만 있는 풍습이라고 생각한다. 이탈리아인과 또 이탈리아에 사는 많은 외국인들은 고기를 썰 때 조그마한 포크를 사용한다. 한 손에 들고 있는 포크로 고기를 붙잡고 다른 손에 있는 나이프로 접시 위에 있는 고기를 썰어낸다. 많은 사람들과 함께 식사할 때는 경솔하게 손으로 고기접시를 만져서는 안 된다. 그런 일이 벌어지면 실례를 범하는 것으로 간주되어 상대의 눈총을 받게 된다.

이러한 식사법은 이탈리아의 전역에 퍼져 있다. 그들이 사용하는 포크는 대부분 쇠나 강철로 만들어진다. 일부에서는 은으로 만들기도 하는데 상류층의 전유물이었다. 이 흥미로운 식사법이 널리 퍼진 이유는 이탈리아인이 손을 청결하게 관리하지 못해 음식을 손으로 만질 수 없기 때문인 듯하다. 나도 이탈리아 풍습을 흉내 내어 독일에 가서나 영국에 돌아와서도 고기를 먹을 때 포크를 자주 이용했다.

코리에이트는 '퍼시퍼Furcifer'라는 별명으로 불리며 놀림감이 되었는데, 그 말은 '포크잡이'를 뜻하며 교수형에 처해야 마땅한 '극악인'을 의미하기도 했다. 발명가인 존 베크먼John Beckmann은 영국에서는 포크가 '남자답지 못한 장식품'으로 여겨져 상당한 비웃음거리였기 때문에 보급이 매우 더뎠다고 설명한다. 그는 동시대 극작가가 쓴 작품에서 포크잡이 여행자가 매우 경멸당하는 투로 묘사된 대목을 증거로 내놓았다. 벤 존슨Ben Jonson 같은 유명한 극작가도 1616년 〈그 악마는 멍청이The Devil Is an Ass〉의 초연에서 주인공이 다음과 같은 질문을 던져 관객에게 웃음거리를 제공했다.

포크의 사용은 칭찬받을 만하다네
이탈리아에서처럼 이곳에서도 풍습이 되고 있다지만
그것은 냅킨을 아끼기 위해서가 아닌지

그러나 존슨은 〈볼포네 Volpone〉에서 "그렇다면 당신은 식사 때 은 포크를 쓰고 다루는 법을 배워야 합니다"라고 말함으로써 새로운 유행을 곧 진지하게 받아들였다. 어떻게 수용되고 관습으로 정착되었든 간에 포크가 제대로 널리 사용된 것은 갈퀴 때문이었다.

그렇다면 몇 개의 갈퀴를 달아야 성능을 가장 잘 발휘할 수 있을까? 만일 갈퀴가 하나뿐이라면 포크라고 할 수 없으며 나이프보다 더 나을 것도 없다. 칵테일파티에서 흔히 사용하는 이쑤시개와 날카롭게 날을 세운 꼬챙이도 마찬가지로 가장 초보적인 포크라고 할 수 있겠으나, 새우를 소스에 찍어 먹기에는 굉장히 불편하다. 새우를 컵 속에 떨어트리지 않고 방울져 뚝뚝 떨어지는 소스를 수직으로 들어 올린 후 수평인 혀에 올려놓으려면 손을 비틀어야만 가능하기 때문이다. 물론 갈퀴가 하나만 달려 있는 포크도 쓸모는 있다. 외갈퀴 포크는 버터를 바를 때 유용하다. 달팽이와 견과류를 먹을 때 사용하는 집게도 외갈퀴 포크에 속한다. 만일 갈퀴가 더 있다면 달팽이의 아담한 나선형 껍데기나 호두 껍데기의 빈틈을 파고들기가 쉽지 않을 것이다.

갈퀴가 두 개인 두 갈퀴 포크는 고기를 썰고 그릇에 담는 데 적합하다. 빵이 미끄러지지 않도록 고정하거나 고기를 찍어 들고 빼내는 데도 편리하다. 두 갈퀴 포크는 원래 목적대로 주방용으로 적합했기 때문에 큰 변화 없이 본질적인 특성을 유지할 수 있었다. 그러나 식탁용 포크는 달랐다.

포크가 점점 대중적인 인기를 얻으면서 결함도 분명하게 드러났고 형태도 진화했다. 두 갈퀴 포크의 형태를 본뜬 최초의 식탁용 포크는 큰 고깃덩어리를 붙잡아 고정하는 용도에 적합하도록 길고 일직선으로 쭉 뻗은 두 개의 갈퀴를 달고 있었다. 갈퀴가 길수록 음식을 단단히 붙들기가 쉬웠지만 식탁에서는 그렇게 긴 갈퀴가 필요하지 않았다. 더욱이 식사도구는 주방용구와 다르게 생겨야 한다는 유행과 스타일상의 요구도 무시할 수 없었다. 그 결과 17세기 무렵부터 식사용 포크는 주방용 포크에 비해 갈퀴의 길이가 크게 짧아지고 또 가늘어졌다.

나이프로 자를 때 음식이 겉돌지 않도록 포크의 두 갈퀴 사이에 얼마쯤 간격이 필요해졌고, 그 간격이 표준화되기에 이르렀다. 그러나 작고 무른 음식은 갈퀴 사이로 빠져나가 찍거나 들어 올릴 수가 없었다. 더구나 고기를 썰면서 포크를 쉽게 빼낼 수 있다는 두 갈퀴 포크의 장점이 식탁에서는 음식이 쉽게 빠져 떨어지는 단점으로 변했다. 그래서 갈퀴를 하나 더 달자 숟가락처럼 포크로 음식을 떠 입에 넣을 수 있어 더 효율적이었다. 더불어 더 많은 갈퀴로 찍었기 때문에 먹는 도중에 음식이 떨어질 염려도 줄었다.

포크에 몇 개의 갈퀴를 달아야 하나

세 개의 갈퀴로 성능이 개선되었다면, 네 개의 갈퀴로 효과는 더욱 증대했다. 18세기 초 독일에서 사용하던 네 갈퀴 포크는 오늘날과 모양이 같아졌고, 19세기 말 영국에서는 표준으로 굳어졌다. 5~6개의 갈퀴를 단 포크도 나왔으나 네 개가 가장 적합한 것으로 판명되었다. 네 개의 갈퀴는 상대적으로 표면적이 넓으면서도 입 크기에 알맞고, 빗처럼 수많은 살이 달린 것도 아니어서 고기를 찍을 때 거북하지도 않았다.

독일의 은세공 기술자인 빌켄스Wilkens는 현대식으로 갈퀴가 다섯 개인 식사용 포크를 만들었지만 기능보다는 일종의 멋을 위해 설계한 것으로 보인다. '에포카Epoca'라 불린 이 물건은 '전체와 부분이 모두 독특하면서도, 풍만하고 육중한 힘이 넘쳐나는'을 모토로 하며 판매되었다. 식사할 때의 효율성보다는 평범하지 않은 모양새를 강조했다. 비슷한 이유로 당시의 은식기 세트에 선보인 세 갈퀴 식사용 포크 가운데는 갈퀴를 지나치게 둥글고 가늘게 만들어 선이 부드러워진 것까지는 좋았지만 음식을 찍어 먹기에 거의 불가능한 제품도 있었다.

포크의 진화는 식탁용 나이프에도 큰 영향을 미쳤다. 음식을 찍기가 훨씬 편리한 포크의 도입으로 끝이 뾰족한 나이프는 필요 없게 되었다. 많은 인공물은 기능을 상실하더라도 초기 형태의 자취를 간직하기 마련이고 나이프도 마찬가지였다. 이는 기술의 보존만큼이나 다분히 사회적인 특성에 영향을 받기 때문으로 보인다. 모든 사람이 개인용 나이프를 단순히 식사뿐만 아니라 연장 및 방어용 무기로 여겨 지니고 다니면서 다양한 용도로 사용했던 것이다. 사실 나이프를 소지한 사람들은 대부분 이 소중한 물건으로 음식을 먹기보다는 차라리 손가락을 쓰려고 했던 것 같다.

1530년에 나온 에라스무스Erasmus의 예의범절에 관한 책에서는 '최대로 세 개의 손가락만 사용'하고 처음에 손을 댄 고기나 생선만 먹고 다른 것들을 이것저것 만지작거리지 않는다면 냄비에 손가락을 넣더라도 예절에 어긋나지 않는 것으로 보았다. 나이프에 대해서는 젊은이들에게 '나이프로 이를 쑤셔서는 안 된다'고 훈계했다. 또한 학생들이 지켜야 할 예절을 담은 프랑스 책에서는 식탁에서 나이프를 사용하는 것이 은연중에 무기로 바뀔 수도 있다는 위험을 지적하고 있다. 그래서 나이프를 자리에 놓을 때는 날카로운 날이 옆 사람이 아닌 자신을 향하도록 하며, 건넬 때도 손잡이가 상대편을 향하도록 해야 한다고 가르쳤다. 오늘날 식탁을 어떻게 차릴 것인지, 또 어떻게 행동해야 하는지도 가늠할 수 있는 대목이다. 이탈리아에서는 포크 하나만으로 식사할 경우, 사용하지 않는 다른 쪽 손을 사람들에게 보이도록 식탁의 가장자리에 올려놓아야 한다. 미국에서는 예의에 어긋난 행동으로 여겨지겠지만, 상대에게 숨기는 무기가 없음을 확인시켜주는 시대의 유산으로 보인다.

추기경 리슐리외Richelieu는 만찬 손님들이 종종 나이프 끝으로 이를 쑤시는 버릇을 싫어했기 때문에 고위 성직자들이 식탁에 올리는 모든 나이프의 끝을 뭉툭하게 갈아내도록 지시한 것으로 전해진다. 1669년 루이 14세는 빈번한 폭력사태를 줄이는 일환으로 식탁에서든 거리에서든 끝이 뾰족한 나이프의 사용을 불법 행위로 규정했다.

포크가 널리 보급되면서 취해진 이 모든 조치가 칼날이 무딘 식탁용 나이프를 사용하게 된 동기이다. 17세기 말에는 아라비아 언월도 형태로 칼날이 굽어지기도 했지만, 이후 무기처럼 보이지 않도록 차츰 개조되었다. 당시 포크는 갈퀴가 두 개뿐이어서 효율적인 숟가락 역할을 하지 못했기 때문에, 끝이 뭉툭한 나이프는 음식을 얹어 입에 넣는 역할로 쓰이기도 했다. 나이프의 끝이나 포크의 갈퀴로 하나씩 찍어 먹어야 했던 완두콩 등 작은 낱알로 된 음식을 이제는 나이프의

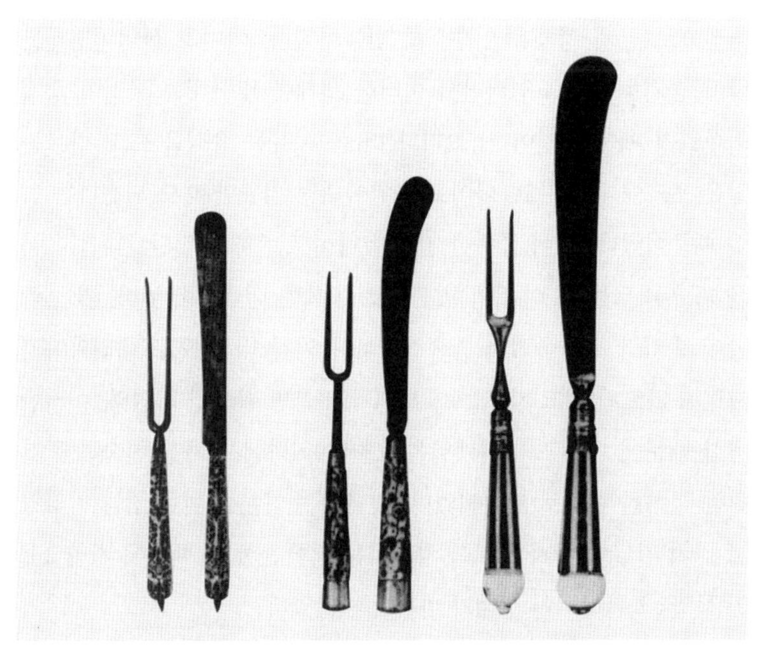

두 개의 갈퀴가 달린 포크는 고기를 고정하는 데는 문제가 없었지만, 완두콩이나 다른 부드러운 음식을 떠 올리기에는 불편했다. 손목을 심하게 비틀지 않고도 쉽게 사용하게끔 나이프의 끝이 알뿌리 모양으로 둥글어진 것은 음식을 얹어 입에 넣는 데 편리하도록 진화된 결과였다. 이 영국제 세트들은 왼쪽부터 대략 1670년, 1690년, 1740년의 것이다.

날에 얹어 먹을 수 있게 된 것이다. 그래서 손목을 크게 비틀지 않고도 음식을 얹어놓은 칼끝을 입속으로 넣을 수 있도록 칼날의 곡선은 점점 더 뒤쪽으로 확장되었다. 어떤 나이프와 포크 세트는 권총 모양의 손잡이를 달아서 나이프 칼날의 곡선을 보완했지만, 포크는 비대칭 형태가 되어 요상하게 보이기도 했다.

19세기 초에 접어들면서 영국의 식탁용 나이프는 칼날이 거의 일직선으로 곧게 평행을 이루도록 만들어졌다. 아마도 산업혁명기를 맞아 증기동력이 도입되면서 이러한 형태를 빚어내는 공정이 경제적이었기 때문일 것이다. 그러나 더 큰 이유는 음식을 뜨고 나르는 일은 포크에게 맡기고, 나이프는 썰어내는 기능만 해도 되겠다는 인식 때문이었다. 끝이 뭉툭한 직선날 나이프는 때로 절단보다는 음식을 펴고 바르는 데 더 유용한 도구로 19세기 내내 유행했다. 써는 쪽 날이 손가락으로 움켜쥐는 손잡이보다 약간 더 밑으로 내려와야지 그렇지 않으면 썰고 자르는 데 날의 끝부분만 활용될 터였다. 이러한 결함 때문에 나이프의 아랫날은 오늘날 식탁에서 가장 친숙하게 접하는 볼록한 형태로 진화되었다. 윗날에는 다른 특별한 기능이 없었고 단지 칼날이 휘지 않도록 강화하는 역할만 했기 때문에 지난 2세기 동안 그 본질적인 형태가 바뀌지는 않았다.

식사용 나이프는 사용하면서 발견된 결함을 없애가면서 형태가 진화되었지만, 부엌용 나이프는 수세기 동안 크게 달라지지 않았다. 부엌용 나이프는 부싯돌 파편에서 비롯된 이후 결점들이 끊임없이 자연스레 수정 및 진화되어 일찌감치 지금의 모양으로 정착되었기 때문이다. 일반 식사용 나이프가 무슨 일이든 해내는 만능은 아니라는 사실은, 스테이크 같은 음식을 먹어보면 잘 알 수 있다. 식사용 나이프는 대개 연골과 뼈 사이에 붙어 있는 단단한 살점을 발라낼 만큼 끝부분이 충분히 날카롭지 않기 때문에 그러한 임무에 더 적합한 특수한 도구가 필요하게 되었다. 스테이크를 써는 일은 부엌에서 하는 작업과 매우 비슷했으므로, 스테이크 나이프는 거꾸로 부엌용 나이프의 닮은꼴이 되었다.

세 갈퀴와 네 갈퀴 포크가 도입되면서 후자는 때로 '분리형 스푼'으로 불리기도 했으며, 더 이상 나이프로 음식을 떠먹지 않아도 되었다. 그래서 알뿌리 모양으로 구부린 칼날은 더 만들기 쉬운 반듯한 형태로 되돌아갔다. 하지만 오랫동안 이어온 관습 때문에 기능 면에서 비효율적인 이 나이프들은 19세기 전반에 걸쳐 아직 옛 습관에 젖어 있는 사람들 사이에서 음식을 입에 집어넣는 데 사용되었다. 이 세트들은 왼쪽부터 대략 1805년, 1835년, 1880년의 것이다.

스푼의 등장과 나이프와 포크의 공생관계

식사용 나이프와 포크는 일종의 공생관계를 이루면서 진화했지만 스푼의 형태는 비교적 독립적으로 발전해왔다. 단단한 음식은 맨손으로도 집어 먹을 수 있었고 나이프는 식사도구가 아닌 연장이나 무기로 처음 사용했기 때문에, 종종 스푼을 최초의 식사도구로 주장하는 사람들도 있다.

최초의 스푼은 아마도 오므린 손이었을 것이다. 그것이 얼마나 비효율적인지는 우리 모두가 잘 알고 있다. 대합조개, 굴, 홍합의 빈 껍데기가 오므린 손보다는 분명 더 유리하게 스푼의 역할을 했을 것이다. 조개껍데기로 더 오랫동안 액체를 담을 수 있었으며 손을 더럽히지도 않았다. 그러나 조개껍데기에도 나름대로 결함이 있었다. 그릇에서 액체를 떠 올릴 때 손가락에 묻히지 않기 위해 손잡이가 있어야 했다. 나무를 이용하면 한꺼번에 손잡이까지 달린 스푼을 만들 수 있었다. '스푼'이라는 말도 나무의 조각이나 토막을 가리키는 앵글로색슨어의 '스폰spon'이라는 단어에서 유래했다. 스푼 제작에 주물 방식이 도입되면서 형태도 유행에 따라 자유롭게 발전했다. 14세기에서 20세기에 이르기까지 원형, 삼각형(자루는 꼭짓점에 위치), 타원형, 길게 늘인 삼각형(자루는 밑변에 있음), 계란형, 또다시 타원형 등의 형태로 계속해서 다양하게 변해갔다. 그러나 스푼의 우묵한 곳은 조개껍데기의 모양에서 기본적으로 크게 달라진 것이 없었다.

17세기 후반과 18세기 초에 유럽에서 유행한 나이프와 포크, 스푼을 사용하는 방식은 오늘날까지도 사라지지 않고 유럽인에게 영향을 미쳐, 미국인의 방식과 차이를 만들어냈다. 포크의 도입은 식사도구 사이에 존재하던 일종의 조화를 무너뜨렸으며, 오른손과 왼손에 각각 어떤 도구를 쓰느냐는 문제도 더 이상 논의할 필요가 없어졌다. 똑같은 나이프로 음식을 썰고 찍어서 먹을 때는 관습이나 또는 본능으로 오른손잡이는 항상 더 편리한 오른손을 사용했다. 왼손에 든 나이프는 때로 끝이 뭉툭해 더 무른 음식이나 얇게 썰어놓은 고기조각을 떠먹는 주걱 대신으로 쓰였다. 그런데 포크가 널리 사용되면서 달라졌다. 고기를 썰지 않아 상대적으로 쓸모가 줄어든 왼손 나이프를 포크가 대신하면서, 오른손 나이프의 기능도 바뀐 것이다. 그 끝이 뭉툭해지면서 오직 음식을 썰거나 들어 올리는 용도로만 쓰이고, 포크는 고기를 써는 동안에 움직이지 않도록 붙잡아 고정하고 또 찍어서 입에 넣는 역할을 했다.

18세기에 이르자 유럽인의 스타일도 오른손 나이프로 음식을 썰고 자른 조각을 포크 쪽으로 밀면 포크로 그것을 집어 입에 넣는 식으로 어느 정도 정착되었다. 최초의 포크 갈퀴는 일직선으로 생겨서 포크에 앞뒤의 구분이 없었다. 이 어정쩡한 구조는 곧 결함으로 드러났다. 음식을 먹을 때 떨어트리지 않으려면 포크를 거의 수평 상태로 유지해야 했고 가끔 갈퀴가 입천장을 찌르는 일이 생겼다. 그래서 포크의 갈퀴를 아치형의 곡선 모양으로 만들었다. 그러자 음식을 그 오목한 부분에 올려 안전하고 빠르게 식사할 수 있었고, 고기를 썰 때 시야를 확보하면서 동시에 고깃덩어리를 직각으로 찍을 수 있었다. 18세기 중반에는 이렇게 곡선으로 굽은 갈퀴가 영국제 포크의 표준이 되면서 앞뒤의 구분이 분명해졌다.

포크는 식민지 시절의 미국에서는 꽤 귀한 물건이었다. 매사추세츠만 식민지의 일상을 묘사한 기록에 따르면, 최초의 유일한 포크는 1630년에 존 윈스럽John Winthrop 총독이 케이스에 넣어 아주 조심스럽게 들여왔다. 17세기 미국에서는 넉넉한 냅킨에 나이프, 스푼 및 손가락만으로 식탁예절을 유지했다. 18세기에 접어들었지만 여전히 포크를 사용하는 사람은 그리 많지 않았다. 더구나 영국에서 끝이 뾰족한 나이프가 더 이상 들어오지 않으면서 음식을 먹는 데 나이프를 쓰는 일도 마땅치가 않았다.

어떻게 미국인이 현재와 같이 진화된 나이프와 포크를 사용하게 되었는지에 대해서는 확실하게 밝혀진 게 없다. 식민지 시절 좀 더 세련되고 잘살던 사람들이 만찬장에서 포크 없이 나이프와 스푼만 썼으리라고 추정된다. 음식에 직접 손을 대지 않고 예전의 끝이 뾰족한 나이프와 스푼인 'spike and spon'을 쓰던 습관에서, 고도로 청결한 상태를 의미하는 'spic and span'이라는 관용구가 유래했을 가능성이 크다. 끝이 뭉툭한 못 같은 spike와 spon이 현재의 나이프와 포크에 어떻게 영향을 미쳤는지는 고고학자 제임스 디츠James Deetz가 초기 미국인의 생활을 그려낸 《잊힌 작은 물건들In Small Things Forgotten》에서 소개한 바 있다. 디츠에 따르면 식민지 사람들은 포크 없이 왼손에 잡은 스푼을 뒤집어 고깃덩어리를 접시에 대고 눌러 고정하고 오른손의 나이프로 고기를 썰었다고 한다. 다음에는 거꾸로 나이프를 내려놓고 스푼을 오른손으로 옮겨 잡아 고깃점을 들어 입에 넣었다.

그러다 미국에서 포크가 널리 사용되면서 이러한 관습도 나이프와 포크를 쓰는 형태로 바뀌었다. 특히 사람들은 나이프로 고기를 자른 후에 왼손의 포크를 오른손으로 옮겨 잡고 음식을 먹었다. 이때 스푼처럼 음식을 들어 올리기 위해 포크의 갈퀴를 위로 굽도록 만들어야 했다. 미국에 네 갈퀴 포크가 처음 등장했을 때 사람들이 '분리형 스푼'이라고 불렀던 것이 이러한 사실을 뒷받침한다. 에밀리 포스트Emily Post가 '지그재그식'이라고 이름을 붙여 유럽인의 '노련한 식사법'에 대비하기도 한, 포크를 이 손에서 저 손으로 옮기며 식사하는 방식은 지금까지도 변함없이 미국 스타일로 남아 있다.

그러나 19세기 중후반까지는 미국도 다른 나라들처럼 식사 방법이나 도구에 대한 일정한 틀이 없었다. 1864년 엘리자 레슬리Eliza Leslie는 저서 《여성의 참다운 품위와 완벽한 예법에 대한 지침서Ladies' Guide to True Politeness and Perfect Manners》에서 "많은 사람들이 은 포크를 사용하는 데 어색해했다"고 주장했다. 프랜시스 트롤로프Frances Trollope는 1828년 미시시피강을 오가는 증기선에서 식사하던 "일부 장군, 대령 및 소령들이 나이프 칼날을 입속 깊숙이 집어넣는 등 이른바 소름 끼치는 식사 매너를 보이고 있었다"고 묘사했다. 식사용 나이프는 끝이 뭉툭해 식사 후 이를 쑤시는 데는 사용할 수 없어 대신 주머니칼을 쓰기도 했다. 바로 한 세대 후인, 트롤로프 여사의 아들 앤서니는 꽤 다른 경험을 했다. 1861년 켄터키주의 렉싱턴 호텔에서 식사를 하던 그는 매우 지저분한 미국의 트럭 운전사들이 같은 일을 하는 영국인들에 비해 제법 능숙하게 나이프와 포크를 사용하는 모습에 깊은 감명을 받았다.

찰스 디킨스Charles Dickens는 1842년 미국 여행에서 펜실베이니아 운하 유람선에 함께 타고 있던 승객들이 '숙달된 곡예사가 보여주던 것 말고는 한 번도 본 적이 없을 정도로 날이 넓은 나이프와 두 갈퀴 포크를 목구멍에 깊숙이 집어넣는 모습'에 주목했다. 포크가 널리 쓰이면서 입속에 나이프를 집어넣을 필요는 없어졌으나, 포크로 완두콩을 먹는 것을 '뜨개바늘로 수프를 먹는 것'에 비유하면서 새로운 유행에 반대하는 사람들도 있었다. 그러나 포크는 갈퀴 수가 늘어나면서 더 많이 쓰였고 사람들이 선호하는 식사도구가 되었다. 19세기 말에 이르자 품위 있는 사람들은 오후에 마시는 차를 제외하고는 모든 것을 포크로 먹었다. 이처럼 단순한 도구였던 포크가 지금은 생선용 포크와 밀가루 반죽용 포크처럼 용도에 따라 특화된 포크로까지 다양하게 진화했다.

나이프와 포크를 들고 식사하는 유럽인과 미국인의 방식이 문명화된 인류가 식탁에서 음식을 먹는 유일한 방식은 결코 아니었다. 제이콥 브로노프스키Jacob Bronowski가 지적했듯이 나이프와 포크만이 유일한 식사도구는 아니다. 그것은 나이프와 포크로 식사하는 특별한 종류의 사회에서만 통용되는 식사도구일 뿐이다. 지금도 일부 에스키모인과 아프리카인, 아랍인, 인도인은 식사 전후에 손을 씻는 수천 년의 전통을 이어오면서 맨손으로 음식을 먹는다. 서양인들조차 때로는 맨손으로 식사를 한다. 미국에서는 식사도구를 사용하지 않고도 빵을 이용해 손가락에 소스 등을 묻히지 않으면서 햄버거와 핫도그를 먹는다. 옥수수빵에 고기를 얹어 먹는 멕시코 요리 타코스는 먹기에 불편할지도 모르지만, 빵이 손가락에 기름기가 닿는 것을 막아준다. 같은 문화적 목적을 성취시키는 기술적 대안을 보여주는 음식들이라고 할 수 있다.

식사도구로서 손가락과 젓가락

동양에서는 약 5000년 전에 손가락을 대신하는 젓가락이 등장했다. 젓가락의 기원에는 몇 가지 설이 있다. 옛 사람들은 음식이 오랫동안 식지 않도록 커다란 냄비에 넣고 끓여 먹었는데, 허기진 나머지 음식을 서둘러 꺼내려다가 종종 화상을 입었다. 방법을 궁리하다 젓가락을 쓰면 손가락을 보호할 수 있다는 것을 알게 되어 전통으로 굳어졌다는 것이다. 다른 가설은 공자의 가르침에 따라 '군자가 멀리해야 할 곳'인 부엌과 도살장이 연상되는 나이프를 사용할 수 없었기 때문이라고 설명한다. 그래서인지 중국 음식은 젓가락 하나만으로도 쉽게 집을 수 있도록 한 입 크기로 나오거나 떼어 먹기 좋게 충분히 부드러워질 때까지 요리하여 내놓는다.

서양의 식사도구들이 실제로 드러나거나 감지된 결함에 대응해 진화한 것처럼, 오늘날의 젓가락 형태가 음식을 집는 쪽은 둥글고 손으로 잡는 쪽은 네모진 것 또한 자연 상태 그대로인 둥근 젓가락만으로는 부족한 점이 생겨 여러 차례의 시행착오와 보완 작업을 반복하며 진화한 것이다. 나뭇가지를 모방해 더 보기 좋은 젓가락을 만드는 쉬운 방법은 목재를 원하는 크기로 다듬는 것이다. 그러나 외관을 개선하고 나니 과거 자연 그대로의 나뭇가지를 젓가락으로 사용할 때는 미처 깨닫지 못했던 결함이 더 두드러졌다. 손으로 잡는 부분과 음식을 집는 부분의 두께가 같도록 멋지게 만들었더니, 음식을 집는 부분은 너무 두꺼워 음식을 찢기가 불편했고, 손잡이 부분은 너무 가늘어 식사 내내 쥐고 사용하기가 힘들었다. 그래서 위와 아래의 두께를 다르게 하는 개선 작업을 했을 것이다. 그러나 이와 상관없이 둥근 젓가락은 쓸 때 미끄럽거나 자칫 식탁에서 굴러 떨어질 수 있었고, 두 가지 불편을 한 번에 제거하는 확실히 훌륭한 설계가 바로 쥐는 쪽을 각이 지게 만드는 것이었다.

나이프와 포크, 젓가락처럼 일상의 도구를 진화론적 관점에서 살펴보면 디자인이라는 개념이 새로운 시각에서 파악된다. 그 모두는 한 사람의 머릿속에서 갑자기 완성되어 나온 것이 아니라, 도구들이 몸담은 사회적, 문화적, 기술적인 맥락에서 사용자들의 경험(주로 부정적인)을 거치며 수정을 거듭해 형태가 완성되기 때문이다. 진화된 도구들의 형태는 우리가 그것을 어떻게 사용하느냐에 따라 크게 달라진다.

이와 같이 식사도구처럼 단순해 보이는 물건의 형태가 진화되어 온 과정을 상상해보면 '형태는 기능에 따라 결정된다'는 논거는 인공물들이 어떻게 지금과 같은 형태가 되었나를 이해하기 위한 길잡이로서 부적절함을 알 수 있다. 나이프와 포크의 발전 과정을 곰곰이 생각해보면 그것만으로도 동양과 서양 문화가 음식을 어떻게 먹을 것인가라는 동일한 문제를 얼마나 다른 방식으로 해결해왔는지를 알 수 있다. 특히 식사와 같은 기본적인 문제에도 단 하나의 독특한 해결책만 있지 않다는 것이 자명해지면서 지나친 결정론적 논거는 설 자리를 잃게 된다.

형태는 그 물건을 본래의 용도대로 사용하는 과정에서 실제로 드러나거나 느껴지는 문제점을 반영하여 변형된다. 요즘이라면 발명가, 디자이너, 엔지니어라고 불릴 과거에 영리했던 사람들은 물건들의 기능상 실패를 관찰하고 연구했다. 그리고 도출된 결함을 제거함으로써 불완전성이 없어진 개선된 물건을 새롭게 만들어냈다. 초보적인 해결 방안을 찾아내는 똑같은 문제라도 각 지역과 시대에 따라 결함이 다르게 나타나기 때문에 해결책도 달라진다. 그래서 우리는 문화적 특징이 깃든 인공물들을 유산으로 물려받게 되었고, 먹는 것처럼 매우 원시적인 기능에서조차 필요한 도구가 하나의 형태만은 아니라는 점을 매일 깨닫게 되는 것이다.

식사도구의 진화는 일반 인공물의 진화에 대한 강력한 패러다임을 시사한다. 젓가락을 만드는 목재, 나이프와 포크를 만드는 금속의 종류는 형태를 갖추고 기능을 발휘하는 데 중대한 영향을 미치기 때문에 분명히 기술적인 요소가 개입된다. 식기류에 스테인리스강이 도입되었을 때처럼 기술의 진보는 생산 방법이나 도구의 사용 방식에 가늠하기 어려울 정도로 복합적인 영향을 미칠 수 있다. 또 그것은 거꾸로 가격이나 일반 대중의 구매 접근성에 영향을 미친다. 그러나 나이프와 포크, 스푼의 이야기는 일반적으로 기술과 문화가 내적으로 어떻게 연결되는지도 잘 설명해준다. 모든 인공물의 형태, 본질, 사용 방식은 불투명한 존재인 기술과 더불어 정치, 풍습, 개인적 취향에도 영향을 받는다. 그리고 인공물의 진화는 다시 관습과 사회관계에 크게 영향을 미친다.

기술과 문화는 식탁을 뛰어넘는 세상의 틀을 만들기 위해 어떤 상호작용을 할까? 우리에게 친숙하든 아니든 간에 모든 종류의 물건은 그것의 형태와 크기 및 시스템으로 진화해가는 일반적인 원칙이 있는 걸까? 식사도구가 아닌 첨단기술을 더 요하는 구조물의 발생과 발전 과정에는 형태가 기능을 따를까? 아니면 그저 마음을 달래줄 요량으로, 운율에 기댄 노래 가사나 시구처럼 조화로움을 꾀하려는 달콤한 미사여구에 불과한가? 끊임없이 생산되는 새로운 식사도구들처럼 인공물의 확산은 소비자에게 필요하지 않은데도 팔아먹기 위해 자본가가 부리는 하나의 술책일 뿐인가? 아니면 더 큰 그들만의 계획이 있어 나름대로 목적을 지니고 살아 있는 유기체처럼 진화론에 따라 자연스럽게 배가되고 다양해질까? 필요는 발명의 어머니라는 말은 진실인가, 아니면 믿을 수 없는 옛이야기일 뿐인가?

이것이 바로 이 책의 저술을 시작하도록 이끈 물음들이다. 질문에 답을 하기 위해서는 먼저 선정한 사례들이 암시하는 규칙을 살피고, 무작위로 추가 사례를 선정해 그 규칙을 설명하는 것이 도움이 될 것이다. 이것이 내가 잡은 이 책의 디자인이다.

형태는 실패에 따라 결정된다

2

FORM FOLLOWS FAILURE

THE EVOLUTION OF
USEFUL THINGS

발명의 어머니는 필요보다 사치

나이프와 포크는 부싯돌과 막대기로부터 발전했고, 스푼은 오므린 손과 조개껍데기였다는 이야기는 완벽하고 타당하게 들린다. 그러나 상상력이 출중한 사회과학자들이 사실을 바탕으로 지어낸 가설이므로 줄거리 이상의 차원이 포함된다. 우리가 일반적으로 사용하는 식기류가 오늘날의 형태로 발전되어온 방식에는 모든 인공물이 지금과 같은 형태로 발전하기까지 작용한 모든 근본 원리가 숨어 있다. 그 원리는 기존의 물건들이 왜 우리가 원하고 기대한 만큼의 역할을 편리하고 경제적으로 수행하는 데 실패했는가에 대한 깨달음과 연관된다. 결국 개선해야 할 뭔가를 남겨놓은 것이다.

결함은 개선의 '필요'라는 말로 표현할 수도 있겠지만, 진정으로 기술의 진보를 이끌어내는 것은 필요보다는 '욕구'이다. 에어컨이나 얼음물은 공기나 물과 다르다. 보통 살아가는 데 꼭 필요하지는 않다. 음식도 마찬가지이다. 먹지 않고는 살 수 없지만, 그것을 꼭 포크로 먹을 필요는 없다. 따라서 발명의 어머니는 필요보다는 사치이다. 모든 인공물은 기능 면에서 뭔가 부족함이 있기 마련이며 바로 이것이 진화의 원동력이 된다.

여기에 핵심적인 깨달음이 있다. 즉 인공물의 형태는 항상 잠재되어 있거나 실제로 드러난 결함과 기능을 제대로 발휘하지 못하는 실패에 대응하려는 변화에 따라 결정된다는 사실이다. 이 원칙이 모든 발명, 기술혁신 및 창조를 지배한다. 이것이 바로 모든 발명가, 혁신가 및 엔지니어들을 이끄는 힘이다. 그리고 여기에 다음과 같은 추론이 뒤따른다. 완전한 물건은 있을 수 없으며, 완전성에 대한 우리의 생각조차 고정되어 있지 않기 때문에 모든 것은 시간에 따라 변화한다. '완전한' 인공물은 어디에도 없다. 미래의 완전함이란 시제로서의 의미만 있을 뿐 실체가 될 수는 없다.

만일 이 가설이 보편타당하여 모든 인공물의 진화를 설명할 수 있다면, 어떠한 인공물에 대해서도 동일하게 적용할 수 있어야 한다. 핀이나 지퍼, 햄버거 포장지, 알루미늄캔, 스카치테이프는 물론 현수교의 진화에 대해서도 마찬가지이다. 그렇게 내실을 갖춘 가설은 예컨대 매일 보는 물건들 중에서 일부는 분명히 결함이 드러났음에도 왜 지금의 형태를 계속 유지하는지에 대해 설명할 수 있어야 한다. 또 왜 일부는 오히려 더 나쁜 쪽으로 바뀌고 또 어떤 것은 이전의 우수한 방식을 따르지 않았는가도 설명할 수 있어야 한다. 발명가나 엔지니어 또는 발명과 디자인에 대해 고찰해온 사람들이 쓴 글을 바탕으로 이 가설을 검증할 수 있는 사례를 차근차근 짚어보기로 하자.

디자인과 인공물의 진화를 다룬 일부 저서에는 오랜 세월에 걸쳐 인류가 고안하고 만들어낸 수많은 물건을 평가한 내용들이 있다. 도널드 노먼Donald Norman은 《일상용품의 디자인The Design of Everyday Things》에서 책상에 앉아 주변에 널려 있는 특화된 물건들을 둘러보는 장면을 묘사한다. 다양한 필기구(연필, 볼펜, 만년필, 플러스펜, 형광펜 등), 사무용품(클립, 테이프, 가위, 메모지, 책, 서류철 등), 고정용구(단추, 똑딱단추, 지퍼, 구두끈 등) 따위가 나열된다. 노먼은 지칠 때까지 실제로 물건의 개수를 세어봤는데, 100여 개까지밖에 세지 못했다. 그에 따르면 우리가 살아가면서 매일 접하는 물건의 수는 약 2만 종이 넘는다. 노먼은 또 심리학자 어빙 비더먼Irving Biederman의 말을 인용하면서 "성인들이 쉽게 식별할 수 있는 물건은 3만 종"에 이른다고 주장한다. 사전에서 구체적인 명사들을 찾아 세어본 결과였다.

《기술의 진화》에서 조지 바살라는 과거 200년 동안에 인간이 손으로 만든 물건이 얼마나 다양한지를 언급하면서, 미국에서만 500만 개의 특허를 받았다고 지적했다. 물론 새로운 물건이라고 해서 모두 특허를 받는 것은 아니니 더욱 놀라운 결과이다. 1957~1990년 사이 미국화학학회ACS의 컴퓨터 데이터베이스에 1,000만 가지가 넘는 신화학물질이 등록되었다는 사실만 보더라도 재배열하고 가공하는 규모의 거대함을 쉽게 짐작할 수 있다. 또한 바살라는 찰스 다윈Charles Darwin의 진화론을 지지하는 자리에서 생물학자들이 150만여 종의 식물군과 동물군을 확인해 이름을 붙였다는 사실에 주목하며, 미국의 특허 하나하나를 각각 "생명체 종 하나하나와 동등한 것으로 간주하여 숫자를 센다면 기술적인 것이 생명체에 비해 세 배나 더 많은 다양성을 지닌다"고 결론지었다. 그리고 자신의 연구에서 근본적인 문제로 삼은 물음을 소개했다.

> 인공물의 다양성은 모든 면에서 생물의 다양성만큼이나 놀랍다. 돌 연장에서 마이크로칩, 물레방아에서 우주선, 압정에서 마천루에 이르는 그 광대한 영역을 생각해보라. 1867년 카를 마르크스는 … 영국 버밍엄의 공장에서 생산된 500여 종의 망치가 각 산업이나 공예 부문에 알맞게 특화되었다는 … 사실을 알고 놀라워했다. 아주 오래전부터 사용해 온 평범한 연장이 이처럼 다양한 변형으로 불어난 원동력은 과연 무엇일까? 왜 이렇게 서로 다른 종류의 물건들이 많이 존재하는 것일까?

바살라는 기술의 다양성이 필요와 효용 때문에 생긴다는 '전통적인 정의'를 거부하고, 인생의 의미와 목표에 대한 가장 보편적인 가정을 끌어안을 수 있는 설명 방식을 찾으려고 노력했다. 그는 생물 진화론을 기술 세계에도 적용하면 연구가 더 촉진될 것을 알았지만, 인공계와 자연계 사이에는 근본적으로 다른 점이 있으므로 진화론적 비유는 신중해야 한다는 점도 시인했다. 바살라는 특히 자연물은 무작위의 자연현상에서 생성되지만 인공물은 인간의 의도적인 행위에서 나온 것임을 인정한다. 그러한 행위는 심리적, 경제적 요인이나 다른 사회적, 문화적 요인 속에서 결정되기 때문에 지속적으로 진화하는 인공물 사이에 색다른 물건이 나올 수 있는 여건을 조성한다.

무엇이 인공물의 다양성을 유발하는가

애드리언 포티Adrian Forty 역시 다수의 인공물에 대해 깊이 고찰해왔다. 그는 저서 《욕망의 대상Objects of Desire》에서 일반적으로 역사가들은 두 가지 설명으로 디자인의 다양성을 정의한다고 지적했다. 하나는 한층 복잡하고 치밀해지는 기계나 설비류의 새로운 디자인을 개발하면 이에 따라 새로운 수요가 유발되며, 이 수요가 또 다른 진화를 가져온다는 다소 순환론적인 설명이다. 새로운 디자인은 조립과 해체를 위해 새로운 공구가 필요하며, 이 공구들은 다시 새로운 디자인이 나올 수 있는 길을 열어준다는 식이다. 다른 하나는 창의성과 예술적 재능을 표현하고자 하는 디자이너들의 욕망이 인공물의 다양성을 유발한다는 설명이다.

지그프리트 기디온Sigfried Giedion은 《기계화가 지배한다Mechanization Takes Command》에서 이 두 가지 이론을 모두 활용하고 있지만, 특수한 다양성의 사례를 설명할 뿐, 포티가 시인한 것처럼 모든 경우를 포괄하지는 못했다. 이를테면 기디온은 19세기 중반 미국에서 새롭게 개발된 등받이 조절 의자에 대해, 새로운 디자인의 확산은 '앉아 있는 것도 아니고 그렇다고 누워 있는 것도 아닌 자유롭고 자연스러운 자세에서 찾아볼 수 있는' 느긋함에 바탕을 둔 동시대의 정서가 촉발했다고 설명했다. 그러면서 이 새로운 특허 가구의 개발은 독창적인 디자이너들이 창조력을 집중한 동시에 새로운 수요가 잘 맞아떨어진 결과였다고 주장했다.

그러나 포티는 우연에 지나치게 의존하는 기디온의 논리를 비판하면서 "디자이너들이 다른 시대에 비해 19세기에 들어와서 특별히 더 발명에 재능이 있고 창의적인 것도 아닌데 수천 년이 지난 후에야 갑자기 인류가 새롭게 앉는 방법을 발견했을 수는 없다"고 반박했다. 포티는 한 사례를 예로 들며 이처럼 조절하기가 어려울 정도로 확대된 다양성을 설명하기에 '기능주의' 이론은 부적합하다면서 깎아내린다. "몽고메리워드Montgomery Ward사가 디자인한 131가지나 되는 서로 다른 주머니칼이 새로운 절단 방식의 발견에서 나온 결과라고 말할 수 있겠는가?" 그는 19세기의 디자이너들이 얼마나 창의적이었든 간에 생산할 제품의 수량과 형식을 결정하는 데 영향을 미칠 만한 힘이나 자율성이 있었다고는 생각하지 않았다. 그러면서도 디자이너들에게 개별 품목의 형태를 결정할 수 있는 권한이 있었음에는 동의한다.

등받이 조절 의자 같은 물건이 늘어나는 원인을 분석하면서 포티는 "디자인 제품은 동시대 사회의 의식과 직접 관련된다"고 주장했다. 특히 자본가들이 다양성을 확산해왔다고 강조한다. "제조업자들이 다양한 시장 상황에 맞춰 디자인의 차이를 구별해 광고함으로써 다양성을 부추겨왔다는 사실이 바로 그 증거이다." 그래서 마치 사전처럼 모든 사람의 역할을 수용하는 환경이 존재했다는 것이다. 즉 디자이너는 디자인하고, 제작자는 제작하고, 다양한 소비자들은 다양하게 소비한다. 이것이 옳은지 그른지에 대한 판단은 각자의 몫이다.

세상이 반드시 다양성을 지녀야 하는지를 두고 옳고 그름을 따지는 것과 상관없이, 이미 세상은 다양성을 갖고 있다. 그러나 각각의 디자인이 다른 디자인과 어떻게 변별되는가에 대한 의문은 남아 있다. 제조업자들이 주된 일차적 원동력 역할을 한다 해도 무슨 근원적인 아이디어가 특정 제품의 형태를 결정하는 것일까? 몽고메리워드사의 카탈로그에 있는 131개의 칼에서 서로 다른 특성을 구별하고, 버밍엄에서 생산된 500가지의 특화된 망치에서 또 다른 특성이 파생될 수 있었던 것은 분명 경제적 관점 외에 반드시 또 다른 요소가 있었기 때문일 것이다. 과연 어떤 힘이 그 특성들을 만들어냈을까?

노먼, 바살라, 포티는 모두 형태와 기능 사이의 상호관계에 대해서는 별로 언급하지 않았다. 그들이 쓴 책의 어느 색인에서도 찾아볼 수가 없다. 그래서 포티가 '잠언'이라고까지 했던 '형태는 기능에 따라 결정된다'는 공식에 이 저자들이 찬동하지 않았다고 가정할 수 있다. 디자인에 대해 매우 설득력 있는 글을 쓴 데이비드 파이David Pye도 마찬가지이다. 파이의 책들은 그가 생각하는 과정을 보여주기 때문에 읽어보면 더욱 보람을 느낄 수 있다. 그는 단순히 잘 포장된 사고의 결과만을 보여주지 않는다. 구덩이와 씨앗과 핵심을 제공해 디자인 문제를 관통하는 사유의 과정을 함께 들려줌으로써, 그 안에 무엇이 있는가를 관찰할 수 있게 한다. 그는 '형태는 기능에 따라 결정된다'는 주장을 '독단'이라면서 거부할 뿐 아니라, 기능이 '어떤 물건의 고유한 활동'이라는 사전적 정의조차 비웃는다.

파이에 따르면 '기능은 환상'이다. "디자인된 물건의 형태는 선택이나 우연에 의해 결정되며, 어떠한 것도 결코 필연적인 결과일 수 없다." 그는 무엇이 꼭 그렇게 생겨야 한다는 당위성 때문에 그렇게 생긴다는 생각을 비웃고 '순수하게 기능적'이라는 말을 '싸구려'와 '간소한', 즉 가치가 하락되었다는 뜻으로 이해한다. 아울러 '형태는 기능에 따라 결정된다'는 통념에 대한 거부감을 더 상세하게 털어놓는다.

> 물건만 제대로 작동한다면 디자인에서 기능의 개념, 심지어 기능주의자들의 독단에도 관심을 두지 않을 이유가 없다. 그러나 사정은 그렇지 못하다. 나는 가끔 불필요한 일을 하려는 우리의 잠재의식 속에 제대로 작동하지 않아도 최소한 남에게 팔 수만 있게 만들자는 의도가 숨어 있는 것이 아닌가 하고 의심했다. 우리가 만들고 디자인한 물건들은 제대로 작동하지 않는다. 항상 무엇을 하자고 떠들어대지만 완벽한 물건을 만들고 있지는 못하다. 예컨대 비행기는 사고가 나면 인명을 앗아간다. 기름도 엄청 먹어대는 통에 이제 신생아처럼 잘 돌봐야 할 판이다. 만찬 식탁은 규격이나 높이를 자유롭게 변형할 수 있어야 하고 이동 또한 쉬워야 한다. 더군다나 긁힌 자국이 나지 않아야 하고 자정 능력은 필수이며 다리도 없어야 한다. … 우리는 결코 만족할 수 없다. … 우리가 디자인하고 만드는 모든 물건은 오래 버티지 못할 불완전한 것들뿐이다.

파이의 표현은 비록 과장되었지만, 진실에 바탕을 둔다. 파이가 이처럼 호언장담할 수 있는 근거는 어떤 물건도 완전하지 못하다는 사실에 있다. 만일 100만 대의 항공기 중에서 단 한 대라도 고장을 일으키면, 엄격히 말해 그 항공기는 완전하다고 할 수 없다. 마치 갓난아이를 돌보듯 잘 보살펴야만 사고율을 낮추어 오래 유지할 수 있다. 진짜로 완전한 비행기라면 유지보수가 필요 없고 연료의 소모도 매우 적고 사용 가능 햇수도 몇백 년은 되어야 한다. 우리의 만찬 식탁에 대해서는 어떤 불만을 말할 수 있을까? 보조 널빤지라도 끼웠다 넣었다 할 수 있어야 규모가 다양한 파티를 감당해낼 수 있지 않을까? 키가 작은 어린아이가 있다면, 아이가 식탁 위의 음식을 집을 수 있도록 그 밑에 두툼한 책이라도 받쳐놓아야 한다. 사용하지 않을 때도 식탁은 공간을 차지한다. 표면에 자국이 생기고 더러워진다. 식탁의 다리는 우리가 활동하는 데 방해가 된다. 이처럼 식탁만 해도 모든 디자인된 물건들처럼 개선의 여지가 남아 있다.

사실 파이가 떠들썩하게 과장하고 있는 것은 바로 도처에 산재해 있는 이 불완전성이자, 모든 인공물의 공통적인 특성이다. 그리고 인지한 문제들에 대한 해결책이 잘 맞아떨어지면서 디자인이 변하기 때문에, 물건의 진화를 촉진하는 힘은 정확하게 말해 바로 이 불완전성에서 비롯된다. 그러나 이러한 시나리오대로 항상 더 좋은 디자인이 창조되지는 못하는 것 같다. 이 역설의 실마리는 디자인의 필요조건은 언제나 서로 어긋나기가 쉽고 따라서 '조화는 불가능하다'는 파이의 통찰에 있다.

> 모든 디자인은 어떤 면에서는 모두 실패라고 볼 수 있다. 요구사항을 무시했거나 절충했거나 둘 중 하나이기 때문이다. … 따라서 모든 디자인은 독단적이다. 디자이너나 고객은 허용할 수 있는 실패의 한계와 범위를 선택해야 한다. 결국 모든 물건의 모양은 독단적 선택의 산물이다. 만일 당신이 절충조건을 바꾸면 물건의 모양을 바꿀 수 있다. 어떤 디자인도 요구사항에 대한 논리적인 결과로 나타나는 경우는 거의 없다. 요구조건이 불일치하는 상황에서 논리적 결과를 기대할 수 없기 때문이다.

그래서 파이가 언급한 평범한 만찬 식탁은 실패로 보아야 한다. 두 사람도 열두 사람도 앉을 수 있어야 하고, 작은 아이들에게든 큰 성인들에게든 똑같이 편안한 높이어야 하며, 자국이 생기지 않으면서 더럽혀지지 않고 또 미관상으로도 멋있는 마감처리, 사람들의 활동에 방해되지 않는 다리가 필요하다는 조건, 즉 서로 상충되는 이 모든 조건을 동시에 만족시킬 수는 없기 때문이다. 유심히 관찰하면 일상 속 모든 물건에서도 이와 같은 잘못된 점을 찾아낼 수 있다. 그러나 그것은 파이의 목표도 아니고 이 책에서 의도한 바도 아니다. 오히려 불완전한 세계를 구성하고 있는 이 훌륭한 일상용품들이 바로 디자인의 난관을 극복한 승리의 산물이라는 점에 찬사를 보내고 싶다. 또 그래야만 왜 이러한 환경에서 '완벽한' 디자인이 나오는지, 또 왜 하나의 물건에서 다른 물건이 나와 더 좋아지기 위해 계속 변화하는지 그 이유를 이해하게 될 것이다.

단추 찾기와 워드프로세서의 검색 원리

건축가 크리스토퍼 알렉산더Christopher Alexander는 《형태 통합에 대한 단상Notes on the Synthesis of Form》에서 인공물의 진화 과정에 미치는 실패의 역할에 대해 어느 저술가보다 명쾌하게 설명한다. 그는 성공을 희망한다면 실패를 살펴봐야 한다고 분명하게 강조하면서 특히 금속의 표면이 완벽하게 매끄럽고 수평이 되는 과정을 예로 든다. 고르고 반듯한 기준이 되는 견본 블록의 표면에 잉크를 바른 다음 그것을 가공하려는 금속의 표면에 대고 문지른다.

> 만일 금속의 표면이 수평이 아니라면 튀어나온 곳에 잉크가 묻는다. 이 부분을 갈아낸 후에 다시 블록에 대고 맞추어봐서, 표면이 블록과 완전히 일치하면 비로소 표면이 고르다는 뜻이 된다.

치과의사도 비슷한 방법으로 치관을 맞춘다. 의사는 새로 해 넣는 치아가 주변의 이들과 잘 맞물리기를 원한다. 그런 경우 환자에게 카본지 같은 것을 꽉 물고 있게 한다. 카본지에 생긴 환자의 잇자국을 이용하여 잘 맞지 않는 치관의 위치를 알아내는 방식으로 문제를 해결한다. 알렉산더의 패러다임은 형태를 맥락에 맞도록 구성하는 것이 인공물 디자인을 실현하는 과정이라고 보고, 기준에 일치하지 않는 튀어나온 곳이 더 이상 없어야 비로소 성공이라고 선언한다. 알렉산더가 형태와 맥락의 훌륭한 맞물림으로 표현한 성공적인 디자인은 일반적으로 더 이상 이질감을 찾아낼 수 없을 때 비로소 주장할 수 있다. "사실 기준 자체보다는 오히려 우리 마음속에 자리 잡고 있는 규범에서의 이탈에 더 주목한다. 잘된 것보다 잘못된 것이 먼저 눈에 띄는 법이다."

알렉산더는 기계 공장이나 치과보다 더 가까운 일상의 사례를 예로 들어 설명을 이어간다. 각종 단추를 모아놓은 단추통이 눈앞에 있다고 생각해보자.

> 단추가 하나 있는데 단추통 안에서 이 단추와 짝이 맞는 단추를 찾아야

한다. 어떻게 골라낼 것인가? 이런 경우 우리는 대개 상자 안에 있는 단추를 하나하나 살펴보면서 원하는 것을 찾아낸다. 딱 맞는 것을 발견할 때까지 상자 안의 단추들을 일일이 살펴보고 너무 큰 것, 색이 다른 것, 구멍이 더 많은 것 등을 걸러낸다. 이 과정을 반복한 후에야 맞는 것을 제대로 골라냈다고 말할 수 있다.

이는 바로 워드프로세서의 오자 교정 프로그램이 작동하는 방식이기도 하다. 문서에 있는 각 단어를 차례로 골라내 사전의 단어들과 비교한다. 컴퓨터는 서로 맞지 않는 단어들을 하나씩 지워나가는 방식으로 마침내 합치되는 단어를 찾아낸다. 대상 단어와 길이가 다른 단어는 우선적으로 제거된다. 다음에는 대상 단어와 같은 철자로 시작하지 않는 단어를 제거한다. 다시 두 번째 철자가 다른 것을 제거하고 이 방식으로 마지막 철자까지 확인하며 소거해나간다. 만일 끝까지 맞는 단어를 찾아내지 못하면 철자가 잘못되었다고 판정한다. 이 프로그램은 근본적으로 실패의 개념에 바탕을 두고 있다(물론 결함은 있다. 잘못된 단어를 잡아내지 못하거나, 제대로 쓰인 단어를 오자로 잡아낼 수도 있기 때문이다. 예를 들면 'there' 대신 'their'가 적혀 있어도 둘의 차이를 구분하지 못한다. 모두 사전에 있는 단어이기 때문이다).

이런 사례들을 일반화하여 알렉산더가 제시하는 결론은, 형태와 맥락 사이에서 '갈등의 원인인 부조화, 말썽 또는 힘을 무력화하는 과정으로 디자인을 이해해야 한다'는 것이다. 인공물이 시간의 흐름에 따라 변화하고 쓰임새에 맞춰 진화하는 이치도 이와 같다. 고기를 먹기 위해 두 개의 뾰족한 나이프를 사용하던 중세 사람들은 아마도 고기가 접시 위에 고정되지 않고 빙빙 도는 바람에 애를 먹었을 것이다. 고기에 손을 대지 않기 위해 써는 데만 사용하던 나이프의 용도를 바꿔 편평한 부분으로 고기를 눌러 고정함으로써 불편을 해소했을 것이다. 그리고 시간이 흐르면서 더 나은 지지표면을 확보할 수 있도록 나이프 날의 형태를 바꾸었을 것이다. 나이프 제조업자들도 물론 식사를 했을 테고, 그들 가운데 생각이 깊고 상상력이 좋은 사람들은 그 말썽을 해결하는 더 혁신적인 방법, 즉 써는 동안에 고기를 붙들기 위해 전과는 전혀 다른 두 개의 갈퀴가 달린 식사도구를 개발해냈을 수도 있다.

알렉산더는 선언한다. "부조화는 변화의 동기가 되지만, 완벽한 조화는 아무것도 주지 않는다." 현재 사용하는 물건들의 문제점을 해결할 새로운 인공물을 만들 수 있는 재료, 공구 또는 능력을 우리 스스로 갖고 있지 않아도, 최소한 그 일을 할 수 있는 사람에게 문제점을 호소할 수는 있다. 알렉산더는 변화를 만들어낼 바로 그 사람을 장인이라고 부르며, 이들은 발전을 거듭해온 인공물이 거쳐가는 '단순한 대리인'일 뿐이라고 지적한다.

> 특정한 목표 없이 시작된 변화라도 그 과정이 내포하고 있는 '균형을 지향하는 경향' 때문에 결국 조화된 형태에 도달할 것이다. 이때 대리인의 역할은 실패했을 때 인정하고 대응하는 것이 전부이다. 아무리 단순한 사람이라도 이런 일은 할 수 있다. 기존 형태에 대한 비판은 누구나 할 수 있지만, 명료한 형태를 발명할 수 있는 충분한 통합 능력을 가진 사람은 소수에 불과하다. 그래서 대리인은 반드시 창조력을 갖추고 있

지 않아도 된다는 점을 이해하는 것이 특히 중요하다. 즉 대리인이 형태를 개선할 능력을 반드시 보유할 필요는 없으며, 실패를 발견했을 때 이에 대응하는 변화를 꾀하기만 하면 된다. 그 변화가 항상 더 나은 물건만을 만드는 것은 아니지만 변화 과정을 거치다 보면 개선된 것만 살아남기 때문이다.

이러한 진화는 문명의 발전을 거치며 지속되었고 오늘날도 진행 중에 있다. 장인은 과학에 정통한 엔지니어로 변신했고, 인공물은 더 복잡해진 원자력발전소, 우주선, 컴퓨터로 성장했다. 반드시 더 나은 방향으로 변화를 만들어낼 필요가 없었던 알렉산더의 대리인과는 다르게 현대의 디자이너나 발명가는 어떤 의미에서든 꼭 더 나은 쪽으로 바꾸어야 한다고 생각하기 마련이다. 그러나 실패와 부조화에 대한 깨달음이나 현실에서 일어나는 사고는 인공물을 발전시키는 원동력이 되고 있고 앞으로도 크게 달라지지는 않을 것이다.

세상과 그 부속품들을 바꾸기 위해 능통한 엔지니어, 정치인, 기업인 같은 사람들만이 나서야 하는 것은 아니다. 우리 모두 최소한 세상의 어느 부분에서만큼은 전문가이기 때문이다. 우리는 디자이너, 제조업자, 판매업자가 약속했던 수준과 비교해 무엇이 실패했고 부족한지를 알아낼 능력이 충분히 있다. "오직 소수의 사람이 그 정책을 발의했더라도 우리 모두에게는 그 정책을 판단할 능력이 있다"고 설파한 아테네 정치가 페리클레스Perikles와 동시대인들이 분명하게 알고 있었듯이, 이러한 생각은 현재 인공물을 사용하는 우리에게도 지켜야 할 원칙이다.

연속성은 인공물의 세계를 지배한다

우리를 둘러싼 물질적 환경의 외관과 작동하는 방식이 생겨난 방법과 원인을 이해한다면 기술 변화의 본질과 가장 복합적인 최신 기술의 작동 방식에도 상당한 통찰을 얻을 수 있다. 바살라는 인공물을 기술 연구의 기초 단위로 택하고 "연속성이 인공물의 세계를 지배하고 있다"는 설득력 있는 논리를 펼쳤다. 그래서 《기술의 진화》 표지에는 투박하게 생긴 최초의 돌망치부터 산업혁명의 정점에서 전례 없이 큰 규격의 쇠를 주조하는 데 쓰였던 제임스 네이즈미스James Nasmyth의 거대한 증기 해머까지 망치의 진화사를 그려 넣었다.

바살라는 이처럼 모든 물건이 지닌 연속성을 설명하면서 "참신한 인공물은 오직 과거에 존재하던 인공물에서 나온다. 새로운 인공물은 결코 순수한 이론, 발명의 재주 또는 공상의 창조물이 아니다"라고 자신 있게 주장한다. 이것이 사실이라면 인공물과 기술의 역사는 산업에 기댄 문화적 부속물의 차원을 넘어선다. 그리고 그것은 국가의 지적 자산이 생성되는 복잡하고 창조적인 과정을 이해하는 수단이 된다.

나이프와 포크, 스푼 같은 일상적인 물건의 모양을 만들어낸 목적 지향적인 인간 행위가 돌도끼에서 반도체에 이르는 모든 기술적 도구의 형태를 만든다. 19세기 영국 버밍엄에서 만든 수백 개의 망치부터 식탁에서 사용하는 은제식기까지 모든 물건들의 다양성도 이렇게 설명할 수 있다. 발명, 디자인, 개발과 같은 인간의 행위는 그것들이 각기 함의하는 만큼 구분이 명료하지는 않지만, 실패를 활용하려는 이러한 노력들이 사실은 모든 인공물의 형태와 모양을 결정하는 행위의 연속성을 만들어내고 있다.

이 책의 기본 주제는 모양과 형태이며, 미적 품질은 주요 대상이 아니다. 보석이나 장신구 같은 물건의 최종 형태를 결정할 때와 같이 일부 경우를 제외하고는 이것이 제일의 조건으로 작용하는 경우는 드물다. 실용성을 중시하는 물건을 더 보기 좋게 만들 수는 있지만, 대개 오랫동안 사용되어온 물건을 꾸미는 겉치장에 불과하다. 예를 들어 식사도구는 실용성을 목적으로 진화했기 때문에 식탁 위에 놓인 도구들이 어떤 양식이든 우리가 나이프, 포크, 스푼을 혼동할 일은 없다. 그러나 식사도구를 디자인할 때 지나치게 미적인 부분만 앞세우다 보면 보기에는 참으로 멋있고 조화를 이룰 수 있겠지만, 직접 사용하는 데는 무엇인가 부족한 점을 느낄 수도 있다.

체스의 말들도 비슷한 경우이다. 체스에서 한쪽 말의 숫자는 모두 16개로 정해져 있다. 말들은 자기네끼리도, 상대방의 말과도 쉽게 구별되어야 한다. 체스의 말을 새롭게 디자인하려는 시도들이 여러 차례 있었지만 무게와 균형만 조금 조정하는 데 그쳤으며, 대담한 시도는 번번이 문제를 일으켰다. 미관이라는 명목으로 말을 더 현대적이고 추상적으로 만들었지만, 막상 체스를 두는 사람들이 퀸과 킹, 나이트와 비숍을 구별하지 못하는 경우가 허다했다. 이 책에서는 그러한 디자인은 다루지 않는다.

그러나 '제품디자인'이나 '산업디자인'이라 불리는 분야에는 관심을 가져야 한다. 산업디자인은 미를 우선시한다고 생각하지만, 훌륭한 산업디자인은 그렇게 시야가 좁지 않다. 오히려 진정한 산업디자이너는 인공물이 보기에 좋을 뿐 아니라 조립, 해체, 유지 및 사용이 쉽도록 노력하고 물건의 미래를 통찰하여 결점을 미연에 방지하는 능력도 갖추고 있다. '인적요소 엔지니어링'이나 '인간공학'의 발상은 그런 문제에 초점을 맞춘다. 엔지니어는 가장 단순한 주방도구부터 가장 복잡한 기술체계에 이르기까지 모든 제품이 다양한 사용자들의 손에서 어떻게 쓰일 것인지에 관심을 둔다.

어린아이의 안전을 고려하여 특별히 제작된 약병이 있다고 하자. 관절염을 앓는 노인층이 보기에는 개선할 여지가 많다고 지적할 것이다. 미적인 것보다 인간공학적 측면에 초점을 맞추어 뚜껑을 안전하게 열게끔 디자인되어야 한다고 생각할 것이다. 이상적인 약병은 인간공학적으로나 디자인적으로도 완벽해서, 안전하면서도 테이블 위의 과일 접시를 대체할 만큼 충분히 아름다워야 하는지도 모른다. 이 책은 수많은 물건들 가운데 왜 그렇게 이상적으로 완벽한 물건이 존재하지 않는지에 대한 이해를 넓혀가는 실마리를 제공하자는 의도로 쓰였다. 인공물이 실패할 수 있는 길이 많은 것처럼, 그 형태를 바로잡을 수 있는 길도 수없이 많기 때문이다.

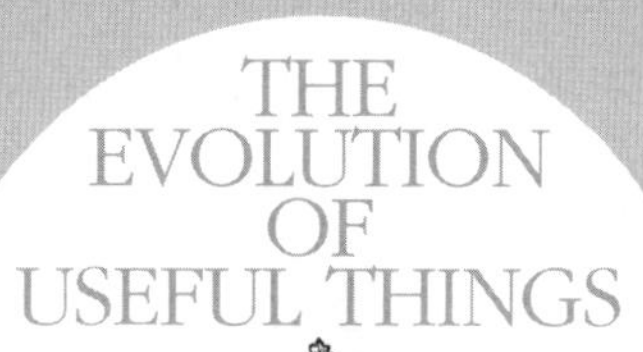
THE
EVOLUTION
OF
USEFUL THINGS

비판할 줄 알아야 발명가

THE EVOLUTION OF
USEFUL THINGS

재미와 돈벌이를 위한 발명

물건의 결함이 진화의 원동력이라면, 분명 발명가는 기술에 대해 엄격하게 비판할 줄 아는 사람이다. 그들에게는 현재 사용하는 물건의 결함을 파악하고 문제를 바로잡아 좀 더 정교한 기구와 장치를 만들어낼 수 있는 독특한 능력이 있다. 이러한 주장은 인공 세계의 질서를 찾는 이론가의 한낱 넋두리가 아니라, 다채로운 인생을 살아오면서 다양한 경험을 하고 자기를 성찰할 줄 아는 사려 깊은 발명가들의 말에 근거한다.

야코프 라비노비치Jacob Rabinovich는 러시아 제화업자의 아들이었다. 1914년에 전쟁이 발발하자 그의 부친은 가족을 데리고 시베리아로 이주했고, 5년 후 야코프가 11세가 되던 해에 다시 미국으로 이민을 와서 뉴욕에 정착했다. 고등학생이 된 야코프는 수학반과 미술반에서 활동하며 다재다능함을 뽐냈다. 그가 그린 작품들은 매우 정교해서 미술과의 학장으로부터 큰 칭찬을 들었지만, 한편으로는 그림에 예술가로서의 혼이 부족하다면서 공학을 전공해보라는 권유를 받았다. 1920년대의 뉴욕시립대학은 다양한 기회가 열려 있어 이민 학생들이 자유롭게 전공을 선택할 수 있었다. 그러나 유대인이 공대에 들어가기는 매우 어렵다는 충고를 듣고 1928년 교양학부에 입학했지만 치열한 경쟁의 틈바구니에서 이렇다 할 두각을 나타내지 못했다.

대공황이 닥치자 야코프는 어떤 직업을 선택하든 어차피 먹고사는 데는 똑같이 어려울 것이라는 생각이 들었다. 그래서 처음부터 관심이 있었던 공학으로 전공을 바꾸었다. 1933년 전기공학과 학위를 받고 졸업할 때는 이름도 미국식으로 제이콥 래비노Jacob Rabinow로 바꾸었다. 석사학위와 동등한 자격을 얻기 위해 1년을 더 대학에서 공부했지만 그때까지도 제대로 된 직업을 구하지 못해 라디오 공장에서 주로 조립 일을 하면서 몇 년을 보내야 했다. 1935년 공무원 임용시험에 응시해 전기와 기계 부문에서 높은 점수를 받았으나, 1938년에야 겨우 미국국립표준국NBS의 기사로 채용되었다. 그가 맡은 첫 번째 임무는 개천이나 강물의 유속을 잴 때 사용하는 기구의 정밀도를 측정하는 일이었다.

래비노는 이 일이 마음에 들었다. 근무시간도 일정해서 생각에 몰두할 시간적 여유도 생겼다. 그러나 업무에 사용하는 장비들은 낡고 오래되어 이런저런 결함이 많았다. 그는 곧 장비들의 정밀도와 성능을 개선할 수 있는 다양한 방법을 찾기 시작했다. 근무시간 이후에만 한다는 조건으로 새로운 장비를 디자인하고 만드는 작업을 할 수 있도록 상사의 허락을 받았고 곧바로 작업에 착수했다. 그는 얼마

지나지 않아 성능과 정밀도가 확실하게 개선된 측정 장비들을 만들어냈고, 다른 분야에서도 유감없이 재능을 드러내기 시작했다. 시간이 흐를수록 책임과 권한이 늘어났고, 한동안 자신의 회사를 별도로 설립해 운영하기도 했다. 래비노는 시계의 자동조절장치부터 우체국에서 사용하는 자동편지분류기까지 모두 225건의 특허를 따냈다.

엔지니어와 발명가가 으레 그렇듯, 래비노 역시 왕성하게 활동하는 동안에는 책을 출간하지 않았다. 은퇴한 후에야 《재미와 벌이를 위한 발명Inventing for Fun and Profit》이라는 첫 단행본을 출간했는데, 제목과는 달리 발명가의 심리에 대한 매우 독창적이고 뜻깊은 통찰력을 보여주었다. 특히 자신이 발명한 작품들의 유래를 설명하면서 기존 물건에서 잘못된 점을 찾아내는 것에서부터 시작했다고 말하고 있다. 선물로 받은 손목시계를 조정하는 데 어려움을 겪다가 결국 자동조절시계를 발명하게 되었으며, 음악을 좋아하는 친구와 축음기에서 나오는 소리가 일그러졌는지 여부(축음기의 음관이 레코드의 홈을 따라 바늘이 이동하도록 규제하고 있는 방식 때문에)를 두고 논쟁을 하다가 새로운 바늘 제어장치를 개발했다든지 하는 것이 대표적이다. 이처럼 다양한 문제가 새로운 아이디어의 원천이 되었다. 그에게는 가정, 사회, 직장에서의 생활에 거의 구분이 없었다. 작업실이 거실 바로 옆에 있었다는 사실만 봐도 알 수 있다.

래비노는 가끔 자기 일의 본질에 대해 꽤 노골적으로 밝히기도 했다. "발명가들은 단순히 욕설을 퍼붓는 것이 아니라, 문제점을 해소하기 위해 해야 할 일을 생각하는 사람들이다." 그는 왜 발명하느냐는 질문을 받을 때도 비슷한 견해를 밝혔다. "마음에 들지 않는 것을 보았을 때, 그것을 극복할 수 있는 방법을 찾아내려고 노력한다. 내가 하는 일은 단순히 내가 좋아하는 장치들을 디자인하는 것이다." 물론 그가 좋아하는 장치들이란 불만족스러운 결함을 개선한 것들이다. 많은 발명가들은 결함을 확인하는 것이야말로 변화를 일으키는 원동력이라는 래비노의 주장에 한목소리로 동의한다. 《성공적인 엔지니어링Successful Engineering》이라는 책을 써서 제이콥 래비노에게 헌정한 로렌스 캄Lawrence Kamm은 젊은 기계설계 학도들에게 이렇게 조언한다.

"주위에 있는 디자인을 늘 살펴보며 '왜 이렇게 디자인했을까? 무엇이 잘못되었나? 어떻게 개선할 수 있을까?'라는 생각을 품고 끊임없이 연구하십시오."

또 다른 불완전한 발명품, 페트병

미국의 저명한 발명가 16인과의 인터뷰를 담은 《일하는 발명가들Inventors at Work》은 고졸부터 박사에 이르기까지 최종학력이 다양한 발명가들의 인생을 소개한다. 이들 중 대학에 진학한 사람은 한 명뿐이었고 대부분은 대학 문턱도 밟지 못하고 생업전선에 뛰어든 사람들이었다. 혼자 힘으로 발명을 상품화하여 엄청난 부를 거머쥐려고 몸부림친 자수성가형이나, 거대한 기업에 소속되어 혁신에 힘쓴 샐러리맨이나, 그들의 공통점은 학력이 아닌 기업가적 투지였다.

제이콥 래비노처럼 이민자 출신이 있는가 하면, 유복한 가정에서 태어난 발명가도 있었다. 1977년 폴 맥크리디Paul MacCready는 직접 만든 '고서머 콘도르Gossamer Condor'를 타고, 샌와킨 계곡을 넘어 1.6킬로미터 거리의 8자 형 비행코스를 완주함으로써 인간의 힘만으로도 하늘을 날 수 있다는 가능성을 보여주었다. 맥크리디는 1959년 영국의 기업인 헨리 크레머Henry Kremer가 내건 5만 파운드 상금이 탐나서 연구개발에 매진했다고 시인했지만, 도전 자체에 대단한 매력을 느낀 것 같다. 그는 어릴 때부터 모형비행기를 만들어왔고, 17세가 되던 해에는 〈모델 에어플레인 뉴스Model Airplane News〉의 편집장으로부터 '재주가 많은 월등한 젊은이'라고 인정을 받기도 했다. 특히 글라이더로 활공하는 취미에 빠져 전국대회에서 세 번이나 우승을 차지했다.

맥크리디는 예일대학을 졸업한 후 캘리포니아공과대학에서 항공공학으로 박사학위를 취득했다. 미국기계학회ASME는 그를 '금세기의 엔지니어'로 명명하고 상도 수여했다. 그러나 표창이나 상금은 이 집념이 강한 발명가를 행복하게 해줄 수 없었다. 다른 많은 성공한 발명가들처럼 맥크리디는 물건을 개선하는 일에 몰두했으며, 고서머 콘도르를 개조한 '고서머 앨버트로스Gossamer Albatross'를 완성해 1979년 사람이 페달을 밟는 힘만으로 영국 해협을 횡단하기도 했다. 그러나 아무리 현명한 발명가라도 물건을 개선하는 일에는 한계가 있다는 것을 그도 알고 있었다. 지금까지 가장 어려운 도전이 무엇이었느냐는 질문에 그는 이렇게 답했다. "훨씬 더 좋은 자전거를 만드는 일이었습니다. 몇 가지 방법을 시도했지만 결국 만족할 만한 결과를 얻지는 못했습니다." 현재 사용하는 자전거의 디자인에 문제가 있다는 뜻이다. 문제를 쉽게 인지했다고 해결도 쉬운 것은 아니다. 결국 발명가들은 문제에 맞닥뜨렸을 때 무엇부터 착수해야 할지를 먼저 선택해야 한다.

너대니얼 와이어스Nathaniel Wyeth는 펜실베이니아주 채즈포드의 농가에서 태어났다. 동생 앤드루와 누이 헨리에트, 캐롤린은 유명 화가인 아버지 뉴웰 컨버스 와이어스Newell Convers Wyeth의 지도를 받으며 미술을 공부했지만, 너대니얼은 시계를 분해하고 고철을 주워와 신기한 장치를 만드는 데 관심이 있었다. 이름도 원래 아버지와 같았지만, 저명한 화가인 아버지 이름과 헷갈리는 것이 부담스러워 엔지니어인 삼촌의 이름을 따라 너대니얼로 바꾸었다. 그는 펜실베이니아대학에서 공학을 전공한 후에 듀폰에서 장기간 근무하면서 화려한 경력을 쌓았고, 1975년에는 기술직으로서는 최고의 자리인 '선임공학위원'에 위촉되는 최초의 인사가 되었다.

너대니얼이 섬유와 전자 분야에서 내놓은 많은 발명품 중에 가장 유명한 것이 플라스틱 용기이다. 그는 수많은 실험을 거쳐 1970년대 중반 폴리에틸렌 테레프탈레트, 즉 우리에게 페트PET라고 알려져 있는 물질을 개발했다. 이 플라스틱 병은 무겁고 깨지기 쉬운 일반 유리병에 비해 분명한 장점이 있었다. 그러나 개발 과정은 그리 녹록하지 않았다. 너대니얼이 연구소장에게 초기의 엉성한 실험 결과물을 보여주었을 때, 그렇게 '흉하게 생긴 병'을 만들기 위해 과도한 예산을 지출하는 것이냐며 회의적인 반응이었다고 한다.

그는 적어도 병으로서의 역할을 할 수 있는 빈 공간이 있다는 사실만도 다행으로 여겼으며, 지금까지처럼 "실패와 결함이 있는 물건에 대한 지식이 있다고 해서 새로운 발명으로 도약할 수 있는 구실을 하는 것은 아니다"라는 신조를 생각하면서 꾸준히 노력을 기울였다. 흉하게 일그러졌던 병을 자랑스럽게 진열할 수 있을 때까지 거쳐온 과정에 대해 그는 꽤 명료하게 설명한다. "만일 내가 그 실수들을 발판으로 삼고 일어서지 못했다면 아무것도 발명할 수 없었을 것입니다." 사람들이 플라스틱 병을 어떻게 생각하든, 유리병을 대체하겠다는 목적은 충분히 달성했다. 너대니얼이 이루어낸 이러한 성취가 이제는 환경오염 문제를 유발하고 있지만 이에 대해서는 또 다른 발명가들이 해결책을 내놓을 것이다. 불완전한 물건들로 가득 차 있는 불완전한 세계에서는 자연스러운 현상이기 때문이다.

발명가에게 불만은 일상이다

모든 발명가들의 공통점은 기존 제품의 결함과 실패로부터 발명에 대한 원동력을 얻는다는 것이다. 매일 직접 사용하면서 알게 되거나 회사, 고객, 친구와 일을 하다가 물건의 문제점을 발견하는 것을 매우 즐긴다. 어떻게 하면 물건을 더 잘 만들 수 있을까를 항상 고민하고 생각하는 사람들이기 때문이다. 그렇다고 발명가들이 비관론자라는 뜻은 아니다. 적어도 세계에 존재하는 물건만이라도 개선할 수 있다는 신념을 품고 혁신을 추구한다는 점에서 오히려 낙관론자라고 할 수 있다.

발명가들은 '그런대로 꽤 좋은' 정도에 만족하거나 좋다고 받아들이지 않기 때문에 뭔가 개선을 시도한다. 또한 그들은 최고의 실용주의자로서, 개선하는 데는 한계가 있으며 그에 수반되는 거래와 타협의 필요성도 인정해야 한다는 사실을 깨닫고 있다. 또한 에너지 보존과 엔트로피 증가에 대한 열역학 법칙 등 세상에도 한계가 있다는 것 역시 알고 있다. 영구 운동기관이나 불로의 샘 같은 허황된 이상을 추구하기보다는 모든 것을 다 가질 수 없다는 사실을 인식하고, 현재의 것을 토대로 앞으로 할 수 있는 일을 위해 최선을 다할 뿐이다.

시카고 토박이인 마빈 캠라스Marvin Camras는 일리노이공과대학에서 공부했으며 대학부설 연구소에서 생애의 대부분을 보냈는데, 전기통신 분야 설비 특허를 500가지나 보유하고 있다. 발명가들에게 공통된 특성이 있느냐는 질문에 그는 다음과 같이 답했다.

> 발명가들은 주변에 보이는 것들에 불만을 품는 경우가 많다. 아마도 매일 사용하는 물건들을 보면서 "아니야! 이 방법은 아주 잘못됐어"라고 토로하고 있을 것이다. 나는 투박하거나 불편한 물건을 볼 때마다 왜 이렇게 만들었을까를 항상 생각한다. 이렇게 떠오른 생각이 발명으로 이끌었다고 할 수 있으며 … 내 눈에는 많은 물건들이 불편하게 보인다. 그래서 이 물건들을 단순화하고 싶다.

캠라스는 개인주의자일지도 모르지만, 발명에 대한 시각은 동료들과 비슷하다. 제롬 레멜슨Jerome Lemelson은 1951년 뉴욕대학에서 산업공학 석사학위를 받았다. 그는 산업 로봇과 자동화 공장을 디자인했고 시리얼 상자 뒷면의 오려내기 장난감에 대한 특허도 갖고 있다. 보통 한두 가지 특허만 있어도 회사를 세우는 경우가 많은데, 그는 특허가 400가지나 되는데도 아직 기업가가 되려고 시도한 적이 없다. 레멜슨은 특허를 활용해 회사를 설립하는 것보다 특허료 받는 것을 더 좋아했다. 발명에 대한 그의 생각 또한 마찬가지로 현재 사용하는 물건들에 관한 비판과 관련한다.

> 발명을 하려면 다음과 같이 자문해보는 것이 좋다. 이 물건이 지닌 특별한 기능이 제대로 발휘되고 있는가? 또 가능한 한도 내에서 최고의 성능을 내고 있는가? 다른 문제점은 없는가? 나라면 어떻게 개선할 수 있겠는가? 특허란 대부분 이미 존재하는 물건을 단순히 개선만 해도 인정하는 체계이다. 그래서 오늘날 존재하는 물건들에 대해 뭔가를 개선하는 일이 바로 이 특허라는 게임의 진짜 모습이다.

이러한 견해는 1950년 포퓰러메카닉스사에서 '발명과 특허를 위한 입문서'라는 부제로 출간된 《아이디어로 버는 돈Money from Ideas》에서도 반복된다. 이 책은 발명가로서 많은 사람이 바라는 일확천금의 꿈을 굳이 모른 척 숨기지 않고 첫 장의 첫 문장에 다음과 같이 기술한다. "가위 하나와 종이 몇 장만으로 백만장자가 된 남자가 있었다."(방문판매원인 이 남자는 공공장소에서 유리컵으로 음료수를 마시는 불편을 해소하기 위해 종이컵을 발명했다.) 독립적으로 혼자 시작할 수 있는 자신만만한 발명가에게는 이러한 입문서가 필요 없을 것이다. 그러나 창조적인 천재, 국가적 영웅, 부유한 후원자라는 발명가 이미지는, 스스로 발명가가 될 자질은 부족하지만 발명가가 되고 싶다는 욕심으로 가득 차 있는 사람들에게 엄청난 매력으로 다가오기 마련이다. 아직 독창적인 아이디어가 없는 발명가 지망생은 다른 데서 아이디어를 구할 수밖에 없다. 이 책은 발명가 지망생들에게 반드시 아이디어를 하나하나 쌓아나가라고 권하면서 집 주변에서 매일 보는 물건들에 관심을 기울이라고 독려한다.

> 공구는 더 탐구할 만한 가치가 있다. 가정에서뿐만 아니라, 기계공과 직공에게도 필요한 물건이기 때문이다. 모든 직공은 공구가 이러저러하게 고쳐졌으면 좋겠다는 불만이 적어도 하나씩은 있을 것이다. 미국인에게 불평은 생활이다. 또한 그들은 이러한 불편 사항을 마음껏 털어놓고 싶을 것이다. 자극적인 아이디어에 귀를 기울이지 않는 발명가는 성공하지 못한다.

발명은 새로운 것이 필요해서라기보다는 부족함을 채우려는 욕구에서 비롯된다. 기계공은 매일 망치, 드라이버, 펜치 등을 들고 일을 한다. 그렇다고 매일 똑같은 작업을 하는 것은 아니다. 똑같은 공구를 사용하는데도 어떤 날은 일이 잘 되고 또 어떤 날은 잘 안 된다. 작업장에 필요한 연장통을 만들기 위해 목재에 나사를 박아 연결하거나, 고객이 수리를 맡긴 기계에 금속패널을 다시 붙이는 일도 한다. 연장통을 만들다가 드라이버가 나사머리에서 미끄러져 목재 상자에 흠집을 낼 수도 있다. 물론 그렇다고 연장통의 쓸모가 없어지는 것은 아니다. 그러나 그것이 만일 고객의 물건이라면 문제는 달라진다. 그래서 기계공은 나사를 조일 때 드라이버가 절대 옆으로 기울거나 미끄러지지 않고 완벽한 수직 상태를 유지하도록 단단히 잡은 후에, 세밀하게 살피면서 드라이버를 돌려 금속패널에 흠집이 생기지 않도록 작업할 수 있는 능력이 있어야 한다. 만전을 기하기 위해 드라이버가 나사머리의 홈 속에 딱 맞아 들어가도록 손가락으로 나사머리를 꽉 잡을 수도 있다.

이처럼 조심하면 물론 실수가 줄어든다. 그러나 사람인지라 다시 실수할 수도 있다. 그럴 경우 우리는 조심하라고만 하지, 새로운 다른 종류의 드라이버가 있어야 한다고 말하지는 않는다. 그러나 기계공은 확실히 부족한 점을 개선한 더 좋은 공구를 원할 것이다. 발명가는 항상 그런 기회를 놓치지 않는다. 탄화텅스텐 입자를 붙인 드라이버가 좋은 예이다. 단단한 입자가 상대적으로 부드러운 나사의 홈과 맞물려 드라이버가 미끄러질 가능성이 한결 줄었다.

나사머리에 대한 새로운 발상

제이콥 래비노는 직원을 뽑는 면접장에서 나사와 드라이버에 관한 질문을 자주 던졌다. 이론적인 과학자와 엔지니어를 실용적인 발명가와 구별하기 위해서였다. 그는 우리에게 가장 익숙한 나사머리를 관찰한 후에 "일자 홈은 오래전부터 사용해왔다. 일자 홈은 만들기는 간단하지만 몇 가지 문제점이 있다"면서 일자 홈에서 드라이버가 미끄러지는 것뿐만 아니라 사람들이 동전과 손톱 등을 드라이버처럼 사용해 나사를 쉽게 빼낼 수 있다는 점도 문제라고 말했다(지금은 나사를 쉽게 빼내지 못하도록 디자인이 바뀌었다).

이러한 문제를 해결할 수 있는 제품으로 래비노는 필립스의 십자머리 나사를 들었다. 이 나사는 분명 종전의 디자인에 비해 드라이버가 미끄러질 확률이 줄어드는 등 많은 장점이 있지만, 그럼에도 불구하고 단점도 있다고 그는 지적한다. 필립스의 나사는 조일 때 전용 드라이버를 더 밀착해 딱 맞추어야만 하며, 오래 사용해 드라이버가 닳았을 때 날을 날카롭게 갈아 세우기도 종전의 것보다 더 어렵다. 래비노는 필립스 나사의 일부 결함을 해소해 어떻게 새로운 나사머리를 만들었는지 그 과정을 설명하면서 자신의 창의성을 과시했다.

먼저 그는 나사머리에 사각형 또는 육각형의 홈을 만들어 그에 맞는 드라이버를 검토했다. 그다음 드라이버를 날카롭게 갈기가 더 쉽고 홈도 명확하게 보이는 사각형을 선택한다. 그러나 곧 "이런 나사도 모양이 맞는 드라이버만 있으면 누구라도 몰래 빼 갈 수 있다"는 단점을 지적하면서 다음과 같이 자문한다. "어떤 규격의 드라이버를 사용해도 움직이지 못하는 나사머리 홈을 디자인할 수 있을까?" 발명가로서 도전하려는 목표가 있는 사람은 이러한 질문에 답할 수 있어야 한다. 아래와 같은 자신의 해결책에 근접한 방안을 제시한 지원자가 있었다면, 래비노는 망설임 없이 그 자리에서 바로 채용했을 것이다.

> 삼각형 모양으로 변이 곡선인 홈을 만든다. 그러면 각 꼭짓점은 반대편 곡선의 중심에 놓인다. 특수한 모양의 드라이버가 아니면 돌릴 수 없는

삼각형 구멍이 생기는 것이다. 만일 일반 드라이버를 끼우면 날은 각 모서리에서 반대편 곡선 변으로 미끄러져 삼각형으로 돌면서 미끄러지는 현상을 반복하게 된다. 이러한 나사는 보기에도 매우 좋을 뿐 아니라, 적합한 공구가 없으면 빼내기도 어려울 것이다.

래비노는 특허국의 기록을 조회해보지 않았기 때문에 이 아이디어가 새로운 것인지의 여부는 알 수 없다고 고백한다. 그러나 그는 교육이나 평가하는 과정에서 생긴 문제를 해결할 수 있는 가능한 방안을 검토하기 위해 특허 기록을 꽤나 조사했는데, 인공물들이 결점을 점증적으로 제거하면서 진화한다는 가설을 입증하는 기록을 많이 발견했다고 전한다. 데이비드 파이는 너트와 볼트를 예로 들어 인공물의 진화 원리를 분명하게 설명한다.

육각 너트가 사각 너트를 밀어내고 자리를 잡은 것은 사용 방식이 편리해 인기를 얻었기 때문이다. 사각 너트는 안 좋은 위치에서는 종류가 다른 두 개의 스패너를 써야만 돌릴 수 있었다. … 그때부터 육각 볼트는 '현대 공학'을 상징하는 표준이 되었다. 19세기 초 일반 시민들은 육각 볼트를 사용하는지의 여부로 엔진이 새것인지, 와트 시대의 구형인지를 구별할 정도였다. 이렇듯 항상 새로운 특성의 물건은 옛것을 밀어내고 그 입지를 확보해왔다.

그러나 반대의 경우도 있었다. 일자 홈의 나사머리가 필립스의 나사로 완전히 대체되지 않은 것처럼, 사각 볼트도 사라지지 않았다.

드라이버나 스패너를 사용하기에 불편한 장소가 아닌 곳에서는 아직 사각 너트를 쓰고 있었으며, 가격도 육각 너트에 비해 저렴하다는 장점이 있었다. 20세기 초 첨단기술의 이미지를 추구하면서 유행한 이렉터 장난감 세트는 어린아이의 손으로 조이기에는 매우 불편했음에도, 당시 영국의 메카노 블록처럼 아직도 일자 홈 나사와 사각 너트를 사용했다. 육각 너트는 시간이 지나면 쉽게 무뎌져 둥근 모양으로 닳아버리는 단점이 있었다.

"우리가 일상생활에서 불편함을 겪는 한, 문제를 개선하려고 애쓰는 발명가들은 반드시 있기 마련이다." 1849년 이후 한 세기 동안 받은 특허 가운데 일찍 사라져버린 제품들에 대한 설명을 모아놓은 책자에 쓰여 있는 말이다. 그보다 1년 앞서 나온 〈사이언티픽 아메리칸Scientific American〉, 같은 시기의 〈일러스트레이티드 런던 뉴스The Illustrated London News〉와 동시대의 다수 대중 출판물에서도 연대순으로 기록해놓은 발명가들의 업적을 살펴볼 수 있다. 1851년 런던에서 열린 만국박람회The Great Exhibition of the Works of Industry of All Nations를 본뜬 국제박람회의 카탈로그에서도 독창적인 발명가들의 활동상을 더 자세히 볼 수 있다. 그러나 〈사이언티픽 아메리칸〉에 게재된 '50년 전과 100년 전' 기사를 읽어보면, 1890년 초와 1940년 초 사이에 물건에 대한 인식이 크게 변했다는 사실을 확연히 알 수 있다. 100년 전의 잡지에는 기존의 장치나 기구를 개선함으로써 새롭게 나타난 물건을 소개한 기사가 주를 이루었지만, 50년 전의 뉴스에는 과학적 이론과 발견에 관한 기사가 대부분이었다.

제2차 세계대전을 거치면서 새로운 도구를 당연한 것으로 받아들이고, 광고를 보고 나서야 무엇이 새로운 것인지를 깨닫는 시대가 되었다. 우리의 증조할아버지들은 분명 만년필이나 자전거를 개조하면서 지적 흥미를 추구했지만, 지금은 대부분 상업적이고 실리적인 관점으로만 물건을 평가하고 있다. 그래서 오늘날 신문이나 잡지의 과학기술란에는 의학과 물리학 분야의 번지르르한 전문용어만 난무할 뿐, 엔지니어나 발명가의 물건이나 생각은 거의 소개되지 않는다.

그렇다고 발명이 죽은 것은 아니다. 발명가들을 움직이는 원동력은 수년 전과 비교해 크게 달라지지 않았다. 사회적 역할이 줄었다 하더라도, 물건의 진화와 발명 사이의 연결고리는 시간의 흐름에 따라 변하는 것이 아니다. 오늘날 발명가를 움직이는 힘은 19세기 발명가들이 우산에 피뢰침을 심고 두 손을 자유롭게 쓰도록 모자에 우산을 얹어 완전체로 만들게 한 힘과 같은 것이다. 자기 체험의 산물이든 들은 이야기든, 백만 불짜리 아이디어라는 천박한 용어와 함께 나왔든 계급 없는 사회의 유토피아적 희망 속에서 나왔든, 영미권 특유의 구체적인 언어로 설명했든 라틴계의 추상적인 다음절어로 표현했든, 모든 발명의 핵심에는 기존 물건에 대한 불만이 자리 잡고 있다.

에드윈 랜드Edwin Land는 "왜 지금 찍은 사진을 바로 볼 수는 없어요?"라는 딸의 질문에 영감을 얻어 폴라로이드 카메라를 발명했다. "왜?"라는 순수한 물음이 랜드가 사용하던 카메라의 결함을 명확하게 드러낸 것이다. 애보트 페이슨 어셔Abbott Payson Usher는 고전으로 전해지는 《기계발명의 역사A History of Mechanical Inventions》에서 동일한 발명 과정을 더 학술적인 용어로 다음과 같이 설명한다.

> 발명은 이미 있는 요소들을 새로운 합성체, 새로운 양식, 새로운 작동 방식으로 개선해 건설적으로 동화시키는 데서 그 특성을 분명하게 드러낸다. … 그래서 발명은 과거에는 없던 연관관계를 새롭게 만들어낸다. 본질적으로 발명의 요소는 불완전한 작동 방식을 완성하거나 또는 불만족스럽고 부적절했던 양식을 개선하는 데 기초를 두고 있다.

특허제도와 인공물의 진화

새롭게 개선된 물건을 만든 후에 특허를 받을지 여부는 발명가의 취향이나 판단에 따라야 한다. 그레이트 웨스턴 철도와 그레이트 이스턴 증기선의 설계자인 이점바드 킹덤 브루넬Isambard Kingdom Brunel을 비롯한 일부 발명가와 엔지니어는 오히려 특허제도가 혁신을 방해한다면서 강력하게 반대해왔다. 1851년에 브루넬은 영국 상원 특허법률위원회에 다음과 같은 서신을 보냈다.

> 저는 오늘날의 쓸모 있는 참신한 발명과 개선이 매우 정교하고 선진화된 시스템 안에서 일어나는 점진적인 발전을 위한 발판에 불과하다고 생각합니다. 지금의 발명품이 갖고 있는 가치와 응용 수단은 조금씩 차이가 있겠지만 모두 다른 발명들의 성공적인 성과에서 통합된 가치와 적용 수단 등을 배우고 그에 의존하면서 발전해온 것입니다.

브루넬은 "진정으로 뛰어난 개선은 영감의 산물이 아니라, 그때그때 발생하는 상황을 예리하게 관찰한 결과이다. 좋은 물건은 여러 사람에 의해 고안될 수 있다. 누군가가 새로운 것을 발명했다고 생각하는 순간, 특허를 받아 대박을 터뜨리겠다는 꿈에 빠져들게 된다"고 주장했다. 특허제도가 오히려 진정한 발명을 방해한다고 확신했던 것이다.

> 만일 그 사람이 부자라면 그저 있던 돈의 일부를 손해보는 선에서 그치고 크게 상처받지 않을 수도 있습니다. 그러나 그가 직공이고 가난하다면 비밀리에 혼자서 기계를 만들 것인지, 필요한 자금을 외부에서 조달할 것인지 계획을 세우려 할 것입니다. 그는 동료 직공들이나 같은 목적을 위해 함께 일하는 사람들에게, 똑같은 발명이 과거에 시도된 적이 있는지, 있다면 실패 이유와 어려움은 무엇이었는지, 아직 알려지지는 않았지만 더 좋은 물건이 곧 시장에 나올 단계(사실 그럴 가능성이 가장 높지만)에 있는지 여부조차 의논하지 않습니다.

헨리 베서머Henry Bessemer처럼 뻔뻔스러울 정도로 돈만 밝히는 발명가들은 특허제도를 염려하기보다 어떤 특허가 유리한지에 대해서만 신경을 썼다. 베서머는 주로 제철과 제강공정 보호를 위해 많은 특허를 따냈지만, 막상 청동 금분의 제조공법에 대해서는 일부러 특허출원을 하지 않았다. 대신 그는 35년 동안 비밀리에 공장을 운영하면서 믿을 수 있는 친지에게만 요직을 맡기며 이익을 챙겼다. 베서머는 공장에서 나오는 수익금에 대해 "재능 있는 동료 발명가들이 지속적으로 활동할 수 있는 자금으로 사용했다"는 명분을 내세웠다.

인공물의 진화 이론은 특허출원 여부와는 별개로 전개되어야 마땅하지만, 그 가설을 검증할 수 있는 각종 자료는 가족 사업으로 운영되어온 비밀 서류보다 공식적인 기술문헌에서 찾아내는 것이 더 쉽다. 특허기록은 어떤 의미로도 인공물의 완전한 진화기록이 될 수 없겠지만, 주요자료와 사례연구의 보고서 역할은 한다고 볼 수 있다. 특허와 그 과정에 대한 2차적인 문헌들조차 기술적 발명과 진화의 본질에 관해 풍부한 통찰을 제공한다.

특허전문 변호사 데이비드 프레스먼David Pressman의 저서 《혼자 내는 특허Patent It Yourself》는 발명과 특허 과정 전반을 다분히 기본적인 수준의 주제로 다루고 있어 초보 발명가들에게 유용하다. '발명의 과학과 마술' 장에서는 발명의 과정을 두 단계, '문제의 인식'과 '해결책의 형성'으로 나누어 설명한다. 프레스먼에 따르면 발명의 성공은 착상 작업의 약 90퍼센트를 차지하는 첫 단계에서 좌우된다고 한다. 그는 문제가 되는 부분을 철저하게 조사해 밝혀내라고 충고한다.

> 당신의 일상생활에서 매일 일어나는 일에 세심한 관심을 기울여야 한다. 스스로에게 질문을 던져라. 나, 또는 다른 사람은 과제를 어떻게 수행하는가? 눈앞에 어떤 문제가 놓여 있으며 어떻게 해결하는가? 더 쉽고 저렴하며 믿을 만하게, 더 가볍고 빠르며 강력하게 만들 수는 없는가?

프레스먼은 책 후반부에서 발명의 상업적 기대치에 대해서도 거론하며 다음과 같이 말한다. "모든 장단점을 찾아내고 분석해 상업적으로 성공 잠재력을 완벽하게 평가하기 전에는 발명품에 비용과 시간을 과다하게 투입해서는 안 된다." 그는 긍정적인 요인과 부정적인 요인으로 이루어진 평가 리스트를 제시하면서, 진행 중인 발명이 현재 사용되는 물건에 비해 개선되었는지 여부를 확인하기 위해 꼭 필요한 수단이라고 강조한다. 즉 지금 발명하려는 것이 이전 물건보다 전반적으로 의도하는 기능을 더 잘 수행해내리라고 보장할 수 있는지 확인하자는 것이다. 평가의 과정에서는 긍정적 요인과 부정적 요인의 정량적 측정과 객관적 판단이 반드시 요구된다. 프레스먼의 평가표에는 비용, 무게, 규격부터 시장 의존도, 판매망의 난이도, 서비스의 필요성까지 44개의 항목이 포함된다. 분석의 최종 결과는 얼마나 정확하고 솔직하게 반영하느냐에 따라 크게 달라질 수 있다. 편견이 있는 발명가라면 자기 상상의 열매라고 할 수 있는 발명을 정확히 평가하기가 쉽지 않다.

끈질기게 매달리면 천재가 된다

발명의 기원이 무엇이고 잠재력이 어떻든 간에, 특허출원을 원한다면 '선행기술'의 문제를 확인하고 넘어가야 한다. 선행기술이란 해결해야 할 문제가 있는 영역을 가장 잘 파악하고 사람들에게 분명한 것으로 여겨지는 모든 지식을 의미한다. 그러므로 특허를 내려면 개선 방법을 찾아내는 것만으로는 부족하다. 제이콥 래비노는 그의 책에서 어떻게 그처럼 다양한 발명을 해낼 수 있었는지를 이야기하면서 선행기술을 자주 거론한다.

1950년 미국국립표준국에서 사임하고 사업을 시작했을 때, 래비노는 라디오 장비 제작회사로부터 FM라디오 수신기나 텔레비전용으로 사용할 수 있는 정밀한 누름버튼식 튜너를 개발해달라는 요청을 받았다. 당시는 라디오나 텔레비전 모두 최신 상품이었으므로 튜너에 많은 개선이 필요했다. 그는 라디오에 오랫동안 관심이 있었기 때문에, 발전 상황뿐만 아니라 튜너가 수신기만큼 커서 불편하고 사용할 때 불규칙한 음량변화가 가끔 일어난다는 문제 또한 정확히 파악하고 있었다. 그는 자신의 전문지식을 한마디로 포현했다. "나는 그 기술을 알았다." 래비노는 튜너를 연구하거나 사용하는 많은 사람들이 이미 알고 있던 기존 튜너의 장단점을 정확히 파악하고 있었으며, 그 단점을 어떻게 보완해야 하는지도 알고 있었다. 그러나 개발의 각 단계에서 결정적으로 이러한 결함을 바로잡을 방법은 분명하게 떠오르지 않았다. 방법을 안다면 라디오와 텔레비전 회사의 경쟁력을 높일 수 있었다.

선행기술을 알고 있던 래비노는 튜너의 개선 작업을 진행하면서 특허를 출원할 때 선행기술과의 차이를 부각하기 위해 어떠한 특성을 집어넣을지 고민했다. 그래서 익숙한 누름버튼 방식이 아닌 당김버튼식 튜너를 고안해냈는데, 당겨진 원뿔형의 버튼은 방송채널을 돌리는 손잡이 역할도 할 수 있었다. 래비노는 특허를 따는 데 성공했다. 그러나 개발을 위임한 회사는 다른 제품과 너무 다른 이 아이디어를 좋아하지 않았고 개발 또한 망설였다. 래비노는 "누름버튼을

군이 사용하고 싶다면 현재 시장에서 팔고 있는 것을 사용하면 된다. 내가 더 이상 할 것은 없다"고 답했다. 그는 최첨단 튜너의 결함을 알고 있었고 완전히 새로운 방식이 아니라면 기존 결함을 제거할 수 없다고 확신했다.

프레스먼은 래비노와 달리 경험이 별로 없는 발명가들을 위해, 특허출원을 할 때 특허 심사관에게 공식적으로 제출하는 서류에서 선행기술에 대비하며 발명품의 장점을 부각하는 방법을 간략히 설명하고 있다. 출원신청 서류양식은 먼저 선행기술에 대해 논의하고 발명품의 장점, 작동 방식, 발명에 관한 권리를 제시하게 되어 있다. 프레스먼은 중복되는 사항들을 여러 번 기입하는 번거로움이 있지만 특허출원 신청서류가 나름대로 효율적인 소통 방식이라고 변호한다. 즉 "그들에게 무슨 말을 할지부터 먼저 말하고 나서 다시 그대로 말하고, 그런 다음 당신이 무슨 말을 했는지를 다시 말하는" 식이라고 설명한다. 특허출원 신청서에 써 넣어야 할 것은 대부분 현재 사용하는 물건들에 대한 결함이다. 특허전문 변호사도 이 점을 분명히 조언한다.

> 당신의 발명이 지향하는 문제해결 방식에 대해, 과거에 다른 사람들은 어떠한 방식으로 접근해왔는지를 논하시오. … 그리고 과거 방식의 단점을 모두 목록으로 작성하시오. 대상 및 장점란에도 다시, 당신의 발명이 수반하는 모든 내용과 선행기술을 비교해 장점이 되는 것을 나열하시오. … 당신의 발명이 지닌 긍정적인 요소를 모두 포함시키시오. … 선행기술의 단점들도 모두 부각하시오. … 마지막에는 다음과 같은 단

락을 추가하시오. "내 발명의 기타 대상과 장점은 도면과 부속 설명서를 참조하면 분명히 알 수 있다." … 특허 설명서 항목의 결론 부분에 응용이 가능한 대상을 다시(세 번째로!) 열거하시오.

특허출원 신청서를 작성하는 지겨움을 견뎌냈다 해도, 발명이 결실을 맺어 상업적으로 성공하려면 더 큰 시련을 극복해야 한다. 문제점의 발견과 확인이 발명을 성공시키는 과정의 90퍼센트를 차지한다고는 하지만, 그렇다고 이후의 과정이 수월하리라고 기대해서는 안 되며 결코 성공이 보장되는 것도 아니다. 문제점의 해결책을 고안하려면 그만큼 상당한 노력을 기울여야 하기 때문이다.

토머스 에디슨Thomas Edison만 홀로 촛불과 가스등의 문제점을 인식한 것은 아니었다. 그가 생각해낸 것은 그동안 시도된 수많은 전구 중 하나일 뿐이었다(영국의 발명가들은 오랫동안 전기발광체 실험을 계속해왔으며, 에디슨보다 1년 더 빠른 1878년에 조지프 스완Joseph Swan이 탄소 필라멘트 전등으로 미국에서 특허를 받았다). 누가 먼저 특허를 받았든 간에 에디슨의 전구는 본인의 영감의 결과였으며, 아이디어를 실용적 모델인 전구 필라멘트로 구현하기 위해 수천 종류의 재료를 시험해야 했다. 그다음 특허 절차를 밟아야 했고, 마지막으로 발명품을 팔 수 있는 판매망 등의 하부구조를 마련해야 했다. 그 후에야 겨우 전구는 진짜로 성공적인 발명품이 되었다. 그것은 에디슨이 표현한 것처럼 온전히 '땀'의 결실이었다. 아이디어부터 시작해 실용화로 이어지는 길은 험난한 과정이었다. '멘로파크의 마법사'로 불리던 그가 발명은 10퍼센트의 영감과 90퍼센트의 땀으로 이루어진다고 언급했던 것은, 발명이란 단순히 창조적인 행위만이 아니라 지적 성과 이상의 상업적 성공까지를 포함하기 때문이었다. 에디슨은 발명이 땀을 흘리며 노력하는 과정임을 상기시키면서 도중에 겪을 수 있는 좌절감을 극복해야 한다고 경고했다.

> 천재라고요? 아닙니다! 끈질기게 매달리는 사람이야말로 천재입니다. 희망을 품고 평생 전념한다면 누구라도 해낼 수 있습니다. 노력하지 않고 저절로 되는 일은 절대로 없다는 진리를 꼭 기억하세요. 당신이 바로 그 일이 되도록 만들어야 합니다. … 나는 실패를 디딤돌 삼아 성공에 이르렀습니다.

발명과 혁신에서 문제 인식과 영감 또는 땀이 차지하는 비중이 각각 얼마나 되느냐에 대해서는 의견이 분분하다(폴 맥크리디는 에디슨이 말한 영감과 땀의 비율을 2 대 98로 주장하며, 1 대 99라고 말하는 사람도 있다). 다만 기존 물건에서 문제점을 찾아내는 일로부터 발명이 시작된다는 점에는 모든 사람이 동의하는 것 같다. 발명가는 언제나 기술을 비판할 태세를 갖추고, 최첨단의 인공물에서조차 개선의 여지를 찾아내기 때문이다. 헨리 베서머는 "개선을 향한 사랑은 그 범위나 끝을 알 수가 없다"고 말한다. 인공물의 기술 진화는 결코 끝이 없으며, 동시대 물건의 문제점을 끊임없이 찾아내 제거하면서, 그 형태를 계속 바꾸어나가는 과정인 것이다.

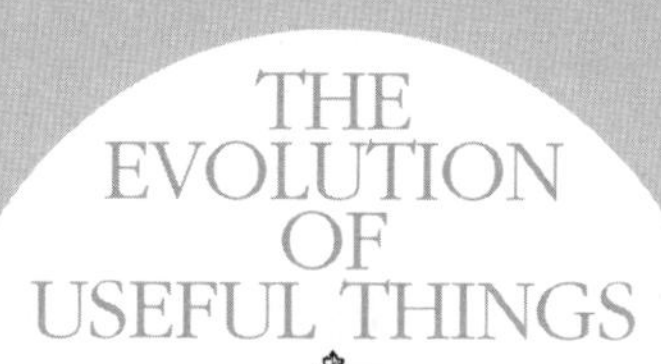
THE
EVOLUTION
OF
USEFUL THINGS

핀에서 클립까지

3

FROM PINS TO PAPER CLIPS

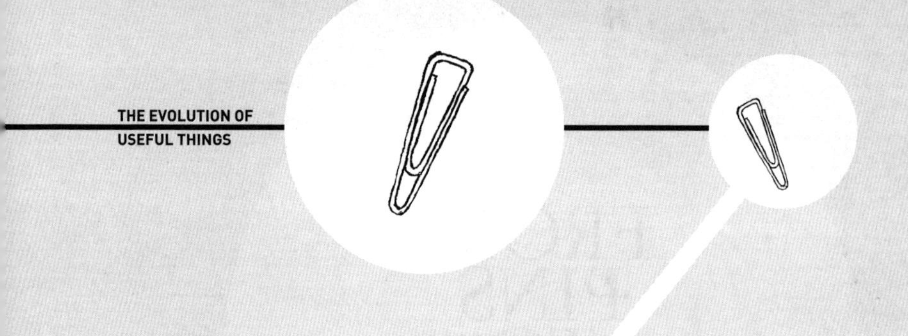
THE EVOLUTION OF
USEFUL THINGS

무기에서 이쑤시개까지 다양한 클립의 진화

원래 의도한 쓰임새가 무엇이든 인공물은 더 새롭고 창조적인 형태를 제시한다. 나무 막대기가 포크로, 조개껍데기가 스푼으로 진화했듯이 말이다. 공장에서 생산되는 물건도 예외는 아니다. 흔히 접하는 클립은 하나의 형태가 만들어졌다가 없어지고 또다시 만들어진 대표적인 경우이다. 누가 최초로 연구를 시작했으며 지속했는지는 클립의 기원만큼이나 의견이 분분하다. 런던의 로이드가家, 뮌헨의 제조 회사에서 일하는 '가혹할 정도로 탐구적인 독일인들', 스틸시티 젬클립을 만든 피츠버그의 가족기업 상속자인 하워드 서프린 Howard Sufrin 등이 가장 유력하다. 1958년에 원형연구를 했다고 주장하는 서프린에 따르면, 클립 열 개를 만들면 그중 세 개는 없어지고 정작 종이를 한 묶음으로 끼우는 데 사용되는 것은 고작 하나였다고 한다. 다른 용도로 더 인기가 많았는데, 손톱 때와 귀지를 파내거나 나일론 스타킹이나 브래지어, 블라우스를 임시로 여며 고정하는 데 흔히 이용되었다. 이외에도 이쑤시개, 넥타이 버클, 카드놀이용 칩, 놀이 점수 표시, 장식용 체인, 무기로도 사용되었다.

실제로 1950년대 초, 나와 우리 반 친구들은 클립을 무기로 사용했다. 클립을 구부리고 비틀어서 반으로 접어 날카롭고 뾰족하게 만든 후, 엄지와 집게손가락 사이에 팽팽하게 당겨놓은 고무줄에 걸어 탄환으로 썼다. U자 모양으로 생긴 미사일이 윙 하는 소리를 내면서 선생님의 귀 옆을 지나 칠판에 부딪히기도 하고 천장에 맞고 떨어져 쓰레기통을 맞추는 바람에 요란한 소리를 내기도 했다. 수업이 끝난 후 선생님은 몇 번이나 우리를 불러 범인을 찾으려고 혼을 냈다. 그때는 하찮아 보이는 발사기에 장전된 날카로운 클립이 다른 사람의 눈을 다치게 할 수도 있다는 사실을 제대로 깨닫지 못했다. 그래서 여전히 우리 말썽꾸러기들은 맨 뒷줄에 앉아 전쟁놀이를 즐겼고, 클립이 핑 소리를 내면서 창문을 맞추기라도 하면 선생님이 그 소리를 못 들었기를 마음속으로 빌면서 숨을 죽였다. 클립은 면접이나 회의, 전화통화를 하는 중에 손가락으로 비틀어 기괴한 모양을 만들면서 솟구치는 공격 욕구를 분출하고 해소할 수 있는 좋은 분풀이가 되었다. 단순한 형태의 물건 하나가 이렇게나 다양한 용도로 사용된다는 것은 주목할 만한 일이다.

클립은 철선의 굽은 곡선처럼 매우 서서히 우회적으로 지금의 형태로 진화했다. 그 형태는 평범하지만 내재된 연관성은 엄청나게 복합적이기 때문에 이 이야기를 시작한다는 것은, 마치 100개의 클립이 들어 있는 상자 안에서 특별한 클립을 하나 집어내는 것처럼 자의적이고 어려울 수 있다. 이제 문화와 사회적인 맥락 속에서 인공물 자체의 이야기를 끄집어내면, 클립의 꼬리가 서로 엉켜 연결되는 것처럼, 이야기가 꼬리에 꼬리를 물면서 이어지길 바랄 뿐이다.

종이는 1세기에 중국에서 처음 개발되어 서쪽으로 전해졌다. 13세기에는 아마亞麻를 짓이겨 만든 펄프에서 종이를 만드는 방법이 유럽에서도 자리를 잡았다. 의례상 격식이 요구되거나 특별한 문서가 필요할 때를 제외하고는 일반적으로 구하기 쉬운 종이가 기록의 매개체였던 양피지와 고급피지를 모두 대체했다. 중요한 통계, 사상, 업적과 같이 영구히 남겨야 할 기록은 정해진 규격의 제본된 책으로 만들어 보관할 필요가 있었다. 이와 더불어 관료정치가 상업의 부흥에 영합하면서 엄격하게 영구 제본을 하지 않아도 되는 내용의 임시 서류업무의 수요도 증가했다. 두 장밖에 안 되는 문서를 마치 책이라도 되는 양 예쁘게 묶어 제본한다면, 번거롭고 비용 낭비에 허세라는 빈축만 샀을 것이다.

그러나 책으로 제본하지 않으니 낱장들이 뿔뿔이 흩어지는 경우가 발생했다. 이를 함께 묶어놓기 위해 초기에 사용한 방법 중 하나가 주머니칼(깃촉을 뾰족하게 깎기 위해 항상 휴대했다)과 노끈, 리본을 활용하는 것이었다. 낱장들을 모두 모아 두 개의 작은 구멍을 나란히 뚫어서 노끈을 넣어 묶은 후 그 끝에는 밀랍을 발라두었다. 다른 서류로 바꿔치기하면 금방 흔적이 나타나도록 한 조치였다. 일반적으로 끈의 품질로 문서의 중요도를 표시했으며, 지금도 당시의 기록이 이런 방식으로 제본된 것을 발견할 수 있다. 나는 동유럽의 한 대학에서 멋진 리본으로 예쁘게 묶어 책으로 만든 원고 복사본을 받은 적이 있다. 또 다른 나라에서 옛날 방식인 곧은 직선의 핀을 사용해 묶어놓은 여러 장의 서류나 비공식적인 기록의 복사본을 받기도 했다.

분업화되고 기계화된 핀의 제작공정

기원전 3000년경 수메르인은 쇠와 뼈를 이용해 핀을 만들었고 옷자락을 여미서 고정하는 데 사용했다. 핀의 생산은 기계화되기 오래전에 이미 산업화되었으며 제작공정은 1772년에 완성한 드니 디드로 Denis Diderot의 《백과전서L' Encyclopédie》에 그림으로도 설명되었다. 또한 애덤 스미스Adam Smith는 《국부론The Wealth of Nations》의 도입부에서 분업의 장점을 보여주기 위해 핀의 제작공정을 예로 들어 설명한다. "한 사람이 철사를 뽑아내고, 다른 한 사람은 곧게 편다. 세 번째 사람은 잘라내며, 네 번째 사람은 끝을 날카롭게 만들고, 다섯 번째 사람은 꼭대기 부분을 갈아내 머리를 붙일 수 있게 한다." 윌리엄 쿠퍼William Cowper는 같은 공정을 "한 사람이 불 위에서 쇠를 녹이고, 두 번째 사람은 그것을 뽑아 철사로 만드네"라고 시로 묘사해 요점정리에도 여러 가지 방법이 있음을 보여준다.

철사는 1분당 약 18미터를 뽑아낼 수 있었다. 숙련된 직공은 핀을 하나 잘라내는 데 혼자서 1초도 안 걸렸다. 한 시간에 4,000개가 나오는 셈이다. 그러나 만든 핀을 카드나 종이에 꽂는 단계에서 속도가 급격히 떨어졌다. 여성들이 수작업으로 하루에 꽂을 수 있는 핀

18세기 디드로의 《백과전서》에 인쇄된 핀의 제작 과정은 분업의 전통적인 본보기이다. 핀은 바늘과 마찬가지로 기계로 생산되기까지 오랜 세월에 걸쳐 매우 수준 높은 진화 과정을 거쳤다.

의 숫자가 1,500개에 불과했기 때문이다. 애덤 스미스는 모든 전문가들이 분업을 하면(하나의 핀이 17명의 손을 거칠 수도 있었다) 핀의 평균 생산량이 하루에 한 직공당 4,800개에 이른다는 것을 확인했다. 또 분업하지 않고 한 사람이 처음부터 끝까지 전 공정을 전담해 핀을 만든다면 생산량은 많아야 하루에 20개, 적으면 한 개밖에 안 될 것이라고 추산했다.

핀 제작에서 분업의 효율은 산업을 기계화하는 데 결정적인 방해 요소가 되었다. 그러나 수공업에서 노동자들의 일을 다양하게 분업화하는 것처럼 벨트, 도르래, 캠, 기어, 전단기와 망치, 물림 클러치와 줄을 연결해 기계로 핀을 생산하는 데도 많은 방법이 있었다. 핀 산업이 디자인에 끼친 문화적, 기술적 영향을 설명한 스티븐 루바Steven Lubar는 "우리는 핀 제작기계가 지금과 같은 형태로 되어 있는 것에 대해, 그 형태와 작동원리에 필요한 물리적 법칙을 맞추기 위한 결정론적인 요인 때문에 그렇게 된 것이라고 잘못 생각해서는 안 된다"고 경고했다. 1814년 미국에서 처음 발명된 핀 제작기계가 특허를 받았고, 1824년에는 영국에 머물던 미국인 엔지니어가 더 실용적인 핀 제작기계를 발명해 특허를 냈다. 그러나 가장 성공적인 핀 제작기계를 처음으로 만든 사람은 뉴욕의 빈민구호소Alms House에서 일하던 의사로, 사람들이 손으로 핀을 만드는 과정을 유심히 관찰하다가 구상을 하게 되었다고 한다.

재봉틀 발명의 대가와는 아무 관계가 없었던 존 아일랜드 하우John Ireland Howe는 1793년 코네티컷주의 리지필드에서 태어나 1815년 뉴욕에 병원을 개업했다. 발명에 대한 욕구가 강했던 그는 화학적 지식을 응용해 실용적인 합성고무를 만들었다. 1829년에 특허를 받은 후에는 병원을 포기하고 고무제품을 생산하기 시작했다. 그러나 사업에 실패했고, 빈민구호소에서의 경험을 바탕으로 핀의 제작 과정을 대체할 수 있는 기계를 개발해야겠다고 결심했다. 하우는 많은 실험을 했지만 기계에 대한 경험이 별로 없었기 때문에 당시 인쇄기 발명가이자 생산자였던 로버트 호이Robert Hoe에게 도움을 청했다. 1832년 호이는 한 번의 조작으로 핀을 생산할 수 있는 기계의 모형을 선보였고, 특허도 따냈다. 그러나 아직은 완벽하다고 할 수 없는 그 기계를 팔려다 실패했고 많은 빚을 졌다. 하우는 끊임없이 초기 모형의 결함을 제거해 점차 개선된 모형을 만들게 되었다. 마침내 1835년 하우공작회사가 설립되어 영국과 미국에서 다섯 대의 기계로 동시에 핀을 생산했다.

사업 초기에 하우는 세 대의 기계를 가동해 하루에 72,000개의 핀을 생산했는데, 생산한 핀을 포장하는 데만 무려 60명이나 되는 사람을 써야 했다. 핀을 포장하는 공정의 기계화가 절실했다. 마침내 하우와 직원들은 주름치마처럼 종이에 주름을 만들어 핀을 쉽게 꽂을 수 있는 기계를 만들어냈고 엄청난 성공을 거두었다. 중세만 해도 핀의 물량이 크게 부족했고 덩달아 핀은 귀한 존재였다. 그래서 영국에서는 생산업자가 정해진 날에만 핀을 팔 수 있도록 법안까지 마련하기도 했다. 이 비싼 핀을 사기 위해 쟁여놓아야 하는 돈을 의미하던 '핀돈'은 대량생산에 따른 가격하락으로 이제는 겨우 핀이나 살 수 있는 '푼돈'의 뜻으로 전락하고 말았다.

카드에 핀을 꽂아 판매하는 방식이 나온 데는 몇 가지 이유가 있었다. 19세기 초에는 사람들이 손으로 만든 핀을 주로 사용했다. 그러나 품질은 천차만별이었다. 어떤 것은 너무 곧거나 지나치게 뾰족했고, 머리 부분이 지나치게 크거나 괴로울 정도로 작은 경우가 많았다. 그래서 기계화 이후에도 카드 위에 핀을 꽂아 머리와 끝부분을 분명하게 보여줘야 균일한 품질을 갖춘 '최고'의 핀이라는 것을 소비자에게 알리고 수량도 쉽게 확인할 수 있었다. 더불어 보관도 용이했고 침모가 급하게 필요할 때 언제라도 쉽게 뽑아 사용할 수 있도록 준비된 셈이었다. '핀을 꽂는 종이'는 하늘이 주신 선물이었다. 기계의 선진화로 핀의 품질은 매우 향상되었고 지금까지도 핀과 바늘은 유사한 방식으로 포장 및 판매되고 있다.

가격이 떨어지고 품질이 좋아지자 핀은 산업혁명과 함께 성장한 상업 분야에서도 대량으로 사용되었다. 업무용 핀과 가정용 핀은 제

19세기 중반 기계화가 이루어지면서 균일하게 품질이 향상된 핀을 생산했다. 그러나 포장은 고객이 핀의 개수 및 머리와 끝부분을 쉽게 확인할 수 있는 종전의 방식을 그대로 사용했다. 핀을 종이에 꽂아 포장하는 방식은 수작업으로 이루어졌기 때문에 기계화 초창기에는 만들어진 핀을 신속하게 포장하지 못해 생산성이 낮았다.

조 과정은 똑같지만 포장의 차이로 값이 달라졌다. 업무용 핀은 포장하지 않은 묶음 형태로, 가정용 핀은 카드에 멋진 줄을 이루게 꽂아놓고 품질을 보장하는 문구와 회사 이름을 새겼다. 가정용 핀 종이는 어두운 색의 의류에 사용할 수 있도록 '한 줄은 검정색' 등으로 규격과 모양을 다양하게 섞기도 했다. 반대로 기업에서는 서류를 안전하게 묶어 신속히 처리할 수만 있으면 만족했다. 신용처리나 회계 업무에 필요한 문서에 업무용 핀을 꽂아두었다가 빼내도 작은 구멍밖에 남지 않기 때문에, 과거 리본을 끼우기 위해 큰 구멍을 내야 했던 방식에 비해서는 큰 발전이었다.

가정용 핀은 종이카드 포장이 일반화되었지만, 업무용 핀은 수북하게 쌓여 있어 그중 하나를 집어 드는 것도 쉽지 않았다. 그래서 언제라도 핀을 쉽게 빼서 쓸 수 있도록 바늘방석과 비슷하게 포장하는 방식이 등장했다. 그중에는 두루마리처럼 길이가 긴 종이 띠를 말아서 양 변에 핀을 한 줄로 쭉 꽂아놓은 것도 있었다. 사무실 책상 옆에 버티고 있는 모습이 '피라미드'와 비슷했고, 흔히 '책상 핀'으로 불렸다. 책상 서랍이나 용기 안에서 핀을 집어 드는 어려움으로 또 다른 모양의 핀이 만들어졌다. 바로 'T자 핀'이다. 핀의 몸체인 철사의 한 끝부분을 옆으로 구부려 핀의 머리를 크게 만든 후에 다시 뒤로 젖혀 T자 모양의 머리를 만든다. 당시 한 카탈로그는 이 핀을 증권거래소에서 주로 사용한다고 설명했는데, T자 핀이 극복한 직선 형태의 결함을 제대로 지적했다. "이 핀에는 손잡이가 있어 빠르게 꽂고 또 빼낼 수 있다. 또 종이 사이로 잘 빠져나가지도 않는다."

후크의 법칙과 새로운 재료의 등장

19세기 말에 이르자 생산성 향상으로 반 파운드의 업무용 핀 한 상자는 40센트, 종이카드에 꽂힌 가정용 핀은 75센트에 살 수 있었다. 초기에는 무른 금속인 놋쇠로 핀을 만들었기 때문에 강철로 만든 것만큼 강하지 못했다. 이후 대량생산을 하다 보니 강철로 만든 핀에도 녹이 슬기 시작했고, 니켈을 씌운 양질의 제품도 만들었지만 습기가 많은 환경에서는 니켈이 부서지고 벗겨지기 일쑤였다. 핀이 꽂혔던 자리에 녹이 번지기도 했다.

강철 핀의 이러한 결함은 바느질을 하거나 의상을 잠시 입어볼 때처럼 가끔 사용하는 경우에는 특별히 불편하지 않았다. 단지 핀을 오래 꽂아두어야 할 때만 사용하지 않도록 조심하면 되었다(녹슨 핀은 사포로 문질러 닦아낼 수 있었다). 그러나 오랫동안 핀으로 묶어 보관해야 하는 서류와 파일은 녹이 슬어서는 안 됐고, 또 녹슬 일을 걱정하면서 핀을 닦아내는 것도 불편한 일이었다. 핀을 사용해 서류를 묶어둘 때 생기는 또 하나의 문제점은 핀을 꽂은 구멍 주위에 남는 고리 모양의 녹 자국이었다. 서류를 묶었다가 풀어내는 일을 오랫동안 반복해야 하는 상황에서 이는 큰 골칫거리였다. 더구나 핀을 자주 꽂았던 모퉁이 부분이 너덜너덜해지기 시작하자 이를 해결할 대안이 절실했다.

그래서 발명가들은 일찌감치 19세기 중반에 '파스너fastener(서류 묶음철—옮긴이)'와 '클립'을 발명했다. 그러나 최초의 클립은 오늘날 우리가 종이 집게가 달린 필기판에서 볼 수 있는 거대한 일종의 스프링 장치를 가리켰다. 특허를 따낸 초창기의 작은 파스너는 두 개의 작은 돌기가 서류를 뚫고 나가 금속판 위에 포개지면서 서로 맞물리게끔 되어 있었다. 그동안 문제점으로 여겨오던 종이에 생기는 구멍을 없애지는 못했지만 이 방법으로 뾰족한 핀의 끝부분 때문에 책상 위에 있는 다른 종이들이 걸려서 찢어지지는 않게 되었다. 새로운 파스너의 더 큰 장점은 종이를 넘길 때 손가락을 찔리지 않는다는 것이었다. 1864년의 특허에 따르면 새로운 파스너는 "법률 문서들에서 자주 볼 수 있던 종이 모퉁이가 뒤집히거나 '강아지 귀'처럼 손상되는 일을 깨끗이 막을 수" 있었다.

19세기 말에는 다양한 파스너가 개발되었고 경쟁 또한 치열해졌다. 파스너의 새로운 변형들은 기존의 문제점을 일부 또는 전부 해결했다고 장담했다. '프리미어 파스너'라는 제품은 겉모양이 비슷한 다른 파스너와 달리 끝부분이 쉽게 뭉개지지 않는다고 광고하기도 했다. 종이를 뚫고 관통하는 날카로운 끝부분을 대체할 새로운 형태의 파스너도 개발되었다. 1887년 필라델피아의 에설버트 미들턴 Ethelbert Middleton은 이러한 종류의 파스너로 특허를 따냈다. '종이 파스너에서 개선한 것' 은 펴서 늘일 수 있는 금속을 사용해 신기한 모양으로 찍어낸 다양한 날개들로 종이 모퉁이를 꽉 무는 방식이었다. 종이에 구멍을 뚫거나 절단하지 않고도 효과적으로 종이를 한데 묶을 수 있었다. 구멍을 뚫거나 접는 형식의 파스너도 사람들의 취향과 필요에 따라 여전히 팔렸는데, 낱장이 떨어져 나가는 것보다 구멍이 뚫리거나 너덜너덜해지는 편이 낫다고 여기는 사람들이었을 것이다.

미들턴의 개량품은 종이에 구멍을 뚫지 않고 파스너 밑에 붙어 있는 날개로 종이를 꽉 물어 고정해놓는 형태이다 보니 서류를 묶기 위해 많은 날개를 접어야 하는 번거로움이 있었다. 종이를 뚫어야 하는 것과 끼웠다 뺐다 하는 복잡함을 한꺼번에 해결할 장치가 개발된다면 분명히 우위를 점할 터였다. 19세기 중반 이후 금속판에서 빠르고 효율적으로 파스너를 찍어내는 기계를 개발함에 따라 대량생산이 이루어졌다. 19세기 말에는 스프링 강선으로 원하는 물건을 만들 수 있는 새로운 기계가 등장했다. 이로써 기존의 문제점을 해결한 완전히 새로운 형태의 파스너를 개발할 수 있었다.

강선은 일정한 범위 안에서 원형으로 되돌아가려는 특성이 있다. 바로 이 점 때문에 최초의 성공적인 클립이 탄생했다. 그러나 복원력이 너무 지나치면 원하는 모양을 만들기가 힘들다. 강철과 모든 재료는 가해지는 힘에 비례해 원래의 모습으로 되돌아가려는 경향, 즉 '탄성'을 확인할 수 있다. 일명 '후크의 법칙Hooke's law'이라 불리는 이 원리는 1660년 영국의 물리학자이자 발명가 로버트 후크Robert Hooke가 발견했다.

그러나 그는 1678년에 이르러서야 학설을 공표했다. 발표 순서를 놓고도 맹렬하게 경쟁하던 당시의 분위기에서 그는 원리를 분명하게 밝히지 않고 라틴어 수수께끼 놀이의 하나로 철자를 거꾸로 한 형태인 'ceiiinosssttuu'라고만 발표했다. 2년 후 마음을 고쳐먹은 후크는 글자들을 다시 배열해 'Ut tensio sic uis(힘을 준 만큼 긴장이 생긴다)'라는 가설을 발표했다. 당길수록 저항도 커지는 특성을 의미한다는 설명도 덧붙였다. 그러나 너무 심하게 당기면 스프링은 탄성을 잃어 원형으로 돌아가지 않았다.

클립을 만드는 과정에 엔지니어와 발명가는 딜레마에 빠졌다. 인공물의 형태를 구성하는 재료의 특성이 동시에 한계점으로 작용했기 때문이다. 만일 쉽게 휘는 강선으로 클립을 만들 경우 스프링의 힘이 약해 종이를 단단히 묶어놓을 수 없었다. 반대로 강선이 잘 휘지 않는다면 클립의 형태를 뜻대로 만들어낼 수가 없다. 그래서 재료의 기본적인 특성을 이해하고 유리하게 활용하는 데 상당한 시간이 걸렸고, 단순해 보이는 클립 같은 물건조차 개발이 더딜 수밖에 없었다.

19세기 후반에도 강선은 아직 일반화된 재료가 아니었다. 초기의 강선 제조사들은 제품을 활용할 곳을 열심히 찾아 다녔다. 존 로블링John Roebling 같은 사람은 대량의 강철 케이블을 도입해 현수교를 직접 설계했을 뿐 아니라 건설, 홍보에도 깊숙이 관여했다. 만일 운전을 하다 이 커다란 다리에서 잠깐 멈추어보면, 다리가 얼마나 출렁이는지 온몸으로 느낄 수 있다. 강철 케이블이 '후크의 법칙'의 한계를 초과해서 늘어난다면 다리는 녹아버린 플라스틱 모형처럼 제 모습을 찾지 못할 것이다. 그런데 강선을 꼬아 다리의 케이블을 만들든, 휘어서 파스너를 만들든 간에 새로운 재료를 제대로 활용하기 위해서는 특화된 기계가 필요했다. 클립을 일일이 손으로 만들면 막대한 비용이 들 뿐만 아니라 기계식으로 생산되는 일자 핀과 경쟁이 될 수가 없었다. 클립을 대량생산해 널리 보급하기 위해서는, 적절한 강선의 존재도 중요하지만 정확하고 순식간에 강선을 휘어서 몇 십 센트면 살 수 있는 물건들로 만들 수 있는 기계가 나올 때까지 기다려야만 했다. 그러는 사이 '책상 핀'에 대한 큰 불평은 없었지만, 수많은 발명가와 발명 지망생은 그 핀이 볼품도 없고 종이 파스너로서의 기능도 부적절하다는 점을 깨닫고 더 좋은 해결 방법의 필요성을 인식하고 있었다.

애국심을 상징한 노르웨이의 클립

새로운 도구, 특히 크기가 작고 소소한 물건들이 대개 그렇듯이 최초로 강선을 휘어 만든 클립의 기원 또한 불분명하다. 맹목적인 애국주의도 이러한 불확실성에 일조했다. 통설에 따르면 요한 발러 Johan Vaaler라는 노르웨이 사람이 1899년에 클립을 가장 먼저 발명했다고 한다. 그러나 당시 노르웨이에는 특허법이 없어서 특별위원회로부터 도면의 승인만 받아냈고 실질적인 특허는 독일에서 이루어졌다. 노르웨이 사람들은 제2차 세계대전 중에 애국심을 드높이고 독일에 시위하기 위해 옷깃에 클립을 달고 다녔는데, 그 초라한 물건의 기원이 자기 나라에 있다는 것을 자랑스럽게 내세우기 위해서였다. 클립을 달고 다니면 바로 체포될 수도 있었지만 '결합'시키는 클립의 기능을 통해 '독일에 대항'한다는 강한 상징적 의미를 표현한 것이었다.

세기말에 이루어진 발러의 발명품은 1901년에 미국에서 특허를 받았다. 특허 서류에서 '클립 또는 홀더'라는 제목으로 다음과 같이 설명했다.

> 스프링 재료와 동일한 강선을 네모, 세모 또는 고리 모양으로 휘어놓은 물건으로 핀의 끝과 굽어진 부분, 골격은 서로 반대 방향을 향해 나란히 배열된다.

클립이 특정한 형태만 갖출 필요는 없다는 점을 강조하기라도 하려는 것처럼, 발러는 특허 서류에서 다양한 스타일을 그림으로 나타내 설명하고 있다(특허출원 서류에는 이처럼 동일한 목적을 달성하기 위해 여러 다른 방식을 제시하는 경우가 흔하게 보인다. 기능에 따라 형태가 결정된다는 주장에 대한 반증을 제공하는 좋은 사례라 할 수 있다). 발러의

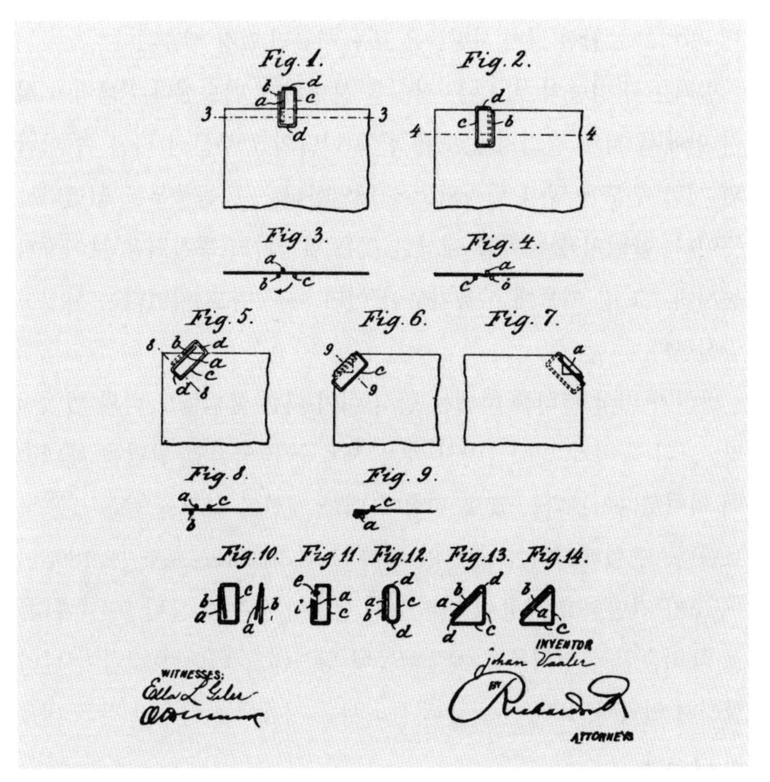

1901년 6월 4일 미국 특허를 최초로 획득한 요한 발러의 '클립 또는 홀더'를 구현한 그림이다. 그림 12가 나중에 젬클립으로 알려진 클립의 초기 형태를 보여주지만 아직 완전한 틀을 갖춘 것은 아니었다.

클립은 표면상으로는 오늘날과 비슷해 보이지만 한 가지 주요한 차이가 있다. 강선이 고리 안에서 또 하나의 고리를 만들고 있지 않다는 것이다. 물론 클립의 팔을 사용해 종이를 하나로 묶고 있지만 그러려면 숙련된 솜씨가 필요했다. 그런데 희한한 점은 단순한 장치인 만큼 모델을 제작해 특허출원 서류와 함께 제출하는 것이 어렵지 않았을 텐

데, 발러를 포함한 당시 사람들은 모두 서류만 달랑 제출했다.

발러는 발명품의 또 다른 장점을 분명하게 기술했다. "클립이 상자 안에서 서로 걸리지 않도록 한쪽 단락의 끝부분이 다른 쪽 단락의 시작 부분에 닿아 밀착되도록 배열한다." 즉 돌출부를 없앴다는 뜻이다. 클립의 불편함을 예상한 것은 발명가의 통찰력을 보여줌과 동시에, 그 점 때문에 사용자들이 이미 애를 먹고 있었다는 사실도 암시한다.

발러가 미국 특허를 따냈을 당시 이미 다른 클립들도 나와 있었지만, 그의 특허가 받아들여진 것은 새로운 창의적인 발명을 해내는데 기여했다기보다는 몇몇 결함에 대한 개선이 인정을 받은 것으로 보인다. 펜실베이니아 출신의 매튜 스쿨리Matthew Schooley는 1896년 '구조가 간단하고 사용이 간편하며 성능이 우수한 클립 또는 홀더'로 특허출원 신청서류를 제출했는데 당시에도 이러한 결함이 널리 알려져 있었다. 1898년 발급된 특허서류 기록에는 다음과 같은 내용이 나온다.

> 나의 발명품이 나오기 전에도 아이디어 면에서 내 것과 유사한 클립이 이미 만들어졌다는 사실을 잘 알고 있다. 그러나 그것들은 모두 종이 묶음에서 튀어나와 보기 싫게 돌출되는 문제점이 있었다.

스쿨리의 클립은 발러의 것과 달리 코일 형태로 강선을 겹쳐서 만든 덕분에 물고 있는 종이를 구기거나 주름지지 않게 하며, 수평으로 종이 위에 또는 종이를 등지고 있다는 점이 강조되었다. 고리 안에

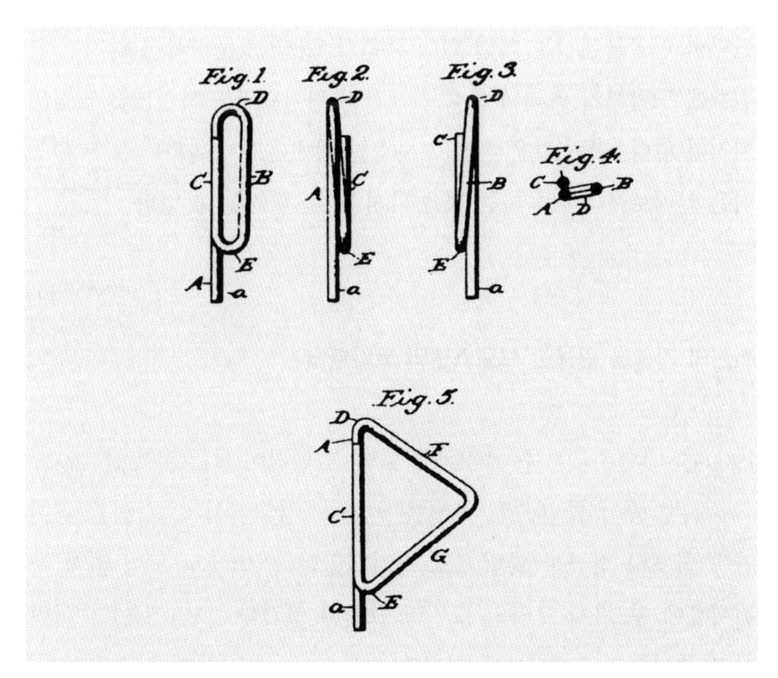

강선을 휘어 만든 '클립 또는 홀더'에 대한 미국 특허가 매튜 스쿨리에게 발급된 해는 1898년이다. 그래서 흔히 알고 있는 대로 노르웨이 사람인 요한 발러가 클립을 발명했던 1899년보다 더 앞선다. 스쿨리의 특허도면에 다른 형태의 클립 상세도들이 있는 것처럼, 특허를 받지 않은 다양한 클립이 이미 많이 있었다고 여겨지며, 그 가운데 일부는 일찍이 1870년대부터 있었던 것으로 짐작된다.

또 다른 고리는 없지만 그 형태는 발러의 클립처럼 오늘날의 클립과 비슷하다.

사실 클립의 기원과 특허 과정을 규명하려는 시도는 부질없는 일일 수도 있다. 다양하게 변형된 클립들이 셀 수 없이 많고, 그 가운데 최초로 발명되었거나 또는 획기적인 형태로 만들어진 클립들은 특허출원조차 하지 않은 것으로 보이기 때문이다. 이처럼 소소하고 간단한 인공물에서는 이런 일이 흔하다. 유래는 분명하지 않지만 완전체에 도달하기 위해 꾸준히 형태가 바뀌어왔다는 사실에는 의심의 여지가 없다. 클립 같은 흔하고 사소한 예에서도 변화와 창조의 원동력은 실패로부터 나온다는 점을 다시 한 번 확인할 수 있다.

최신의 기술을 활용한 브로스넌의 코나클립

1900년 매사추세츠주 스프링필드의 코넬리어스 브로스넌Cornelius Brosnan은 '종이 클립'으로 특허를 받았다. 업계에서는 '강선을 휘어 만든 최초의 성공한 클립'으로 평가되었다. 이번에도 모형 없이 특허서류에 두 가지 모양의 도면만 그려져 있었다. 그의 도면은 어린 시절 좋아했던 모형 기차 카탈로그에 있는 선로를 떠올리게 했다. 브로스넌은 '클립의 새롭고 유용한 개선 사항들'이라는 제목으로 기존의 문제를 극복해낸 방식을 다음과 같이 설명했다.

> 이 발명은 여러 장의 종이를 함께 묶어두기 위해 개선된 클립이나 바인더와 관련이 있다. 스프링 강선을 사용해 신속하고 저렴하게 대량생산이 가능하고, 여러 장의 종이도 거뜬히 고정할 수 있으면서도 필요할 때 쉽게 뺄 수 있는 파스너로서의 기능이 있다.

브로스넌과 특허심사관은 새로운 클립이 기존의 것보다 더 낫다고 생각했다. 그는 그 독특한 형태를 세 개의 항목으로 나누어 주장

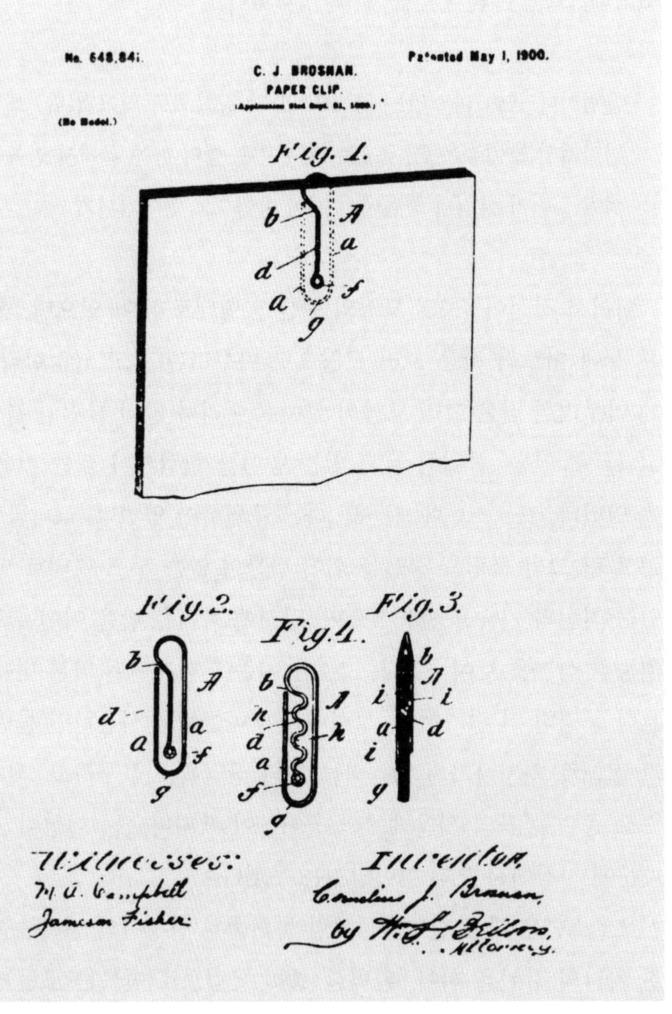

1900년 브로스넌은 이미 많이 사용하던 초기의 클립에서 주요한 문제점 하나를 제거해 개선한 클립으로 특허를 받았다. 이 코나클립은 안쪽다리 끝부분을 틈이 없는 '루프 또는 눈'으로 마무리해서, 클립이 물고 있는 종이에 걸리거나 자국을 내거나 찢을 수도 있는 날카로운 끝부분을 없애버린 것이었다. 그러나 그는 5년 후에 상자 속에서 서로 걸려 방해가 되는 고리를 없애버리고 또 다른 특허를 받아냄으로써 자신의 특허품인 코나클립의 결함을 암묵적으로 시인하고 말았다.

했는데, 모두 다음과 같은 말로 시작했다.

> 클립이나 종이 파스너는 한 가닥의 긴 강선으로 되어 있다. 그 강선은 휘어져서 늘여놓은 틀 구조로, 끝부분은 틀의 한쪽 끝에서 안쪽을 향해 꺾여 들어가 클립의 중간에서 길이 방향으로 뻗어가다가 …

이어서 강선이 "물결 모양의 주름진 형태로 되어 있으며, 틀의 다른 끝에 이르러 작은 고리 모양으로 마무리된다"고 규정한다. 이렇게 마무리한 작은 고리 모양의 끝이 스쿨리나 발러 클립의 결함이라고 할 수 있는, 클립이 물고 있는 종이를 할퀴거나 찢는 것을 막을 수 있었다. 브로스넌에게는 또 다른 우월함이 있었다. 코나클립이라고 불린 그의 클립은 강선을 휘어 빈틈이 없는 루프 형태로 만들 수 있는 최신의 기술을 활용했으며, 당시에 특허를 받은 어떤 클립보다 월등한 성능을 보여주었다. 그것은 기존에 디자인된 다른 많은 클립보다 분명히 더 편리했다. 그렇지만 코나클립을 사용하면 물린 종이가 절대로 빠져나가지 않는다는 그의 장담에도 불구하고, 실제로는 주로 종이 묶음의 가운데에서 종이들이 빠져나오는 현상이 생겼기 때문에 시장에서 오래 살아남지는 못했다.

브로스넌은 다른 발명가들처럼 특허출원 신청서의 권리주장에서, 한 가닥의 강선을 휘어 '완벽한' 종이 클립으로 만드는 모든 실용적인 방법을 망라하는 식으로 충분히 설명했다고 자부했다. 그러나 이 평범한 물건처럼 '형태는 기능에 따라 만들어진다'는 진부하기 짝이 없는 통설에 지나치게 매달리다가, 오히려 조롱거리가 된 경우는 어디에도 없을 것이다. 예컨대 코나클립의 한쪽 끝에 만들어놓은 고리는 꼭 필요한 것처럼 보였다. 클립의 안쪽에서 끝나는 강선의 끝을 직선 형태로 마무리하면 클립을 사용할 때 종이를 긁거나 관통할 위험성이 생겨서, 다른 핀과 비교해 장점으로 여겨졌기 때문이다. 그러나 브로스넌이 오랜 개선 과정을 거쳐 얻어낸 최종 결과로서 '종이를 만족스럽게 물고 있는 유일한 클립'을 갖게 되었다고 널리 홍보하고 '핀이나 파스너를 사용함으로써 서류를 훼손해서는 안 된다'고 비즈니스맨들을 다그친 훈계가 무색하게도, 그가 만든 종이 클립에 물린 서류뭉치에서 낱장이 빠져나오는 일은 멈추지 않았다. 게다가 브로스넌이 설계한 클립들은 상자 안에서 서로 엉켜서 문제를 일으키기도 했다.

1905년에 브로스넌은 '참신한 모양'의 클립으로 새로운 특허를 받았다. 스프링 강선을 이용해 만든 것으로, 서로 반대쪽으로 팽창되어 서류뭉치의 가장자리를 싸잡아 물 수 있는 반작용이 일어나도록 고안된 것이었다. 이 클립은 코나클립처럼 모든 무는 기능이 한 평면에 배치되어서 악력을 만들어내기 위해 강선을 겹치는 방식에 의존하지 않았다. 오히려 서로 닿아 있는 안쪽과 바깥쪽의 강선 루프를 따로 떼어놓아 생기는 강선의 스프링 작용으로 종이를 물 수 있었다. 브로스넌은 특허 서류에서 새로운 특허를 이렇게 설명했다. "값싸게 만들 수 있으며 다루기 쉽고 … 오랫동안 물고 있는 데 효율적이고 … 한 번 세팅하면 흔들리거나 움직일 염려가 없으며 … 상자에서 꺼낼 때 번거롭고 시간을 끌던 상호 간의 엉킴도 없으며 … 핀으로 물고 있는 서류뭉치와 함께 놓아둔 다른 서류들이 딸려 들어가는 일도 없다." 당시에 사용하던 기존 종이 클립의 단점과 결함이 무엇이었는지가 분명히 보인다.

다양한 클립과 노스팅사의 기여

브로스넌과 발명에 재능이 있는 다른 기술자들이 강선을 휘어 만든 많은 클립의 형태 중에서 몇 가지는 1909년에 출간된 《웹스터 사전 Webster's New International Dictionary》에 나타나 있다. 클립의 형태에 대한 중요성을 글자로만 설명하기는 어렵다는 것을 강조하기라도 하듯, 그림을 첨부했다. 1909년 초판에서 클립을 '서신, 증서, 신문과 잡지에서 오려낸 기사 등을 묶어놓는 걸쇠 또는 홀더'로 정의하고, 브로스넌의 코나클립을 위시해 이전에 나온 클램프처럼 생긴 클립 및 브로스넌이 특허출원 신청서에서 미처 예상하지 못했던, 새롭게 강선을 휘어 만든 클립의 일부까지 나란히 보여준다. 나이아가라클립 Niagaraklip과 린클립Rinklip으로 알려진 이 클립들은 제대로 된 기능을 발휘하기 위해 굳이 강선 틀 안에 고리나 루프를 만들어야 하는 것은 아니라는 점을 보여주었다.

1934년에 출간된 《웹스터 사전》의 2판에서는 클립을 '약간의 압력으로 벌려서 몇 장의 종이를 물려 한 묶음으로 붙잡아놓을 수 있는 편평한 루프 형태로 휘어진 강선으로 만든 장치'라고 정의했다. '클립'이라는 단어를 찾아보면 초판에 있었던, 찍어낸 금속 스타일이나 브로스넌의 코나클립이 더 이상 포함되지 않고, 클립 본체의 바깥 부분에 두 개의 '고리'를 가진 다른 클립 형태를 보여준다. 이 디자인은 강선 틀 안에 두 개의 고리를 가진 클립으로 진화해 상자 안에서 서로 걸리는 일이 줄어들었는데, 이것이 바로 올빼미클립Owl-Style Clip이었다. 초기의 광고에서는 고리를 하나만 가지고 있는 코나클립과 비교해 그 우월성을 한 편의 시로 표현하기도 했다.

사업을 외눈으로 하다니
하나로는 너무 적어요
이 클립을 보세요
두 눈을 가졌답니다

올빼미클립의 장점은 서로 엉키지 않을 뿐만 아니라, 날카로운 부분을 없애 서류를 뺄 때 긁히거나 찢기지 않는다는 것이었다. 그러나 코나클립을 시장에서 몰아낸 것은 올빼미클립이 아니었다.

《웹스터 사전》 2판에 새롭게 실린 클립 중 가장 오랫동안 인기 있었던 것은 젬Gem클립으로, 요즘 사람들이 클립 하면 젬클립을 연상할 정도로 사실상 클립의 동의어가 되었다. 그러나 젬클립은 《웹스터 사전》 초판이 출간된 후에 2판에 실릴 때까지 조용히 개발된 것은 아니었다. 사실 젬클립의 아이디어는 발러가 특허를 받은 때보다 이미 앞서 완성되었다. 적어도 서류상으로 1899년 4월 27일 당시 존재하고 있었다. 기계화된 핀 제조 회사의 중심지였던 코네티컷주의 워터베리 출신인 윌리엄 미들브룩William Middlebrook이 '클립 제작기계'로 특허출원 신청서를 제출했고, 그 기계가 생산하는 완벽한 형태의

Illust. **b** *Angling.* A gaff or hook for use in landing the fish, as in salmon or trout fishing. *Scot. & Dial. Eng.* **c** A grappling iron. **d** A clasp or holder for letters, bills, clippings, etc. **e** An embracing strap, as of iron or brass, for connecting parts together; specif., the iron strap, with loop, at either end of a whiffletree. **f** Any of various devices for confining the bottom of a trousers leg, used in bicycling. **g** A device to hold several, usually five, cartridges for charging the maga-

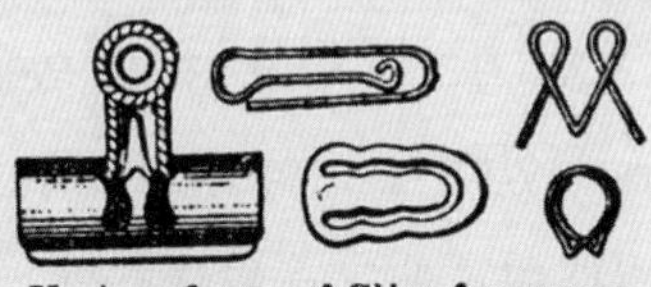

Various forms of Clips for papers.

2. That which clips, or clasps; a device for clasping and holding tightly, as: **a** A grappling iron. **b** A clasp or holder for letters, bills, clippings, etc. **c** An embracing strap, as of iron or brass, for connecting parts together; specif., the iron strap, with loop, at either end of a whiffletree. **d** Any of various devices for confining the bottom of a trousers leg, used in bicycling. **e** *Scot. & Dial. Eng.* An instrument for lifting pots, etc., from a fire, or for carrying barrels, etc.

Various forms of Clips for papers.

《웹스터 사전》의 초판(위)에 실린 클립의 정의와 함께 첨부된 그림 설명에는 금속판을 찍어내서 만든 클립과 코나클립이 포함되었다. 2판(아래)에서는 금속판 클립이 올빼미클립 초기 버전으로, 코나클립은 젬클립으로 대체되었다. 종이를 묶는 데 용이한 나이아가라클립(맨 오른쪽 위)과 린클립(맨 오른쪽 아래)처럼, 페이퍼 클램프도 다른 클립에 밀려나지 않고 특별한 위치를 점하고 있었다.

젬클립을 보여주었던 것이다. 미들브룩은 클립 자체를 제외한 기계에 대한 특허만 받았기 때문에 젬클립은 이미 존재했으며 업계 사람들에게도 이미 알려져 있었다.

발러가 1901년 특허서류에서 선보인 클립은 미들브룩의 기계 특허서류에 실린 클립만큼 충분히 개발되지 않았지만, 미국 제조업자들은 젬클립을 발명한 선배들의 기여를 직접적으로 주장하지 않고 매우 신중한 태도를 보였다. 1975년판 《사무용품Office Products》에 실린 익명의 글에서는 브로스넌이 1900년에 특허를 딴 코나클립을 '젬클립 패턴의 직계 선조'라고 설명하고 있지만, 미들브룩의 1899년 특허서류를 살펴보면 그 족보의 연대가 반대로 되어 있음을 분명하게 알 수 있다.

1973년에 스미스소니언협회Smithsonian Institute의 한 직원이 쓴 글에 따르면 젬클립이 나오기 시작한 20세기 초까지는 어떠한 클립도 압도적으로 성공한 제품이 없었다. 그가 젬클립의 특허 상황과 특허인의 국적을 분명하게 밝히지 못하고 있는 사정은 인공물의 진화 과정을 추적하는 데 전적으로 특허문헌에만 의존하다가는 한계에 부딪힐 수밖에 없음을 분명하게 보여준다. 클립에 대한 미국 특허문헌들을 조사해도 순수한 젬클립에 관한 자료를 찾아낼 수 없고, 미들브룩의 특허는 생산해내는 인공물의 형태와는 직접적인 관계가 없다는 이유로 쉽게 지나쳐버릴 수도 있다.

젬클립의 진정한 뿌리는 영국에 있는 것으로 보인다. 한 다국적 기업에 따르면 명칭도 '회사 최초의 모회사인 젬 주식회사에서 따온 것'으로 말하고 있다. 가장 우수한 영국 상품을 소개한 육해군협동조합Army and Navy Co-operative Society의 1907년 카탈로그가 이 설을 뒷받침한다. 최신 클립 중 오직 젬클립만을 보여주면서 종이를 물 때 미끄러지듯 밀어 넣을 수 있으며, 서류를 다시 빼내도 구멍이나 다른 훼손 없이 안전하게 묶어 보관할 수 있다고 설명한다. 1908년 미국에서는 가장 인기 있는 클립임을 내세우며 '종이를 일시적으로 묶어두는 데 유일하게 만족스러운 장치'라는 광고가 나오기도 했다. 또한 '핀이나 파스너로 당신의 서류를 망칠 수 있다'는 광고카피로 결합

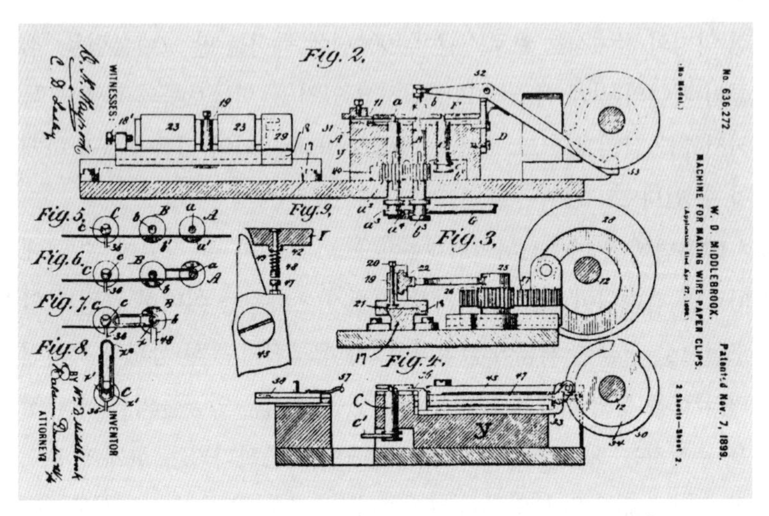

윌리엄 미들브룩이 받아낸 특허는 클립 자체가 아니라 '강선으로 클립을 제작하는 기계'였지만, 그 설계도에는 젬클립의 형태가 분명하게 나타나 있다(특히 그림 8에서). 명시적으로 특허를 받은 적이 없는 이 클립은 표준이 되어 성능이 조금씩 개선되었다. 물론 수많은 다른 형태의 클립들처럼 기능상으로는 결함이 있었지만, 미적 우수성은 가히 우상의 대열에 올랐다.

이 있는 다른 클립을 사용해서는 안 된다고 경고했다.

젬클립은 고전적 형태로 특허를 받은 적도 없고 기능 면에서도 완벽하지는 않지만, 종이를 한 묶음으로 끼우는 문제에 모든 가능한 해결책들을 갖춘 전형으로서 디자이너와 비평가의 마음을 사로잡은 것으로 보인다. 오언 에드워즈Owen Edwards는 저서 《훌륭한 해법Elegant Solutions》에서 젬클립에 대해 다음과 같이 설명하고 있다.

> 치명적 결함을 안고 있는 우리 문명사회에서 살아남은 것이 바로 초라한 클립이라면, 먼 은하계에서 온 고고학자들은 과분한 칭송을 보낼지도 모른다. 우리가 가지고 있는 방대한 물질계의 혁신 목록에서 더 이상

> 완벽하게 고안된 물건은 없다. … 화려하게 고리 안에 고리가 들어가게끔 디자인된 클립들은 제멋대로 흩어지는 종이들을 후크의 법칙 안에 가두어놓는다.

젬클립은 순박한 형태로 실제 기능보다 과대평가되었고, 산업디자이너와 비평가는 지나치게 현혹되었다. 폴 골드버거Paul Goldberger는 일상용품의 디자인에 찬사를 보내며 다음과 같이 썼다.

> 클립보다 자신의 일을 더 잘 수행하고 있는 물건이 있을까? 클립은 가볍고 튼튼하며 저렴할 뿐만 아니라 사용하기에도 편리하고 모양도 좋다. 또한 감히 범접할 수 없는 순수주의자의 기풍을 닮은 듯 선의 정연함이 있다. 진실로 아무도 더 이상 클립을 개선할 수는 없다. 다양한 컬러로 채색한 큼지막한 플라스틱 제품이나 끝이 둥글지 않고 네모지게 만들어진 클립은, 단지 진짜 물건의 품질을 더 돋보이게 할 뿐이다.

골드버거가 언급한 '진짜 물건'은 아마도 젬클립을 염두에 둔 듯하다. 실제로 이 글과 함께 실린 그림설명이 이를 뒷받침한다. 몇몇 발명가는 그 클립이 지니는 특질에 대해 비판하는 논쟁을 벌일 수 있겠지만, 대부분의 사람들은 새로운 플라스틱 클립이 어색한 수준 이상으로 기능 면에서도 명백히 문제점이 있다는 데 동의할 것이다(자성이 없기 때문에 컴퓨터 사용자들에게는 요긴할 수도 있지만). 그러나 많은 발명가들과 사용자들은 누구도 '클립을 더 이상 개선할 수 없다'는 생각에 동의하지 않았다. 1934년 12월 25일 날짜로 '끝이 둥글지 않고 네모진 클립'의 특허를 받은 뉴저지주 베로나의 헨리 란켄아우Henry Lankenau는 그의 발명품이 분명히 더 발전했다고 여겼다. 그는 기존 장치들의 결함과 비교해 다음과 같이 특허품의 장점을 설명했다.

> 이 발명의 목적은 … 한쪽 끝은 네모진 형태의 고리이고, 반대쪽 끝은 길이 방향으로 V자 형의 이중 고리로 되어 있는 클립을 만드는 것이다. 이 발명의 또 다른 목적은 한쪽 끝에 서로 일정한 간격으로 떨어져 있는 두 개의 V자 형 고리로 연결된 스프링 강선 클립을 만드는 데 있다. 이것은 쐐기작용을 하기 때문에 일반적으로 젬클립으로 알려진 U자 형 고리 클립보다 여러 장의 종이를 더 쉽게 끼울 수 있다.
> 이 발명의 또 다른 목적은 끝이 네모난 스프링 강선 클립을 만드는 것이다. 강선의 두 끝부분은 앞서 거론했던 네모 모양의 끝부분과 인접하는 접점에 주로 배열되는 한 평면에서 마무리된다. 클립이 물 수 있는 표면을 최대화하여 스프링 강선의 끝이 물고 있는 종이를 파고들지 못하도록 막아준다.

란켄아우는 네모난 클립의 다양한 변형을 그림으로 설명하는 과정에서 마지막 장점을 거듭 반복해서 강조했다. 특히 클립 끝까지 뻗은 강선의 자유로운 끝이 "클립의 끝까지 뻗어 있지 않은 짧은 다리의 젬 모양 클립을 뺄 때처럼 종이를 긁거나 파고들지 못한다"고 지적했다. 젬클립에 대한 그의 비판은 물론 옳다. 그러나 파고들거나 할퀴는 것을 줄이기 위해 강선 끝부분을 더 길게 빼놓는다면, 젬클립의 전통적인 외형이 훼손될 수 있어 그러한 변경을 하지 않았을

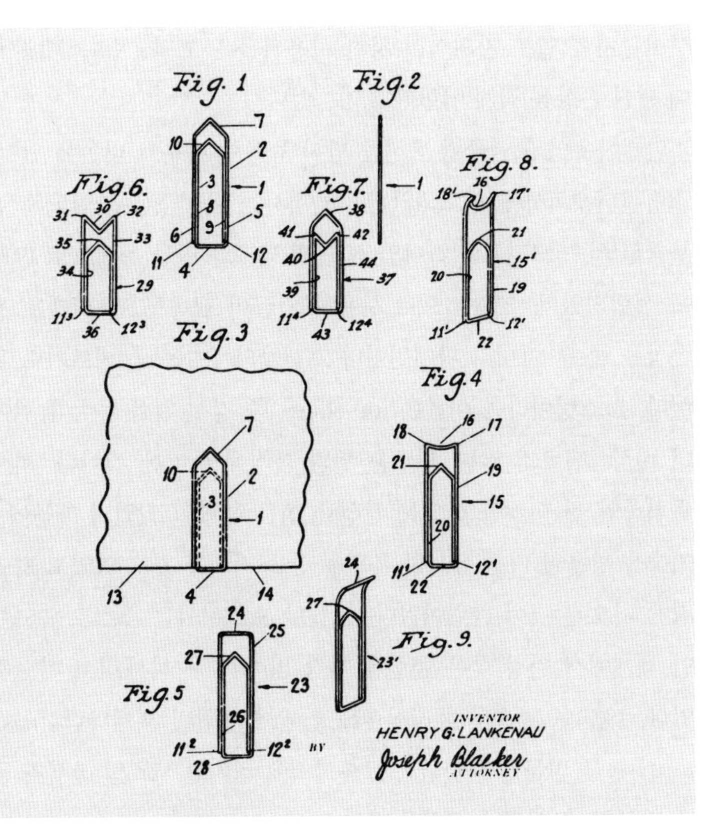

발명가 헨리 란켄아우는 젬클립이 둥글게 마무리한 끝부분 때문에 종이를 끼우는 데 어려움이 있다는 사실을 알았다. 그가 특허를 받은 클립 가운데는 끝이 네모난 종이를 쉽게 끼울 수 있도록 클립 끝이 살짝 올라간 것도 있었다. 지금도 일부는 그런 모양을 하고 있다.

가능성이 크다.

란켄아우의 클립은 '퍼펙트 젬클립'이라는 이름으로 팔렸으나, 로마네스크적인 외양의 젬클립과 대비되어 고딕스타일로 더 알려졌다. 책을 분류하는 과정에서 겉표지에 참고자료들을 덧붙여야 하는 사서들처럼 일부 자의식이 강한 사용자들은 고딕클립이 책에서 뺄 때 훨씬 손상을 적게 입힌다고 거들었다.

란켄아우의 고딕클립 특허는 당시 뉴욕주 마운트 버논에 있던 노스팅핀티켓회사에 양도되었다. 이 회사는 옷에 달 수 있도록 핀이 부착된 치수 꼬리표의 하나인 신종 핀 티켓을 만들 목적으로 1913년에 설립되었다. 전통적으로 사용하던 끝이 뾰족한 핀 티켓은 옷에 손상을 줄 뿐 아니라 판매원이나 고객들의 손가락을 찌르기로 유명했다. 노스팅이라는 이름은 'no sting', 즉 강선 끝을 둥글게 휘어서 더 이상 '찌르지 않는' 새로운 핀의 특징에서 따온 것이다. 회사는 특허품인 핀 티켓을 만드는 강선을 휘는 능력이 있었기 때문에, 이 기술을 활용한 다른 유사한 물건을 만들 기회를 찾고 있었고 자연스럽게 떠오른 것이 클립이었다. 오늘날 노스팅사는 스스로 '75년 동안 세계에서 가장 좋은 클립을 가장 많이 만든 회사'라고 자랑하고 있다. 1939년 뉴욕의 플러싱 메도스에서 개최된 세계박람회New York World's Fair를 방문한 사람들은 브롱크스에 위치한 노스팅 본사와 공장을 방문할 수 있도록 초청을 받았다.

1989년에 발행된 노스팅사 카탈로그의 클립 소개란 페이지에는 강선 한 가닥으로 만들어낸 다양한 종류의 인공물이 즐비하다. 외관상으로 단순해 보이는 인공물의 형태와 기능 사이에 복잡하게 뒤엉켜 있는 상호관계를 알아낼 수 있는 입문서로 읽어도 무방하다. 물론 모든 클립은 나름대로 장점이 있다. 그러나 어떤 클립도 여기저기 흩어져 있는 서류들을 완벽하게 하나로 묶어놓을 수 있는 능력은 없는 것으로 보인다. 개발된 연대순이 아닌 인기순으로 배열된 카탈로그는 클립 각각의 상대적인 장점을 소개하기 때문에 문제점을 짐작할 수 있게 한다. 우리에게 친숙한 젬클립은 세 가지 크기로 구분해 제일 먼저 등장한다(그만큼 명성이 자자했기 때문일 것이다!). 그다음에 소개되는 제품은 '마찰 젬클립frictioned Gem'으로 강선에 작은 칼자국 또는 벤 자리를 만들어놓아 더 큰 악력을 확보한 제품이다. 다음은 특허를 받은 디자인으로 클립을 종이에 더 쉽게 끼울 수 있는 '퍼펙트 젬클립Perfect Gems'이다. 이어 주름진 표면이 최대의 악력을 제공하는 '마르셀 젬클립Marcel Gems'이 소개된다. 가장 인기 있는 클립들의 장점을 모아 만든 '유니버설클립Universal Clip'(임페리얼클립이라고도 한다)은 독특한 디자인에 악력이 굉장하며 종이에 쉽게 끼울 수 있다고 설명하고 있다.

일반적으로 아무리 좋은 클립이라도 두꺼운 카드를 끼우는 것은 쉽지 않으며, 일단 끼웠다 하더라도 부피가 굉장히 커 보인다. 그래서 니프티클립Nifty Clip은 카드나 색인지 같은 두꺼운 종이를 끼울 수 있게 디자인되었다. 엉키거나 찢기는 것을 방지하기 위해 둥근 고리를 만들어 넣은 피어리스클립Peerless Clip은 젬클립보다 더 많은 종이를 끼울 수 있고 또한 더 크게 늘일 수 있다. 서너 장 밖에 안 되는 소량의 종이를 끼울 때 사용하는 옛 린클립의 복사판인 고리클립Ring Clip은 다섯 가지 규격으로 나와 있고, 작은 두께로 종이에서 차지하는 공간이 더 좁다는 장점이 있다. 카탈로그에서 마지막으로 소개하는 클립은 글라이드온클립Glide-on Clip으로 적은 매수의 종이를 끼울 때 젬클립보다 무는 힘이 더 강했다. 젬클립은 다른 클립들의 비교 대상으로 자주 거론되는데 그 형태가 완벽함에도 불구하고 모든 상황에서 제 기능을 발휘하지는 못하기 때문이었다. 젬클립은 만능 제품이 아니었다.

노스팅사 카탈로그는 '귀금속 제품'도 소개한다. 사무실 분위기에 어울리도록 사무용 제품을 통해 뭔가를 드러내고 싶어 하는, 안목이 높은 간부들을 위해 디자인한 클립으로 구성되었다. 이 클립들은 일반 클립이 기능을 적절하게 발휘할 수 없는 특수한 경우에도 사용 가능하다. 그중에는 금으로 도금된 젬클립도 있었는데 절대로 변색되거나 녹슬지 않으며 미래의 고객들을 끌어들이는 촉매 역할을 담당했다. 마호가니 책상 위와 중역실에 잘 어울리며 가장 소박한 사무실에서도 품위와 격조를 살려준다. 소박한 사무실에는 스테인리스 클립을 권할 만하다. 강하며 자성을 띠지 않고(디스켓과 함께 사용하는 데 안전함) 녹도 슬지 않는다(문서기록보관소, 법률회사, 도서관에서 사용하기에 좋음). 경제적인 가격으로 금빛의 클립을 원할 때는 놋쇠로 막을 입힌 것도 있다. 젬, 마르셀 젬, 니프티를 모두 이런 식으로 만들 수 있다. 그중 니프티클립은 종이를 접은 것처럼 크게 모가 난 클립으로 '클램프'라고도 불린다. 경우에 따라서는 두께가 5센티미터도 넘는 두툼한 서류들도 비교적 안전하게 보관할 수 있었다.

플라스틱 컬러 클립의 인기

강선을 휘는 기술실적과 기계장치를 보유한 다른 회사들이 내놓은 다른 스타일의 클립들도 있다. 이러한 다종다양함은 물건이 지니고 있는 형태의 다양성뿐 아니라 미관과 같은 비기술적(주관적) 요소들이, 기능적으로 우수한 형태를 이겨내고 하나의 특수한 형태를 형성하는 데 주도적으로 큰 역할을 수행했다는 사실을 보여준다. 또한 강선을 휘어 만든 제품을 대량생산할 수 있는 기술적 능력이 일직선으로 된 핀을 물리치고 클립으로 대체하는 과정에서 필수적인 역할을 했다는 사실도 알 수 있다. 이처럼 대량생산과 경제적인 강선 덕에 클립들이 살아남아서 번창할 수 있었던 것은 사실이지만, 그것 하나만으로 성공이 보장되는 것은 아니었다.

퀸시티클립Queen city Clip은 가장 단순하고 저렴한 비용의 디자인이라고 할 수 있지만, 젬클립의 외관과 기능을 능가할 수는 없었다. 젬클립은 기능 면에서는 완벽하지 않지만(기술적인 것을 심각하게 문제 삼지 않는) 미관, 경제성 및 기능이 포괄된 조화를 이루고 있어 비평가와 사용자 등 많은 사람들의 합의된 사랑을 받고 있다. 그래서 기능 면에서 훨씬 우수한 형태를 갖춘 물건들도 감히 접근하기 어려운 표준제품이 되었다.

로마네스크 양식이었든 고딕 양식이었든 또는 다른 신기한 모습으로 구체화되었든 간에, 클립의 궁극적인 형태는 1930년에 이르러 제대로 확립되었다. 향후 반세기 동안, 이러한 형태는 사실상 이렇다 할 큰 도전을 받지 않고 잘 유지되었다. 물론 발명가들이 도전을 중단해서는 아니었다. 뒤늦게 1962년, 하워드 서프린은 스틸시티젬을 제작하던 회사를 두고 "개선점을 찾아냈다고 생각하는 사람들로부터 매월 평균 열 통 정도의 편지를 받고 있다"고 말하기도 했다. 그러나 젬클립은 오랫동안 디자인의 아이콘으로 떠올랐고, 종이를 물고 있는 것보다 확실히 더 안전하게 비평가들의 마음을 사로잡고 있었기 때문에 규격, 색깔, 모양을 바꾸자는 모든 제안은 지금에 와서 보면 부질없는 짓일 수도 있다. 그러나 요즈음 몇 가지 신형 클립들이 더 뚜렷하게 모습을 드러내기 시작했고, 인기도 높아져 또 다른 복합적인 상황에 대해 거론할 필요가 생겼다.

신형 클립 가운데 하나는 플라스틱을 입힌 강선으로 만들어 다양한 색깔을 낼 수 있는 클립이다. 이것은 기록을 표시하거나 노트카드 및 문서철의 용도로 오랫동안 사용했으나, 일반적으로 종이를 한 묶음으로 끼우는 용도로는 사용하지 않았다. 색깔 클립은 색을 이용해 모종의 뜻을 전달하는 용도로 쓰거나 단조로운 사무실과 메마른 서신왕래, 또는 그런 것들을 포장할 때 개성을 더하려는 수단으로 의도된 듯하다. 바람직한 변형이든 상사에게 잘 보여야 한다는 정당성 때문이든, 내 경험에 따르면 적어도 클립의 성능은 만족스럽지 못했다. 고무제품과 비슷한 플라스틱 코팅은 마찰력이 크기 때문에 종이 묶음에 끼우려면 마치 고무지우개를 밀어 넣는 것처럼 애를 먹인다. 그 과정에서 오히려 종이가 구겨질 수도 있다.

더구나 클립에 플라스틱 코팅을 하려면 구조적인 조화를 고려하여 강선을 가늘게 만들 수밖에 없다. 그 결과 클립은 순수한 금속 클립보다 훨씬 더 쉽게 휘어져 제 모습을 잃어버리기도 한다. 그럼에도 이 클립이 폭넓게 인기를 얻게 된 이유는 미관과 스타일이 인공물의 진화 과정에서 차지하는 커다란 비중을 가늠할 수 있는 좋은 예가 된다. 동시에 형태는 실패에 따라 결정된다는 또 다른 사례이기도 하다. 일부 사용자들이 옛 모델의 스타일을 마음에 들어하지

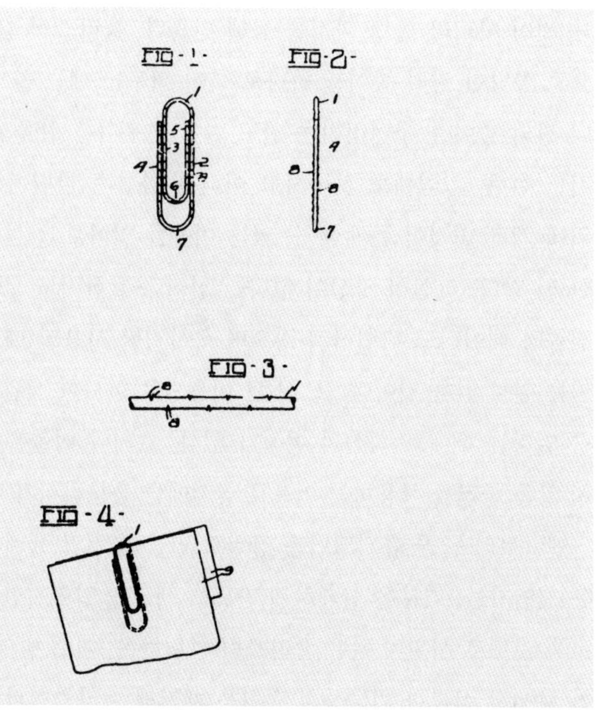

젬클립은 인기를 얻었지만 아직 결함이 있었다. 물려 있던 서류들이 묶음에서 빠져나오는 것도 단점이었다. 1921년 클래런스 콜레트는 '날카롭게 돌출된 끝부분이 종이들을 뚫고 나가, 종이가 빠질 수 없게 잡아두는' 클립으로 미국 특허를 받았다. 그러나 이것은 종이철을 안전하게 묶을 수 있었던 반면, 그곳에 구멍을 내서 해묵은 문제를 오히려 악화시켰다. 4년 후에 콜레트는 종이에 구멍을 내지 않고도 꽉 물고 있도록 이랑 형태로 개선된 클립으로 특허를 받았다.

않았다는 이유 하나만으로, 더 새롭고 화사해 보이는 모델들이 팔리고 있다는 사실에서 알 수 있다.

전체를 플라스틱만으로 만든(색깔을 입힌) 클립이 1950년에 나왔으나 한 번도 크게 인기를 얻은 적은 없었다. 이들은 보통 삼각형과 비슷하거나 화살촉 모양으로 되어 있으며, 강선을 휘는 공정으로 만든 것이 아니라 몰딩 과정을 통해 만든다. 플라스틱 클립은 일반적으로 상당한 양의 종이를 하나로 묶어 끼우는 데는 쓸모가 없고, 서너 장의 종이를 구겨버리는 일도 일어나 우리를 참을 수 없게 만들기도 한다. 그럼에도 불구하고 이러한 화살촉 클립이 사무실 책상 위에 계속 버젓이 존재할 수 있는 이유를 알아보고 싶은 것은 당연한 일 같다. 확실히 자성이 없다는 점이 주효한지도 모른다. 어떠한 컴퓨터 데이터도 위협하지 않으며 복사기를 사용할 때 문제를 일으키는 일도 없을 것이다. 또 더 싼 비용으로 화사한 색깔을 입혀 만들 수 있다는 데에도 의심의 여지가 없다. 그러나 이들은 기능이 신통치 않은 물건을 사용하는 이유로 삼기에는 충분하지가 않다.

옛날부터 줄곧 유지되어온 강철로 만든 클립의 세계를 뚫고 들어온 침입자들, 기분을 상쾌하게 만드는 색깔을 입혔지만 성능은 애처로울 정도로 시원치 않은 플라스틱 클립들은, 어떤 발명가나 제조사가 나서서 심각한 기능상의 결함을 제거해 플라스틱과 플라스틱 코팅 클립이 더 좋은 성능을 발휘하도록 조치하지 않는 한, 결코 시장 점유율을 높일 수 없을지도 모른다. 어쩌면 비용 측면에서나 기술적인 기능상의 단점을 상쇄할 만큼의 외관상 장점이 있기 때문에, 젬 클립이나 그와 유사한 클립과 같이 기능을 훌륭하게 발휘하지 못한다고 해도 괜찮을지 모른다. 그러나 만일 새로운 클립이 클립의 영역에 들어와 기능을 제대로 발휘하는 참다운 인공물로서 살아남으려면 가입 조건은 지금보다 더 공평하게 평가되어야 한다. 경쟁은 매우 험난하고 젬클립은 종이를 물고 있는 것보다 훨씬 더 단단하고 확고한 명성을 장악하고 있다.

모든 인공물이 그런 것처럼, 클립의 경우에도 오랜 세월에 걸쳐 굳건하게 자리를 잡고 있는 표준제품에 대한 도전일지라도, 사람들의 관심을 불러일으킬 수 있고 또 젬클립의 결함을 극복할 수 있다면 성공할 수도 있을 것이다. 강선을 휘거나 플라스틱을 성형해 만든 상상력이 가미된 모양과 스타일을 무시한 채, 아무 인공물도 참조하지 않은 무정형의 꿈의 세계에서 갑자기 새로운 클립이 발명될 수는 없다. 오히려 새로운 클립은 현실에 기반을 두고 어수선하게 북적거렸던 과거로부터 태어난다. 그 혼잡한 과거는 찢기고 흐트러져 있는 종이들과 젬클립에 도전하다가 실패한 발명가들이 섞여 어수선하게 난무하던 그때이기도 하다. 더 가늘고 더 값이 싸면서 젬클립과 비슷하게 생겼든 아니면 젬클립을 다시 디자인해 '완벽하게 만든 것'이든, 새로운 발명품이 모든 사람이 인정하는 기존의 원형을 밀어내고 자리를 차지하려면 '새롭고 개선된' 클립이라는 찬사를 듣고 환영받아야만 할 것이다.

엔지니어링은 제도화된 발명이다. 디자인 업무에 종사하는 엔지니어들은 상상하고 기대했던 만큼의 기능을 발휘하지 못하는 인공물의 한계를 극복할 길을 찾아 연구하는 발명가들이다. 컴퓨터, 다리, 클립 등의 개선된 디자인은 특허를 받건 과학기술계의 밑거름이 되어 묻히건, 항상 기술이 발전할 수 있는 가능한 경로를 탐구하는 과정이다.

THE
EVOLUTION
OF
USEFUL THINGS

작은 물건에도 큰 뜻이 숨어 있다

5

LITTLE THINGS CAN MEAN A LOT

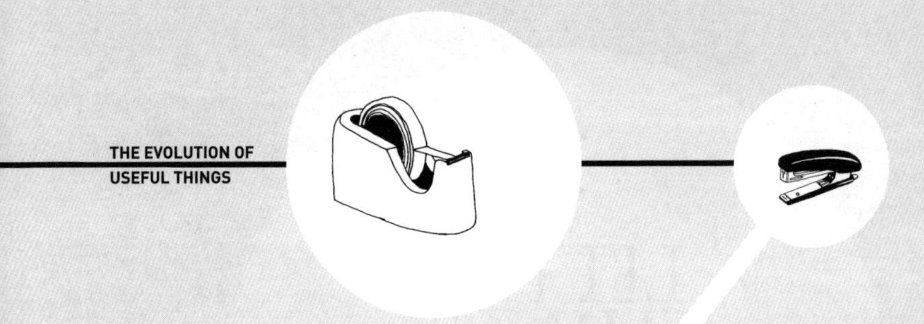
THE EVOLUTION OF
USEFUL THINGS

가장 일반적이고 흔한 물건들의 교훈

많은 기술평론가는 문장과 문장 사이에서 잠시 숨을 돌리는 순간이나, 문단과 문단 사이에서 잠깐 딴생각을 하는 동안에 평범한 것의 비범함을 새삼 깨닫고 충격을 받는다. 버튼식 전화기, 전자계산기, 컴퓨터 등은 우리가 사용하는 물건 중에서도 꽤 정교한 것으로 분류할 수 있는데, 전기엔지니어가 아닌 평범한 사람은 그것에 대해 뭔가 왈가왈부할 수 있는 엄두조차 내지 못한다. 반면 핀, 압정, 클립처럼 비교적 평범한 기술로 만들어지고 사용할 수 있는 물건들에 대해서는 기능과 아름다운 형태에 대해 장황한 찬사를 늘어놓기도 한다. 그러나 사람들은 마케팅 방법을 배우려는 목적이 아니라면 이처럼 자주 쓰면서도 아무렇게나 무심하게 대하는 이 물건들을 연구의 대상으로 삼는 경우가 드물다. 가장 일반적이고 흔한 물건으로부터는 기술적 공정·기량·진보와 관련해 교훈을 찾아낼 수 있으리라고 생각하지 않는 것이 분명하다.

그러나 만일 기술과 인공물의 진화를 지배하는 일반원리가 있다면, 일반적인 것과 위대한 것에 똑같이 적용되어야 마땅할 것이다. 엔지니어 팀들이 개발하는 데 수년씩 걸리는 시스템보다는 두려움이 덜한 편안한 대상을 찾아 그 맥락에서 원칙을 찾을 수 있다면, 기술이 어떻게 작동하는지를 이해하기 더 쉬울 것이다. 슈퍼컴퓨터와 마천루, 원자력발전소와 우주선 같은 인공물이 지니는 개별적 복합성은, 우리가 모든 물건들(크고 작으며 눈에 띄게 단순하고 분명하게 복합적인)에게 공통적이며 기본적인 기술발전의 요소를 찾아내는 데 오히려 방해요인으로 작용할 수도 있다. 대형 시스템을 만드는 일에 참여한 디자이너와 엔지니어 한 사람 한 사람은, 수많은 관리경영 차원의 복잡한 조직들의 무리 속에 파묻혀버리고 만다. 최종 생산품에 관련해서도 디자이너나 엔지니어의 이름은 단 한 번도 알려지지 않은 채, 수천 명에 이르는 익명의 전문가가 참여해서 이루어낸 성과로 끝나고 만다.

아이러니하게도 인명에서 따온 이름의 회사들이 교량, 마천루, 비행기, 발전소처럼 가장 규모가 크고 대중적이면서 일을 주도한 디자이너나 발명가의 이름이 알려지지 않은 엔지니어링 구조물과 시스템을 자주 만들어낸다. 그래서 우리는 번스앤드로스, 브라운앤드루츠, 벡텔을 포함해 셀 수 없이 많은 지역과 지방의 설립자 이름을 따라 회사명을 지은 건설사들을 볼 수 있으며, 그들이 궁극적으로는 우리가 살고 있는 공공의 공간 형태를 만들어내 시민사회의 자긍심과 성취감을 드러내고 있음을 알 수 있다. 또 우리는 오늘날의 우주선이나 슈퍼제트기 등을 세상에 내놓은 선구적인 역할을 해낸 발명가와 혁신기술자의 이름을 붙인 커티스라이트와 맥도널더글러스 비행기도 이용하고 있다. 우리의 삶을 매우 안락하고 편리하게 해주는 발전소와 송배전망을 제공하는 웨스팅하우스와 에디슨사도 있다. 오래전에 작고한 기업가들의 이름을 떠올리게 하는 포드, 크라이슬러, 메르세데스벤츠, 롤스로이스 외에 제너럴일렉트릭, 제너럴모터스, 제너럴다이내믹스 같은 거대한 기업들도 있다.

'스카치'라는 이름의 유래

책상 위에 항상 놓여 있어 가장 친숙하고 편리하게 사용하는 제품의 경우, 아예 물건과 관련된 사람의 이름이 세상에 알려져 있는지 여부조차 불분명하다. 핀과 클립 같은 품목은 확실히 제작자를 기념할 수 있는 이름표나 메달을 달고 있지 않다. 클립이 담긴 상자를 자세히 살펴보면 발명가는커녕 사람 이름 같지도 않은 아코사, 노스팅사 등에서 제작했음을 알 수 있다. 많은 스테이플러에는 보스티치Bostitch라고 쓰여 있는데, 사람 이름일까? 아니면 다른 무엇일까? 수수한 일상용품의 경우에는 아무래도 발명가에 대한 힌트를 거의 알려주지 않는 경향이 뚜렷하다. 그러나 제품의 브랜드 및 회사 이름은 종종 제품이 어떻게 발전해왔는지에 대한 단서를 제공하며, 그로써 물건의 진화 과정에 관한 심오한 통찰을 얻을 수 있다. 이들의 이름은 제품이 바로 실패로 끝나지만 않는다면, 기존 제품의 문제점을 해결하기 위해 개발된 새 제품으로 연결된다.

무질서하게 널브러져 있는 서한집부터 냉장고 문에 이르기까지 무엇에든 착 달라붙는 조그마한 노란 종이쪽지인 포스트잇 노트의 포장지에서는 '스카치'라는 상표와 굵은 글자로 쓰인 '3M'을 볼 수 있다. 나이 지긋한 호사가들은 '3M'이 한때 '미네소타광공업회사 Minnesota Mining and Manufacturing Company'로 불렸다는 사실을 떠올릴지도 모른다. 어떻게 이처럼 이름만 들어도 무슨 일을 하는지 저절로 알 것만 같은 정체가 분명해 보이는 회사가 조그마한 접착 노트패드를 만드는 일에 참여하게 되었을까? 게다가 미네소타주는 스코틀랜드 사람보다 스칸디나비아 사람이 더 많이 살고 있는 곳이 아니던가?

1902년 미네소타주 투 하버스 출신의 실업가 다섯 사람이, 그 지역에서 발견되어 거의 횡재로 여겨지던 강옥을 캐내기 위해 미네소타광공업회사를 세웠다. 강옥은 다이아몬드 다음으로 경도가 단단한 광물로서 회전 숫돌을 만드는 공장에서 꼭 필요했던 만큼 큰 값어치가 있었다. 그러나 실제로 채굴해본 결과, 그런 용도로 사용하기에는 질이 떨어졌다. 그래서 고심 끝에 1905년 덜루스에서 사포를 만드는 회사로 업종을 바꾸었다. 가까스로 자금을 조달하면서 겨우 파산을 면하는 어려운 세월이 계속되었으나, 진짜로 성공하려면 다른 사람들이 생산한 제품만큼 좋은 품질을 만들어내야 했다.

1916년 판매담당 부장이 시험실을 만들자고 주장했다. 불량품 때문에 판매원들이 골머리를 앓고 있었으므로, 품질관리를 보장할 수 있도록 검사를 해보자는 것이었다. 시험실은 시간이 흐르면서 사포 사용자들이 겪은 문제점에 대응해 새롭게 개선된 품목을 생산하는 데 필요한 연구와 개발을 했다. 판매원들은 회사에 시험실을 만든 이유가 품질관리를 잘한 후에 새로운 제품에 대한 고객의 요구에 부응하기 위한 것이라고 여길 수도 있다. 그러나 엔지니어들은 판매원들이 돌아와 들려주는 가슴 철렁할 정도로 두려운 제품의 실패는 물론 흔하게 들어와 짜증 날 정도로 자질구레한 결함에 관한 문제를 해결하는 작업장으로 활용했다. 이처럼 문제를 해결하는 과정에서 기존 제품이 지니는 잘못된 점을 없애고 개선하다가, 자연스럽게 새로운 제품을 개발할 수 있었을 것이다.

사포의 품질은 주요 원자재인 왕모래와 종이의 품질뿐 아니라 그것을 균일하고 안전하게 결합하는 기술, 즉 연마제를 바탕종이에 붙이는 기술이 중요했다. 따라서 종이에 연마제를 코팅하는 전문기술을 개발할 필요가 있었다. 양질의 접착제를 사용했지만 초기의 사포는 물기에 젖으면 연마제가 떨어졌기 때문에 건조한 상태에서만 사용해야 했고, 결국 먼지 속에서 작업할 수밖에 없었다. 그러나 자동차 산업이 성장하는 과정에서 1920년대에는 특히, 자동차 몸체의 페인트 마감공정에 사포 작업은 필수였다. 그런데 그때 생기는 먼지가 직공들에게 납중독을 일으켰다. 방수가 가능한 사포를 만든다면 젖은 상태에서도 사포 작업이 가능할 것이고, 결국 먼지를 줄여 기존의 결함에 대한 개선의 효과가 나타날 터였다. 미네소타광공업회사는 방수 사포 개발에 착수했다. 시험실의 젊은 시험기사인 리처드 드루Richard Drew는 개발된 제품을 가지고 세인트폴 자동차 작업장을 찾아가 현장 시험을 실시했다. 그 과정에 그는 또 다른 문제점이 있음을 알게 되었다.

1925년에는 자동차에 두 가지 색을 페인팅하는 스타일이 유행했는데, 바로 이 때문에 자동차 제조사와 차체공장에 골치 아픈 문제가 발생하고 있었다. 두 번째 페인트를 칠하면서 첫 페인트를 칠해 놓은 곳과 깨끗하고 분명한 경계선을 확보하기 위해, 종이나 푸줏간에서 사용하는 기름종이로 첫 페인트 부분을 잘 가려야만 했는데, 이것이 문제였다. 공장에서 배합한 아교를 사용하면 때로는 너무 꽉 붙어서 떼어낼 때 문질러 벗겨내야 했기 때문에 페인트까지 함께 벗겨지는 경우가 있었다. 외과 의사들이 쓰는 접착테이프를 사용해보기도 했으나, 테이프의 바탕 면을 이루는 천이 새롭게 칠한 페인트에서 용제 성분을 빨아들이는 경향이 있어 차체를 덮는 종이가 보호하려는 페인트에 오히려 달라붙기도 했다. 분명히 차체를 덮는 기존의 방법에는 하자가 있었다. 하루는 드루가 방수 사포 작업을 하던 중에, 차체공장 직공들이 두 가지 색조의 페인팅 작업을 하면서 발생하는 문제점에 대해 투덜거리는 말을 듣게 되었다. 통신학교를 다니며 엔지니어링을 공부했던 그는 이 문제를 해결할 방법을 찾아내겠다고 결심했다.

그는 접착제가 너무 쉽게 달라붙지 않는 테이프를 만들고 싶었다. 그러려면 테이프를 쉽고 깨끗하게 풀어 쓸 수 있는 두루마리 모양으로 만들고, 새롭게 페인트를 칠한 자동차 몸체로부터도 쉽게 떼어낼 수 있어야 했다. 그러나 문제점을 알아내는 것과 접착제와 종이의 알맞은 조합을 찾아내는 것은 차원이 다른 일이었다. 문제점을 알아내는 것이야 차체공장에서 불현듯이 생각났지만, 알맞은 조합을 찾아내기 위해 접착제를 붙이는 바탕종이는 물론이고 기름, 합성수지,

그 외에 이것저것 실험하는 데만 2년이라는 긴 세월이 걸렸다. 포기할 마음이 들 정도로 수많은 시행착오를 겪은 후에, 드루는 이것과 직접적인 관계가 없는 실험 도중에 남아 있었던 주름종이로 한번 실험해보았다. 그리고 그 주름진 표면이 바로 이상적인 바탕 면으로서 우수하다는 것이 증명되었다. 회사의 수석 화학연구원이 드루가 발명한 신제품인 차단 테이프 샘플을 가지고 디트로이트 자동차 제조사를 방문한 결과, 차량 세 대분의 주문을 받아 왔다.

회사에서 전해지는 이야기에 따르면 테이프에 스카치라는 이름이 붙은 이유는 초기에 생산된 5센티미터 너비의 테이프에서 가장자리에만 접착제를 발라 사용했기 때문이라고 한다. 아마 그 정도만 발라도 충분했고 차단하는 용도로는 그렇게 하는 편이 더 바람직하다고 생각했을 것이다. 테이프의 한쪽 가장자리로는 차단용 종이를 붙잡아 고정시키고 다른 한쪽은 자동차 차체에 붙어 있지만, 가운데 부분은 아무 데도 붙어 있지 않은 상태였다. 그러나 그렇게 적은 접착제를 사용하다 보니 무거운 종이가 테이프를 끌어당겨 벗겨지는 일이 생기기 시작했다. 짜증이 난 페인트공들이 판매원에게 "이 테이프를 인색하기 짝이 없는 당신의 깍쟁이 스카치(스코틀랜드인을 가리킨다—옮긴이) 사장에게 가져가서 접착제를 더 발라 가지고 오시오"라고 불평했다. 회사의 원로 임원들은 이 이야기가 출처가 분명하지 않다며 일축하고 있다. 그러나 어떤 이들은 그 사건이 "이름을 짓는 데 영감을 불러일으켰다"면서 일리 있는 이야기라고 주장한다. 짐작건대 제조 회사가 접착제를 사용하는 데 인색했던 것이 아니라, 오히려 소비자들이 수많은 가정용품을 수리하는 데 이 테이프를 값싸게 이용할 수 있었기 때문이었을 것이다.

번쩍번쩍 빛나는 스카치테이프의 등장

셀로판은 1920년대 말 나타난 또 다른 새로운 제품이었는데, 투명하고 방수기능이 있었기 때문에 빵부터 껌까지 모든 것을 포장하는 데 이상적이었다. 자연스럽게 셀로판으로 차단 테이프를 포장하고자 하는 움직임이 있었고, 세인트폴에서 누군가가 이미 실험도 하고 있었다. 같은 시기에 드루는 그가 만든 테이프에 방수기능이 없어 젖은 상태에서는 사용할 수 없다는 결점을 해결하기 위해 애를 쓰고 있었다. 그러던 차에 테이프를 셀로판으로 코팅하면 문제를 해결할 수 있으리라는 아이디어가 떠올랐다. 그렇게 하면 분명히 투명하고 방수가 되는 새로운 선망의 테이프를 만들어낼 수 있을 것 같았다. 그러나 주름종이에는 잘 붙던 접착제가 셀로판에는 쉽게 붙지 않았다. 기존 기계장치를 사용해 새로운 재료로 상당한 양의 신제품을 만들어내려면 많은 실험과 개발 작업이 필요한 법이다. 스카치 셀로판테이프의 경우, 방수제품으로 만들겠다는 드루의 초기 시도는 기대에 미치지 못하고 연일 실패했다. "점착성, 응집성, 탄성과 연성에 있어서 적절한 균형을 만들어낼 수 없었다. 더구나 고온과 저온, 다습과 저습의 환경에서도 적응할 수 있어야 했다. 처음 시도하는 일이므로 뜻대로 성공하지 못했다고 놀랄 일도 아니며, 오히려 해결할 문제점이 무엇인지 제대로 확인한 좋은 기회가 되었다."

1년의 연구 끝에 드루는 당시로서는 만족할 만한 수준으로 문제점을 해결했다. 번쩍번쩍 빛나는 셀로판을 바탕으로 한 테이프는 다년간 투명테이프로서 굳건하게 자리를 잡았다. 모든 종류의 수선 및 접착에 이 테이프를 사용했다. 시간이 흐르면서 노랗게 변색하는 것, 끝이 말려 올라가는 것, 떨어지는 것, 이전에 끊어 쓴 끝부분을 찾아내기 어려운 것, 테이프를 자를 때 대각선으로 찢어지는 것 등등 문제점이 많았지만 더 좋은 다른 제품이 나타나지 않았기 때문에 소비자들은 모두 당연한 것으로 받아들이고 그대로 사용했다. 그러나 드루와 비슷한 발명가나 기술에 관심이 많은 수선공은 그러한 결함을 새롭게 개선할 여지가 있는 도전의 구실로 삼았다. 물론 어느 정도는 기술자들과 그들을 고용한 사장의 경쟁에서 이겨보려는 심리도 크게 작용하고 있었다. 두루마리에서 스카치테이프 끝머리를 찾아내고 끊어낼 때 겪는 어려움이 테이프를 직각으로 끊도록 두루마리에 톱니가 붙은 일종의 절단기를 개발해 설치했으며, 그래서 다음에 테이프를 사용할 때 편리하도록 테이프 절단면이 직각으로 정연하게 남았다(이것은 하나의 제품을 적절하고 편리하게 이용하려는 필요성을 원인으로 매우 특화된 관련 기반시설이 많이 만들어진다는 사실의 훌륭한 사례가 되고 있다).

테이프에서 일어난 변화처럼 개선된 새로운 제품을 대하면서, 사용자들은 전에는 어떻게 그 불편한 구식 테이프를 사용했을까 의아하게 생각한다. 최신 제품에 대한 설명서를 보면 스카치 매직투명테이프에 대한 찬사에서 그치는 것이 아니라, 오히려 옛 셀로판테이프에 대한 고발장으로 생각될 정도이다. "쉽게 풀어낼 수 있다. 그 위에 글자도 쓸 수 있다. 복사기에 집어넣어 복사할 수도 있다. 방수기능도 있다. 초기의 테이프와 다르게 시간이 지나도 노랗게 변색하거나 접착제가 묻어나오지 않는다." 이처럼 은근히 암시하거나 또는 확실하게 밝힌 '초기 테이프'에 대한 결함 목록을 들으면, 그 옛날의 구식 테이프가 확실히 부적절한 제품으로 생각되지만, 그때는 제법 쓸모 있는 물건이었다. 기술에 대한 기대는 기술이 발전할수록 더 높아지기 마련이다.

어디에나 착착 달라붙는 포스트잇

양질의 사포 제조업으로 출발한 회사가 수년 후에 어떤 제품을 생산하게 될지 미리 예측하기란 힘들 것이다. 그렇지만 이런저런 종류의 접착제를 종이나 다른 바탕 재료에 부착하는 과정에서 얻은 경험을 축적하고, 그 전문성을 새로운 분야에까지 적용할 수 있도록 수용한 일은 결국 미네소타광공업회사가 수만 가지의 다양한 제품을 만들어내도록 했다. 옛 이름은 더 이상 이 거대해진 제조 회사의 다양한 제품과는 잘 어울리지 않았기 때문에 점점 더 '3M'이라는 약자만 알려졌다. 정식명칭은 최근 주주들에게 제출하는 연례 회계보고서에나 찾아볼 수 있게 되었다.

생산라인에 이처럼 다양성을 포함할 수 있었던 3M의 특징은 일반적으로 '기업 내 기업가 제도'라고 부르는 정책 덕분이었다. 이 정책의 기본 아이디어는 대형 기업의 피고용인들에게 회사 내에서 그들이 마치 외부세계에 있는 개별 회사의 사장처럼 독립적으로 활동할 수 있도록 허용하는 것이다. 기업 내 기업가 제도(소사장제도 또는 독립채산제라고도 부름)의 모델로는 화공엔지니어인 아트 프라이Art Fry가 대표적이다. 1974년 그는 주중에는 3M사의 제품개발부에서 일하고, 일요일에는 교회성가대에서 노래를 불렀다. 그는 두 번의 예배시간에 불러야 할 노래를 그때그때 빠르게 찾아낼 수 있도록 찬송가책에 종이 쪼가리를 끼워 페이지를 표시하는 습관이 있었다. 대개 첫 예배시간 때는 괜찮았지만, 두 번째 예배시간에는 끼워둔 종이 쪼가리가 제자리에 있지 않고 책에서 빠져나오는 일이 종종 생겼다. 종이 쪼가리가 없는 것을 알아채지 못한 프라이는 막상 페이지를 찾으려고 할 때 당황할 수밖에 없었다. 종이 쪼가리는 오랫동안 북마크로 이용되고 있었다. 이러한 북마크는 알브레히트 뒤러Albrecht Dürer가 위대한 인도주의자인 에라스무스를 그린 유명한 에칭화의 맨 앞부분에서도 분명하게 드러난다. 에라스무스의 에칭화가 그려진 1526년부터 프라이가 기대에 실패한 북마크에 생각이 미치던 때까지, 4세기 반의 세월이 흐르는 사이에 제자리에 붙어 있지 못하고 떨어져 나온 북마크의 숫자만도 엄청나다고 누구든 자신 있게 말할 수 있을 것이다.

프라이는 신기한 접착제, 매우 강력하면서도 쉽게 떼어낼 수 있는 '접착제 같지 않은 접착제'를 기억해냈다. 그것은 3M 동료 연구원인 스펜서 실버Spencer Silver가 수년 전에 아주 강력하고 잘 달라붙는 접착제를 개발하는 과정에서 우연히 만든 제품이었다. 연구 과제를 즉각 해결해주는 데는 적합하지 않았지만 실버는 그 유별난 접착제에

1526년에 알브레히트 뒤러가 그린 에라스무스의 초상화에는 당시 종이 쪼가리를 북마크로 사용했음을 보여준다. 빗장을 걸어놓은 것처럼 책을 덮어놓으면 북마크가 확실하게 제자리를 지키고 있지만, 책을 펴서 사용하는 동안에는 일부 북마크가 책장 사이에서 떨어져 나올 수도 있다. 이에 실망하게 된 프라이가 더 끈끈한 종이 북마크를 발명하기 위해 끈질기게 노력했고, 이후 우리에게 친숙한 포스트잇 노트가 탄생하기까지는 약 450년이 더 걸렸다.

모종의 상업적 가치가 있을지도 모른다고 생각해, 프라이를 포함한 동료들에게 보여주었던 것이다. 당시에 활용할 방도를 찾아낸 사람은 없었다. 그래서 약한 접착제를 만드는 제조법은 다른 파일들 속에 묻혀 잊혔다. 프라이가 종이를 상하게 하지 않고도 쉽게 떼어낼 수 있는 점성을 지닌 북마크를 만들겠다는 아이디어를 가지고 작업을 시작한 월요일 오전에야 실버가 보여주었던 접착제에 생각이 미친 것이었다. 첫 시도는 접착제가 책장에 여전히 남아 있어 실패로 끝났다. 프라이는 "내가 처음으로 접착종이 쪼가리를 시험한 찬송가책 페이지 일부가 아직 서로 엉겨 붙어 있었다"고 술회했다. 그러나 '몰래 바이트'로 알려진 엔지니어들의 스스로 선택한 일에 일정량의 근무시간을 쓸 수 있도록 허용하는 것이 3M의 정책(그리고 다른 진보적인 회사들의 정책)이었기 때문에 프라이는 필요한 기계장치들과 재료에 접근할 수 있었고, 거의 1년 반 동안 점성이 있으면서도 너무 강하게 붙지 않는, 그래서 '임시적이면서도 영구적인' 북마크와 노트로 사용할 수 있는 접착종이 쪼가리에 대한 아이디어를 실험하고 다듬을 수 있었다. 프라이는 북마크가 부드럽게 책장에 붙기를 원했지만, 북마크의 튀어나온 끝부분이 서로 붙지 않기를 바랐으므로 접착제는 한쪽 끝에만 발랐다. 이것은 또한 다시 떼어내어 사용할 수 있는 메모지와 떼어낼 수 있는 노트로도 쓸모가 있었다. 뒷부분에 모두 접착제를 발랐다면 밑을 들어 살짝 들여다보거나 라벨처럼 떼어내기가 어려웠을 것이다.

붙였다 떼었다 할 수 있는 북마크가 완성되자, 프라이는 회사의 판매담당자들에게 샘플을 가져갔다. 개발된 제품에 회사의 시간과 비용을 제대로 투자하려면 담당자들이 사전에 그 아이디어가 상업적으로 타당하고 시장의 수요에 부응하는 것으로 받아들여야 가능했기 때문이다. 그러나 그들은 이 제품이 대체하려는 상품인 서표 scrach paper와 비교해 가격이 더 비싸다는 이유로 흥미를 보이지 않았다(떼어낼 수 있는 노트로서의 기능이 차라리 점성을 지닌 북마크로서의 기능보다 더 상업적 잠재력이 있는 것으로 보았다). 프라이는 이에 실망하지 않고 끈질기게 노력하여 결국 3M의 사무용품 공급부서를 설득해 그 제품이 '잠재수요'를 지니는지를 확인할 수 있도록 시장에 내놓아 시험하게 되었다. 초기의 결과는 전혀 희망적이라고 볼 수 없었다. 그러나 샘플을 나누어주자 고객이 반응하기 시작했다. 조그마하고 끈적끈적한 노트를 사용해보기 전에는 그 수요가 분명하게 나타나지 않았지만, 일단 사무실 직원들의 손에 들어가자 그들은 이것을 다른 많은 용도로 활용하기 시작했고, 갑자기 이 물건 없이는 아무것도 할 수 없는 지경에 이르고 말았다.

포스트잇 노트는 1980년 중반까지 널리 보급되었고, 지금은 도처에서 그 모습을 찾아볼 수 있게 되었다. 심지어는 세로로 글을 쓰는 일본어 방식에 맞추어 길고 좁은 스타일의 제품도 생산되고 있다. 서표로서 재활용되는 폐지의 양을 줄어들게 했다고 비판할 수도 있겠지만, 포스트잇 노트는 보이지 않게 손상을 주는 테이프와 스테이플러를 사용하지 않고도 공공 장소에 알림장이나 발표문을 붙여놓았다가 떼어낼 수 있어 시설을 보존할 수 있는 잠재력이 있었다.

여러 해 전에, 내가 다니던 학교에서 학장을 만나 함께 캠퍼스를 가로질러 공과대학으로 걸어갔는데, 뒤에 들어온 그는 건물 입구의 문짝에 테이프나 접착제로 붙여놓은 수많은 회의와 파티, 새끼 고양이 분양을 알리는 각종 알림판을 언제나처럼 떼어냈다. 그리고 이런 각종 알림판을 붙이는 데 사용한 테이프도 조심스럽게 벗겨냈다. 학장은 테이프가 붙어 있는 상태로 며칠 밤낮을 놓아두었다가는 떼어내는 것도 무척 힘들 뿐 아니라 막 칠해놓은 페인트까지 버려놓기 때문에, 수리하거나 다시 페인트를 칠해야 하는 어려움을 겪는다고 설명했다. 그는 이러한 알림판 자체를 싫어하는 것은 아니었고, 다만 붙여놓은 각종 부착물들 때문에 건물 입구가 망가지는 것을 싫어했다. 그라면 포스트잇 노트를 무척 반기고, 또 그 제품이 포스터 크기로 생산되기를 매우 바랐을 것이다.

포스트잇 노트는 기존 인공물이 제 기능을 발휘하지 못하는 실패를 깨달아 그것들이 헛되지 않도록 기술적으로 발전시켜 새로운 인공물을 만들어낸 사례이다. 물건의 형태는 우리가 원했던 기능에 부응하지 못한 다른 물건의 실패를 반영해 결정된다는 것을 확인해준다. 북마크가 제자리에 붙어 있지 못하고, 한때는 깨끗했던 책장이 테이프로 붙여놓은 노트 때문에 원래의 정결한 모습을 잃어버리는 등, 이러한 실패들이 결국 진정한 인공물의 진화를 이끌어내고 있다. 실패를 깨닫고 또 이를 기술 개발로 완성하기까지는 북마크처럼 수세기가 걸릴지도 모르지만, 세상의 모습을 만들어가는 이러한 원칙의 중요성은 결코 줄어들지 않을 것이다.

바늘로 책을 제본하다

두루마리scroll는 한때 정치부터 학문에 이르기까지, 글로 된 모든 자료를 기록하고 보존하는 표준적인 매체였다. '둘둘 말다'라는 동사의 뜻을 가진 라틴어 '볼루멘volumen'에서 유래한 말이다. 두루마리의 길이는 끝부분에 붙어 있는 막대기에 파피루스 종이를 얼마나 길게

감을 수 있느냐에 따라, 사실상 제한될 수밖에 없었다. 파피루스 종이는 파피루스 나무의 속을 파낸 후, 껍질을 잘게 잘라서 모아놓고 두들기거나 또는 눌러 얇게 펴서 만드는데, 다시 끝과 끝을 붙여서 길고 좁게 이어지는 두루마리용 종이로 만든다. 파피루스 종이는 접으면 쉽게 균열이 생기기 때문에 접어서 포개놓는 것이 실용적이지 못해 둘둘 말아서 사용했다.

종이에 써놓은 긴 원고를 보려고 두루마리를 펼치고 또 감는 일은 상당히 번거로웠다. 이러한 두루마리의 불편함을 해소하고 동시에 글을 쓰는 종이를 긴 줄로 이어야만 하는 수고로움도 없앨 수 있는 방법은, 종이를 일정한 크기로 접어 포갠 후에 한쪽 끝을 따라 하나로 묶는 것이었다. 새끼 양, 염소, 송아지의 가죽으로 만든 양피지와 고급피지는 접어도 균열이 생기지 않았기 때문에, 굳이 두루마리 형태로 보관할 필요가 없었다. 종이와 인쇄기가 등장하면서 책은 폭발적으로 늘어났고, 종이를 접은 곳을 바늘과 실로 꿰매어 책을 만드는 것도 점점 더 효율적으로 할 수 있게 되었다.

바늘은 가장 오래된 인공물 중의 하나이며, 다양한 쓰임새에는 의문의 여지가 없다. 바늘은 베일 테두리에서 낙타 가죽까지 어떤 것이라도 뚫어 꿰맬 수 있는 수단으로서, 외눈만 있고 머리는 없는 핀이다. 또 단지 한 가닥의 실로 자신의 흔적을 남기는 물건이다. 그러나 바늘로 단단한 재료를 뚫어 꿰맬 때, 바늘이 손가락을 찌를 수 있다는 결점이 있었다. 이때는 바늘의 보조도구인 골무가 해결책이었다. 가느다란 스프링 강선으로 된 날렵하게 생긴 바늘은 신이 준 선물이었다. 다이아몬드 모양의 고리는 바늘의 비스듬한 구멍에 실을 꿰려 사팔눈을 해야만 하는 우리에게 신이 보내준 선물이었다. 그리고 바늘은 서로 연계되었다고 믿기 어려운 다른 많은 20세기의 인공물이 발전하는 데 많은 기여를 했다. 바늘과 실은 옷을 짓게 했을 뿐 아니라, 인쇄된 종이들을 모아 책을 만들게 해주었다.

전통적인 책등의 모양은 실의 영향이었다. 책을 만들기 위해 종이 뭉치를 꿰면 실이 그 안에 들어 있어서 다른 쪽 가장자리보다 실로 꿰맨 부분이 훨씬 더 두꺼워졌다. 그래서 책을 쌓아놓거나 선반에 보관할 때 불편하지 않고, 바람직하지 못한 쐐기 모양이 되지 않도록 하기 위해서, 꿰매기 전에 바느질할 책등 부분을 둥글게 부채처럼 펴서 실이 서로 겹쳐 쌓이지 않도록 했다. 책의 앞표지와 뒤표지로 사용하는 단단한 판자는 책등 부분의 두께보다 충분히 더 두껍게 만들었고, 앞표지와 뒤표지를 이어주는 천으로 된 연결고리는 둥근 모양으로 되어 있는 책 내용물의 모양을 따랐다. 이러한 책의 특징은 뒤러의 에라스무스 초상화에서 분명하게 볼 수 있다. 책을 제본하기 전에 종이를 가지런하게 잘 조정했기 때문에 책의 앞부분 가장자리가 책등의 곡선에 걸맞게 맞춰져 있는 것이다.

오늘날의 책들도 책등 부분이 곡선 모양을 계속 유지하는 것처럼 보일 수 있지만, 사실 더 보강된 제본용 천이 둥그렇기 때문이다. 제대로 된 책은 전면 가장자리와 책등 부분으로 된 네모진 모양을 하고 있다. 전통적인 제본 방식은 시간도 많이 걸리고 비용도 비싸서 새로운 방식만큼 경제적이지 못해 형태에 변화가 생겼다. 이제 일반 책은 '무선철' 방식으로 제본하는데 낱장들을 접어서 포개는 것은 같지만 바느질은 하지 않고 접착제를 사용한다. 오히려 낱장들을 모아서 쌓아 상자처럼 가지런하게 잘 정돈한 다음에 접지한 부분을 잘라낸다. 접은 부분에 실이 들어 있지 않기 때문에 종이를 쌓아놓아 책등 부분이 부풀어 오르지 않아 굳이 둥글게 만들 필요가 없다. 대신에 접착제가 골고루 잘 묻을 수 있도록 등 부분을 거칠게 깎아내기만 하면 된다.

이 방식은 처음에 값싼 문고판에만 적용되었지만 지금은 거의 전반에 사용된다. 많은 저술가, 독자 및 애서가에게는 실망스러운 일이겠으나, 심지어는 가장 비싼 양장본을 제본할 때도 적용된다. 그러나 무선철에는 큰 결함이 있었다. 그렇게 제본된 책은 단 한 번 읽었는데도 모양이 심하게 망가졌다. 그래서 오늘날의 서가에는 끝을 둥글게 하여 산뜻해진 책의 잔물결 대신에, 주름이 생겨 책등 부분이 들쑥날쑥한 책들이 꽂혀 있다. 한쪽 끝에서 바라보면 한 번 읽은 무선철 책들이 애처롭게 비스듬하게 꽂혀 있는 모습에서 책의 형태가 운명에 따라 어떻게 망가지는가를 생각하게 한다. 근시안적 시각의 제본사에게는 문제가 안 될지 몰라도, 형태에 대해 나름대로 애정을 갖고 있는 사람에게는 실망스러운 일이 아닐 수 없다.

바늘과 실의 역할을 하는 스테이플러의 등장

19세기 후반이 되자 잡지사들은 바늘과 실의 역할을 한꺼번에 해낼 수 있는 철사로 꿰매는 장치를 사용해 제본을 하기 시작했다. 철사 바느질은 실을 사용해 제본했을 때보다 분명히 더 튼튼하고 안정감이 있었다. 더구나 휘어 있는 짧은 철사를 쓰면 더 많은 종이 낱장들을 뚫어 꿰맬 수 있었다. 결과적으로 작은 책자들과 잡지들은 '중철'이라고 불리는 한 가닥의 철사로 꿰어서 책으로 제본할 수 있었다. 19세기 말에는 인쇄와 제본 산업계에서 중철제본이 일반화되었다. 서로 다른 책 두께에 맞도록 조절하기 위해 기계를 조작하는 것이 성가시고 시간도 많이 걸렸지만, 대량의 인쇄물을 생산할 수 있어 이 정도 단점은 견딜 만한 것이었다. 그러나 작업량이 적을 경우에는 설치비가 너무 비싸서 나사를 돌려 간단하게 작동하는 기계를 도입해야만 작은 책자들을 제본하는 데 드는 비용을 절감할 수 있었다.

1896년 보스턴 교외 알링턴에 살던 발명가 토머스 브릭스Thomas Briggs가 바로 그러한 기계들을 설치했다. 그는 기계의 이름을 따서 회사명을 보스턴와이어스티처사로 지었다. 초기에 두 채의 집에서 시작한 회사는 빠른 속도로 성장해서, 1904년에는 로드 아일랜드주의 이스트 그린위치에 새로운 대형 공장을 짓고 둥지를 틀었다. 원래 브릭스가 사용하던 기계는 전통적인 방식으로 작동되었다. 꿰매고자 하는 부분과 나란하게 놓여 있는 머리 부분으로부터 철사가 나오면 이를 적합한 길이로 절단하고, 이어서 'U'자 모양으로 굽힌 후에 그것을 꿰매려는 곳으로 밀어 넣고, 스티치라 부르는 기계로 꽉 물고 조였다. 철사를 공급하는 머리 부분의 크기 때문에 한 번 가동하면 간격이 최소 30센티미터는 필요했다. 작은 팸플릿을 제본하려면 두 번 이상의 바느질 작업이 필요하다는 뜻이었다. 이스트 그린위치에서 브릭스는 꿰맬 자리에 수직으로 철사를 공급하고 필요한 길이를 잘라낸 후, 휘기 전에 돌려서 꿰매는 작업을 할 수 있는 기계를 개발했다. 5센티미터 정도 간격이 있는 대상을 한 동작으로 바느질할 수 있어 전에 비해 제본 작업이 두 배 빨라진 셈이었다.

철사 제본기계가 그토록 복잡하고 비용이 비싼 것은, 짧은 철사를 절단하고 돌려서 굽히는 방식 때문이었다. 이러한 결점을 극복하기 위해 하나하나 분리된 철사가닥을 꿰매려는 곳에 직접 밀어 넣을 수 있는 방식으로 기계를 개발하게 되었다. 스테이플이라고 부르는 이 낱낱의 철사가닥들을 끝이 뾰족한 U자 형으로 만든 후에 목재문짝, 벽, 기둥에 박아 넣어서 경첩, 문고리, 철망 및 비슷한 것들을 안전하게 설치할 수 있었다. 초기 형태의 스테이플러는 일찍이 1877년에 시장에 나왔지만, 매번 손으로 스테이플을 하나씩 물려주는 식이어서 속도가 굉장히 느렸다. 1894년에는 여러 개의 스테이플을 가지런하게 담아놓고 공급하는 장치를 부착한 스테이플러가 소개되었는데, 실제로 사용하기에는 꽤 까다로웠다. 스테이플 하나하나를 담겨 있는 나무로 된 코어에서 밀어내야 했는데 자칫하면 스테이플이 나오다가 막히는 일이 생겨서 이를 방지하기 위해 아주 느리고 조심스럽게 작동시켜야만 했다. 이러한 결함은 꿰매는 작업을 시작할 때까지 스테이플이 제자리에 고정되도록 양철로 된 코어 주위를 종이로 싸놓고 그곳에서 스테이플을 공급하는 방식으로 개선해 해결했다. 라인이 앞으로 이동할 때마다 스테이플러는 새로 나오는 스테이플을 하나씩 절단해낼 수 있었다. 스테이플을 밀어 넣고 끝을 구부려 마무리하는 작업 자체는 상대적으로 단순하고 간단해서, 주로 스테이플을 꿰맬 곳으로 밀어 넣어 뒷면에 있는 모루에서 스테이플을 돌릴 힘만 있으면 되었다. 그래서 소형 인쇄소와 제본소에서 구입해 사용할 만큼 충분히 값싼 스테이플러를 만들 수 있게 되었고, 이들이 이 새로운 장치에 대한 최초의 시장을 형성했다.

브릭스가 처음으로 팸플릿과 잡지를 만드는 데 사용한 스테이플러는 스스로 서 있는 대형 구조였으며 발을 이용해 조작하는 방식이었다. 그 큰 기계로 사무실에서 두세 장의 종이를 바인딩하기에는 확실히 걸맞지 않았으므로, 그러한 일에는 간단한 핀이나 새롭게 개선된 철사 클립을 계속 사용했다. 그래서 보스턴와이어스티처사는 간편한 스테이플러를 개발한다면 사무실 등에서 상당한 수요가 있을 것이라고 판단했다. 그리고 1914년에 가격을 적절하게 조정한 탁상용 모델을 내놓았다. 그러나 처음에 나온 탁상용 스테이플러는 낱개로 분리되거나 종이로 싼 스테이플을 사용했기 때문에 조작이 꽤 복잡했고, 스테이플이 나오다가 막히는 경향도 있었다. 사무실 효율화 운동의 정점이었던 1923년에 이르러서야 단순화된 탁상용 스테이플러가 소개되었으며 스테이플러를 사용해 관련 서류를 첨부하는 방식이 처음으로 크게 유행했다. 곧 회사는 스테이플을 접착제로 붙여 한 줄의 띠로 담아놓는 장치를 내놓았다. 그것은 낱개로 분리된 스테이플을 사용하면서 애를 태우던 소비자가 스테이플을 다루고 장전해 공급하면서 겪은 결함을 해소할 수 있었다. 특허를 내지 않은 이 아이디어는 점점 경쟁이 치열해지면서, 다른 회사들에도 빠르게 퍼져나갔다. 스테이플러가 보스턴와이어스티처사에서 차지하는 비중이 점점 커졌고, 회사도 보스턴에서 오래전에 이전해 나왔기 때문에 좀 더 이미지가 분명한 상표가 필요했다. 보스턴스티치를 줄여서 '보스티치' 라는 줄임말이 스테이플러 공정의 상표로 등록되어 이미 사용되고 있었으며, 이 이름이 매우 유명해져 1948년에는 회사 이름을 보스티치사로 변경했다.

1930년 초까지 탁상용 스테이플러는 별문제 없이 원활하게 작동되는 작은 기계였다. 그 기계에 대한 근본적인 변형은 대개 일어나지 않았으며 단지 시대에 맞도록 외관상 모양만 조금 바꾸는 것에 그쳤다. 그러나 새로운 모델들이 나와 더 쉬운 공급 방식을 장착하고 납작못을 박는 기계로도 활용되기 시작했다. 오랫동안 문짝에 경첩을 달거나 울타리의 기둥에 철조망을 설치하면서 사용된 'U'자 형의 이중 납작못에서 그 이름이 유래된 것으로 보이는 탁상용 스테이플러는 지금은 게시판, 전봇대 및 학교 벽과 문짝에 표지판이나 공고문을 부착할 때도 사용된다(표면이 상할 수도 있어 항상 이로운 것만은 아니다). 이것은 한 회사가 만든 다양하게 변형된 수백 가지 여미개 가운데 하나에 불과하다. 그 회사의 역사는 "때로는 전혀 못해본 일을 하기 위해서, 때로는 현재 하고 있는 일을 더 좋은 품질로 더 빠르게 할 수 있도록 항상 새로운 모델을 개발 중이다"라는 원칙을 확인해준다. 스테이플러의 형태가 바뀌고 모든 기술적인 인공물이 진화하는 것은 바로 그렇게 서로 비교하는 일에서부터 시작한다.

옷핀에서 지퍼까지

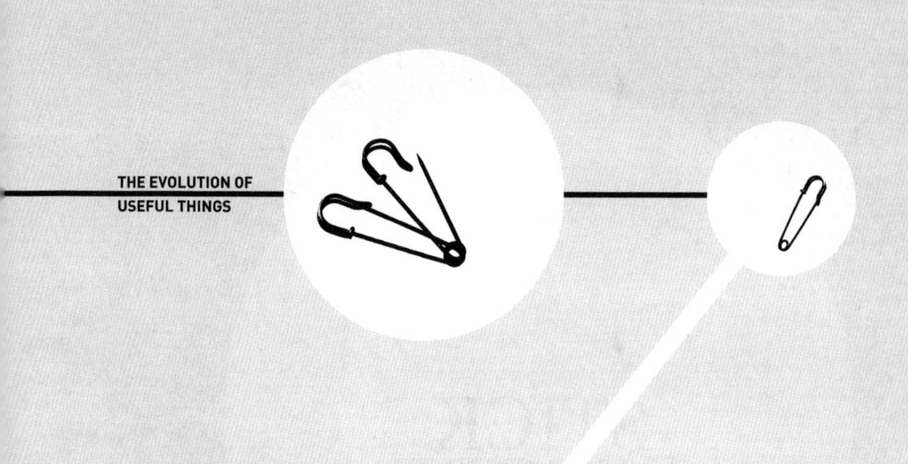
THE EVOLUTION OF
USEFUL THINGS

동물의 뼈에서 개구리 단추로의 진화

추운 겨울날이면 나는 목에 긴 모직스카프를 단단히 두르고 밖에 나가지만, 그때문에 오히려 애를 먹기 일쑤였다. 걸음을 옮길 때마다 스카프가 아래로 미끄러져 내렸으며, 살을 파고드는 바람을 피하려고 더 빨리 걷기라도 하면 그 발걸음에 맞춰 더 자주 어깨에서 흘러내리는 듯했다. 그래서 줄곧 흘러내리는 스카프의 한쪽 끝을 잡아 어깨 위에 다시 올려놓느라 바빴다. 몸의 앞뒤로 스카프 길이를 다르게 하여 두르는 시도도 해보았지만, 안전하게 목에 걸쳐 있도록 스카프를 감아 돌리는 횟수와 스카프 길이를 조정하는 최선의 조합 방식에 대해 결론을 내릴 수가 없었다. 스카프를 매듭지어 서로 묶어두는 편이 가장 안전했다. 스카프가 제자리에 있지 않고 계속 흘러내리는 바람에 이처럼 숱한 실험을 해보았던 것이다.

한겨울에 이렇게 걷다 보면, 원시시대에 최초의 선조들이 주변 환경에서 스스로를 보호하기 위해 짐승의 가죽을 사용하며 겪었을 어려움을 어렵지 않게 짐작할 수 있다. 물론 가죽옷이 열리거나 흘러내리지 않도록 손과 팔로 여몄을 것이다. 그러나 내가 스카프를 제자리에 두려고 계속 어깨에 손을 올려 붙들고 있는 것만큼이나 불편했을 것이다. 나야 스카프를 잡은 손 말고 다른 손으로도 가방을 드는 일쯤은 할 수 있었지만, 선조들은 아마 항상 양손이 자유로워야 했을지도 모른다. 그래야만 언제든 사냥할 수 있는 준비를 갖출 수 있고, 성난 사냥감이 달려들더라도 쉽게 피할 수 있었을 테니 말이다. 자연스럽게 가죽을 몸에 둘러 안전하게 여밀 수단을 개발해야만 했을 것이다.

당시에는 주변에서 물고기 뼈, 뾰족한 나뭇조각, 짐승의 뼈나 뿔을 쉽게 찾을 수 있었을 것이다. 그러나 가죽이나 털 조각을 서로 포개고 겹쳐서 날카로운 물건을 사용해 꿰뚫어 가공하는 최초의 행위는 일종의 발명이었다. 그토록 대단한 영감을 떠올린 천재적인 선조의 신원에 대해서는 역사에 기록되어 있지도 않으며, 또 언제부터 어떤 방식으로 시작했는지조차 알 수 없다. 그러나 뼈나 뿔의 뾰족한 끝으로 옷을 여미고 고정했으며, 이것이 먼 훗날 자연스럽게 금속으로 된 각종 기구로 진화했음은 분명하다.

곧게 뻗은 일직선 핀으로 옷을 여미면 어떠한 소재로 만들었든 옷을 입거나 벗는 과정에서 핀들이 떨어지고, 걷거나 달릴 때 느슨하게 헐거워지는 큰 단점이 있다. 더구나 계속해서 핀을 꽂고 또 빼내는 일을 반복하면 옷에 난 구멍이 점점 커져 옷이 망가질 수도 있다. 짐승 가죽을 대신해 실로 짠 직물이 등장했지만 단점은 개선되지 않았다. 이러한 문제를 해결할 수 있는 혁신적인 장치가 나온다면 누구라도 쓰지 않을 이유가 없었다. 그래서 개구리 단추(실을 꼬아 만든 장식용 수술로, 꼬인 실뭉치와 그것을 끼우는 고리로 구성된다—옮긴이) 같은 대안은 마치 올챙이가 개구리로 변태하는 것처럼 자연스럽게 핀에서 진화된 신비한 방식의 형태로 자리를 잡았다. 개구리 단추는 옷을 여미거나 풀어놓을 때 핀을 반복적으로 꽂아 넣고 빼내면서 옷감이 닳는 단점을 없애고, 더 단단한 재료로 만든 고정된 구멍이 있다는 게 장점이었다.

세 시간만에 탄생한 월터 헌트의 옷핀

고대에는 금속 브로치와 버클로 옷을 여미기도 했다. 옷과 완전히 분리되고 직선 핀보다 더 커서 잃어버릴 확률도 줄었다. 또한 옷이 쉽게 느슨해지지 않도록 충분히 단단하게 붙들어 고정할 수 있었다. 안전핀은 무려 2500년 전에 로마인들이 개발했는데, 19세기 중반에 다시 발견해 발전시킨 것으로 보인다. 1842년 뉴욕주 브루클린에 살던 토머스 우드워드Thomas Woodward는 '숄과 기저귀 등을 안전하게 고정하는 방패 핀을 만드는 방법'으로 특허를 받았는데 우드워드는 그 핀을 '숄 그리고 기저귀용 빅토리아식 방패 핀'이라고 불렀다. 오목하게 파인 작은 금속방패로 핀의 한쪽을 감싸고 핀의 다른 끝을 경첩 모양으로 연결해놓은 핀이었다. 요즘 사용하는 안전핀과 아주 비슷했다. 우드워드는 특허신청서에 자신의 발명품에 대한 장점을 다음과 같이 설명했다. "그것을 사용하면 숄이나 기저귀를 착용한 후에 아무리 움직여도 헐거워지는 일이 없고 … 어떤 경우에도 핀의 끝이 사람을 찌르거나 할퀴지 않을 것이다." 그러나 이 핀에는 꼭 필요한 스프링 장치가 없어, 핀이 방패 안에서 단단하게 고정되기 위해서는 반발력을 만들어낼 수 있을 정도로 숄이나 기저귀의 부피가 커야 했다.

1849년 월터 헌트Walter Hunt는 숄 핀의 결함을 해결한 '옷핀'을 발명하고 특허를 받았다. 그의 핀은 스프링을 단 철사나 금속 그리고 스프링의 힘으로 팽팽해진 핀의 끝을 감싸 붙잡아둘 수 있는 뚜껑 또는 덮개로 이루어진 출중한 물건이었다. 내가 본 마이크로필름으로 저장된 모든 특허출원 문서 가운데, 딱 하나 헌트의 안전핀에 관한 삽화만이 오래전에 잃어버렸다가 찾아낸 원고 쪼가리처럼 낡아 보였다. 그만큼 원래의 종이 문서가 자주 복사되어 가장자리가 해지고 떨어져나갔기 때문이었다. 셀 수 없이 많은 심사관들과 연구원들, 발명가들이 '백만 불짜리' 아이디어의 비밀을 이해하고 싶은 호기심이 발동해 빈번하게 참조했다는 사실을 암시한다. 또 한편으로 새로운 안전핀을 발명하게 된 뒷이야기도 유명하다.

헌트는 왕성한 발명가였으며, 연발 소총과 재봉틀의 원리를 고안하는 데도 결정적인 역할을 했다. 그는 사실 미국에서 최초로 재봉틀을 만들어냈지만, 이것 때문에 직업을 잃는 사람들이 많아질 것을 우려해 특허출원을 하지 않았다. 그러나 다른 품목들로는 많은 특허를 받았으며, 출원을 위해서는 당연히 도면을 작성해야 했다. 당시 헌트는 제도사에게 빚을 지고 있었던 것이 분명하다. 그는 낡은 철

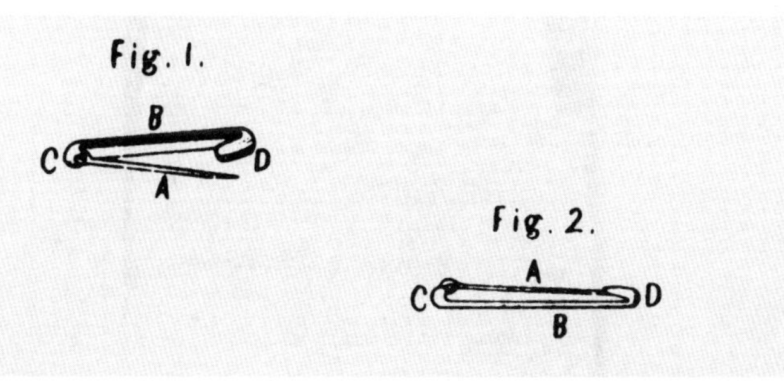

1842년 토머스 우드워드가 특허를 받은 이 '숄 핀'은 두꺼운 옷감을 핀 사이에 꽉 채워 핀과 방패가 꼭 밀착하도록 지지하기 때문에 헐거워지지도 않고 제자리를 지킬 수 있었다. 또한 방패는 핀이 사람을 찌르지 않도록 막아주는 역할도 했다.

사 한 가닥으로 발명한 장치가 무엇이든, 그것으로 받아낸 특허권을 양도하고 대신에 빚을 탕감하되 추가로 400달러만 받는 것으로 합의했다. 그 안전핀은 세 시간 동안 만지작거리며 골몰한 끝에 만들어낸 발명품이었다.

헌트의 특허출원 서류 도면에는 서명은 없지만, 실제로 도면을 그리고 특허권을 위임받은 제도사가 '윌리엄 리처드슨Wm. Richardson' 또는 '존 리처드슨Jno. Richardson' 가운데 한 명이라는 것을 짐작할 수 있다. 누가 그 특허로 이득을 보았든 간에, 발명가는 기존 여미개들의 결함을 극복했다고 분명하게 믿었다. 그는 "안전핀은 이제까지 사용하던 어떤 다른 죔쇠 핀보다 더 안전하고 내구성이 있으며, 다른 핀과는 다르게 부서질 연결부분도 없고 마모될 중심축도 없으며 헐거워지지도 않는다"고 발표했다. 더구나 자체 스프링 핀은 '휘거나 … 또는 손가락 다칠 위험 없이' 사용할 수 있었다. 앞선 장치들의 많은 결점을 분명하게 제거한 성과였다.

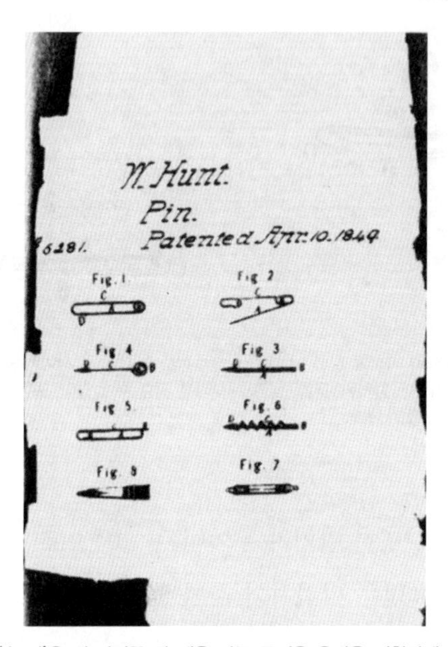

자체 스프링이 없는 '숄 핀'은 핀 사이를 꽉 채울 만큼 두꺼운 옷감을 정확하게 끼워야만 핀이 단단하게 뚜껑에 걸리는 동시에 모양이 망가지지도 않는다는 결함이 있었다. 로마시대에도 자체 스프링이 있는 안전핀이 존재했던 것으로 보이지만, 1849년 월터 헌트는 새로운 형태로 특허를 받았다. 그의 특허는 기본 아이디어에 다양한 치장으로 구체화한 것들을 설명하는데, 마이크로필름에 보이는 원본의 상태와 같이, 그의 작품은 많은 사람들의 손때가 묻어 있는 발명의 모범이었다.

단추걸이가 필수품이던 시절

수메르인이 만들었든 그보다 뒤에 나왔든 간에, 안전핀을 포함해 다른 느슨하고 분리된 여미개들은 중세기에 유행한 몸에 착 달라붙는 의상을 여미고 고정하는 데는 실용적이지 못했다. 몸에 꽉 끼는 옷들은 후크와 고리 및 끈 같은 여미개들이 개발되면서 비로소 여밀 수 있었다. 후크와 고리는 빠르게 잠글 수 있다는 장점이 있었으나 상대적으로 부피가 컸고 다른 곳에 걸리는 약점이 있었다. 끈을 사용하면 부피도 작고 애먼 데에 걸리지는 않았지만, 반면에 꽉 당겨 묶느라 시간이 많이 걸렸다.

단추와 단춧구멍은 앞선 여미개들의 많은 걸림돌을 없앨 수 있는 좋은 방법이었다. 단추는 로마시대 때부터 알려졌지만, 옷에 덧댄 부분의 가장자리에 꿰매어 만든 고리 속으로 끼워 넣어 사용했고, 단춧구멍은 우리가 알다시피 13세기까지도 개발되지 않았다. 어느 아주 추운 날 옷을 꽉 껴 입으려고 단추를 고리에 넣었다가 실패했을 수도 있고, 또는 큰 행사에서 옷을 거창하게 차려입으려다가 고리가 끊어지는 일을 겪고 실망한 이후였을 수도 있다. 잘못된 시점에 고리가 끊어지자 임시방편으로 칼이나 가위로 즉석에서 단춧구멍을 오려낸 것이 처음이었을 것이다. 그러나 제대로 보강되지 않은 단춧구멍은 쓸수록 점점 더 넓게 찢어졌을 것이고, 단추를 안전하게 붙잡고 있지 못했을 것이다. 이러한 결함에서 깨달아 오늘날 널리 퍼져 있는 특화된 단춧구멍 바느질법인 사뜨기를 배웠을 것이다.

단추는 후크보다 덜 거치적거리는 장점이 있지만, 단춧구멍과 짝을 이루기까지는 꽤 시간이 걸렸다. 그래도 옷에 단추를 주렁주렁 많이 다는 것이 14세기와 15세기의 유럽에서는 유행이었다. 그 시대에 신분이 높은 남성과 여성은 서로 다르게 대조적으로 옷을 입는 관습이 있었기 때문에, 오늘날까지도 남성복에 달린 단추의 위치는 여성복과 다르다. 사람들은 대개 오른손을 사용했으므로 남성도 옷을 입을 때 자연스럽게 오른손으로 단추를 끼우는 것이 익숙했을 것이다. 그래서 처음에는 단추가 어디에 있든 상관하지 않았겠지만,

얼마 되지 않아 남성의 오른손 쪽에 오게 달았을 것이다. 그러나 유행에 민감한 여성들은 보통 하녀가 옷을 입혀주었고, 자연히 여주인과 마주 서서 옷을 여며야 하는 하녀의 오른손 쪽에 오도록 단추를 달았을 것이다. 다르게 했다면 옷을 입히기가 아주 불편했을 것이다.

단추 방향에 대한 기원이 어떻든, 대개 옷에 사용되는 단추는 꽤 빠르게 채울 수 있었다. 그러나 옷을 꽉 끼게 입으려면 단추를 촘촘하게 달아야 했기 때문에 개수를 늘릴 수밖에 없었다. 구두는 특히 더 그랬다. 그러나 손가락으로 그 많은 단추를 작은 단춧구멍 속에 끼워 넣는 것은 효율적이지 못했다. 그래서 단추걸이, 즉 손가락처럼 구부린 금속 갈고리로 단춧구멍을 통과한 다음 단추를 후크에 걸어 다시 끌어당기는 장치가 개발되었다. 이 단추걸이로 빠르게 단추를 채울 수 있었으며, 끈을 사용할 때보다 훨씬 유리했다(19세기에 똑딱단추가 발명되면서 특별한 장치 없이 채우고 푸는 작업을 더 빨리 할 수 있었다. 그러나 단추나 끈처럼 튼튼하지 않아 구두끈으로서는 적합하지 못했고 반복해서 쓰면 금방 닳아버리는 단점이 있었다).

19세기에 유행한 단추 달린 장화는 멋있을 뿐만 아니라, 먼지가 풀풀 나다가도 금방 질컥거리며 항상 말똥 등이 널려 있는 비포장 거리를 걸을 때 매우 쓸모가 있었다. 그러나 단추를 채우느라 시간이 너무 많이 걸린다는 가장 큰 결함이 있었다. 단추걸이를 아무리 재빠르고 능란하게 사용할 줄 안다고 해도, 20여 개의 구멍에 후크를 집어넣어 단추를 일일이 잡아당기고 또 적절하게 비틀어 걸쳐놓은 후에 다시 같은 작업을 반복하자니 시간도 많이 걸리고 애도 써야 했다. 그것도 겨우 구두 한 짝 신는 데 그렇게 힘을 들였다. 단추걸이는 특화된 걸이 모양 자체에는 큰 변화가 없었지만, 마치 식탁 위의 포크처럼 여성들의 드레스 룸에서 흔하면서도 손잡이 디자인만큼은 개성을 아주 잘 살린, 없어서는 안 될 물건으로 애용되었다. 낮에도 구두 단추를 풀려면 항상 단추걸이가 있어야만 했고, 지갑에 넣을 수 있는 디자인으로까지 개발되었다. 구두를 신고 벗는 일이야 매일 하는 일상사이기 때문에, 그 과정에서 발생하는 단점은 획기적인 발명으로 부자가 되고 싶다는 마음과 꿈을 품을 수 있는 대상이 되었고, 발명으로 해결해야 할 문제점으로 떠올랐다.

절대로까지는 아니어도 궁극적으로는 시간과 노력을 거의 들이지 않고 구두를 잠그고 풀 수 있는 장치를 상상해볼 수 있었을 것이다. 기존의 구두를 잠그는 방식이 안고 있는 결점을 해결하기 위해 새로운 장치를 발명해내듯이, 발명의 과정에서 단계별로 나타나는 결함들은 바로 그 물건이 완벽해지는 추진동력이 된다. 그러나 그 과정을 성공적으로 통과하는 데는 수십 년이 걸릴 뿐 아니라 재정 후원자들의 많은 자금과 인내심이 필요했다.

지퍼 개발의 초석이 된 휘트컴 저드선

재봉틀을 발명한 일라이어스 하우Elias Howe는 1851년 지퍼로 인정받을 수 있는 모양을 갖춘 '자동연속 옷 복합장치'로 특허를 받았다. 이것은 갈빗대 위에 설치한 연결 줄에 의해 이어지는 일련의 걸쇠 모양을 하고 있었으나 시장에서 전혀 팔리지 않고 거의 반세기 가까이 사람들의 기억에서 잊혔다. 오늘날 우리가 알고 있는 지퍼는 19세기 말에 겨우 발명의 열매를 맺기 시작했다. 발명가들이나 사람들은 매일 단추 달린 장화를 신을 때마다 불평하고 실망하면서도 지퍼를 떠올리지는 못했다. 일단 구두를 신고 단추를 채우면 발은 하루 종일 마치 감옥에 들어간 듯 갇혀 있어야 했다. 수십 개의 단추를 다시 풀려면 단추걸이가 있다 해도 바쁘게 손을 놀려야 했기 때문에 엄두가 나지 않았다. 단추를 빠르게 채울 수 있는 희망은 더 이상 없어 보였다. 후크를 끼우는 일과 다르지 않았다. 후크를 하나하나 끼울 때처럼 속도를 높이는 일에는 한계가 있는 듯했다. 후크를 고리에 끼우거나 단추를 구멍에 채우는 동작 모두, 계속 후크나 단추를 따라 올라가며 간격을 메우는 손놀림을 반복하는 일이었기 때문이다.

걸쇠가 잇는 자리를 따라 미끄러지는 이동 잠금쇠를 이용하여 한 번에 구두를 자동으로 열고 닫을 수 있는 아이디어는 미국 중서부 출신의 기계엔지니어 휘트컴 저드선Whitcomb Judson이 갑자기 떠올린 것이었다. 그는 한때 엔진과 트랜스미션 분야에서 매년 두 건씩 특허를 받아내며 새로 제작된 자동차의 속도와 효율성을 개선하는 일에 몰두했다. 저드선은 자신의 미끄럼 장치를 이용해 단순하고 빠른 동작으로 목이 긴 구두를 쉽게 잠그고 열 수 있다는 희망을 품었다. 저드선이 제출한 초기 지퍼의 첫 특허출원 신청서 도면에는 전진용 슬라이더로 잇는 자리를 가로질러 함께 잡아당겨 잠글 수 있는 철 후크들이 그려져 있다. 1893년 같은 날짜에 발급된 두 번째 특허는 '구두 및 유사품에 대한 걸쇠 잠금과 푸는 장치의 새롭고 유용한 개선점'을 구체화한 것으로서, 변화된 잠금장치 형태를 보여준다. 그러나 이와 같은 장치들을 설명하는 용어로 '지퍼'라는 단어가 사용된 것은 30년 뒤의 일이었다.

1890년대에도 지금과 마찬가지로, 특허를 받은 엔지니어가 제품을 개발해 시장에 내놓을 자금이 없다면 그것으로 끝이었다. 이름이 아무리 멋지고 좋아도 그것만으로는 성공할 수 없었다. 저드선은 운이 좋았다. 일찍이 그는 그의 압축공기 동력을 이용한 철도 시스템 아이디어에 관심이 있던 서부 펜실베이니아 출신의 젊은 변호사 루이스 워커Lewis Walker를 만났다. 워커는 저드선의 아이디어가 기름과 석탄을 수송하는 용도로 전망이 밝을 것이라고 예상했다. 또한 1859년 뒷마당에서 유전을 발견해 갑부가 된 은행가인 처남도 지지하리라고 여기고 일을 도모했다. 후원금 덕분에 저드선은 워싱턴 D.C.와 뉴욕에 압축공기를 이용한 실험용 철도시설을 설치할 수 있었다. 그러나 전력이 널리 사용되면서 저드선의 계획에 차질이 생기기 시작했고, 사업 실패로 손해가 점점 커지자 워커의 처남은 곤경에 처했다. 워커는 부친에게서 얼마간의 자금을 조달받고 저드선의 더욱 실용적인 새로운 장치에 관심을 쏟기 시작했다.

1893년 시카고에서 열린 만국박람회World' s Columbian Exposition에서 저드선은 자신의 새 발명품을 전시하면서 본인 장화에 잠금장치의 원형을 장착해 선보였다. 워커는 보자마자 성공 가능성을 확신했으며, 잠금장치를 자신의 장화에도 달았다. 1894년에는 저드선과 압축공기철도 벤처회사 출신의 다른 파트너와 함께 유니버설파스너사를 설립했다. 저드선은 연구를 계속해 1896년 지금과 비슷한 더 발전된 장치를 개발하며 추가 특허들을 받아냈다. 그러나 최신의 모델도 부

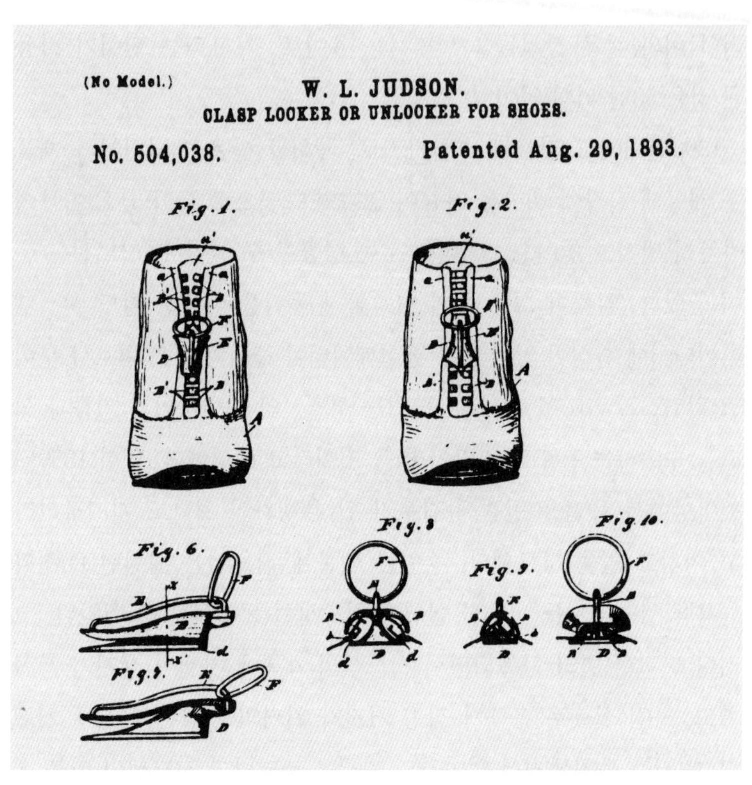

1893년 휘트컴 저드선이 단추가 없는 구두라는 점을 강조한 '구두용 걸쇠 잠금장치 또는 푸는 장치'의 첫 특허를 받았다. 단추 달린 목이 긴 구두를 신고 벗을 때 시간이 너무 많이 걸린다는 불평이 새로운 발명을 이끌어냈다.

피가 너무 커 보여서 제화업자들의 인기를 끌어내지 못했다. 우편행낭에도 달았으나 실제로 정부가 사용한 것은 1897년 말까지 20개에 그쳤다. 다른 활용방안으로 각반脚絆에도 달았는데 국가경비대에 오래 근무해 대령으로 불리던 워커가 이를 크게 반겼다. 한동안 제복에 군인다운 멋이 부족하다고 느껴온 워커는 그 잠금장치가 보완해주리라는 희망을 품었다.

재정 파트너들이 잠금장치를 새로운 용도로 활용해 얻을 수 있는 이득을 궁리하는 동안에도, 저드선은 세부적인 부분을 완벽하게 만들기 위해 연구에 매진했다. 잠금장치를 이용해 제대로 돈을 벌려면 대량생산을 할 수 있도록 개선이 필요했다. 예컨대 코르셋에 부착할 경우에는 양쪽 끝이 벌어지게 할 필요가 있었다. 기존에 설계된 미끄럼 장치에서는 끝부분을 벌릴 수가 없었기 때문에, 저드선은 시작부분을 새롭게 한 장치를 개발해야 했다. 한 번은 낙심한 워커 대령이 "저드선이 어려움에 대처하는 방식은 이미 잘 팔리고 있는 발명품에 또 다른 발명을 계속 덧붙이는 일입니다"라고 지적한 적도 있었다. 그러나 저드선과 마찬가지로 워커 또한 새로운 용도로 부착해 써보면 제품에 내재한 결함이 더 분명하게 드러난다는 사실을 알고 있었다. 엔지니어가 큰 뜻을 품고 문제 해결에만 몰두했기 때문에 안타깝게도 연구는 쳇바퀴를 도는 듯 보였다. 저드선의 연구에는 많은 비용이 들어갔고 일련의 연구들은 문제를 해결하기보다는 오히려 더 많은 문제를 만들어냈다.

저드선은 새롭게 발명한 기계로 1901년 특허를 받았다. 일련의 잠금 요소들인 후크와 연결부분을 하나의 체인 속에 자동으로 포함시켜 연결하기 위한 것이었으나 너무 복잡해서 실용화하기가 어려웠다. 투자자들은 낙담했고 유니버설파스너사는 제대로 운영되지 못했다. 새 기계에 대한 특허를 받아내기도 전에 파스너매뉴팩처링머신사라는 새로운 회사를 세워야 했다. 새 회사에서도 저드선은 연구개발에 매진했으며, 마침내 '잠금 요소들을 체인으로 직접 연결하는 대신 직물의 가장자리에 구슬을 달아놓고 그것들을 따라가면서 걸쇠를 잠글 수 있는 장치'를 개발했다. 이전의 복잡한 공정을 개선했을 뿐 아니라, 완제 잠그개를 재봉틀을 사용해 옷에 부착할 수 있게 했다. 체인 잠그개의 각 연결부분을 손으로 일일이 꿰매 달아야 하던 번거로움이 사라졌다. 이렇게 또 하나의 결함이 제거된 것이다.

1904년 회사의 이름을 오토매틱후크앤드아이사Automatic Hook and Eye Company 바꾸었다. 저드선이 일반 시장에 내놓아도 되겠다고 여길 정도로 적합한 최종 제품으로서 완성된 잠그개는 후크를 이음매에 따라 배치해 여닫을 수 있도록 했다. 크게 보아 가장 중요한 요소는 여전히 옛날에 사용하던 후크와 고리eye를 다시 조립한 것이었다. 새로운 자동 잠그개는 '시-큐러티C-curity'라고 불렀다. 과거에 모든 후크와 고리를 개별적으로 꿰매 달고 채우고 여는 등 확실히 자동이 아니었다는 점과 또 예상하지 못한 중요한 때에 자주 툭 열려버리던 이전 잠그개의 단점과 비교해, 새 제품의 장점을 강조한 이름이었다. 새로 나온 '시-큐러티'의 홍보문구는 장점을 다음과 같이 찬양했다. "잡아당기기만 하세요. 더 이상 치마가 열릴 일은 없습니다. … 당신의 치마를 언제나 안전하고 단정하게 지켜드립니다." 또 '플래킷 잠그개placket fastener'라는 별칭도 붙였다. 회사에서 설명한 어원에 따르면 플래킷이라는 단어 자체가 처음에 여성을 의미했고, 나중에는 옷을 입기 편리하게 옷의 일부를 절단해낸 틈을 의미했으며, 지금도 업계에서 그런 뜻으로 사용되기 때문이었다.

그럴듯한 이름과 홍보에도 불구하고 시-큐러티는 '가장 곤란한 상황에서 툭 터져버리는 것'으로 악명이 높았다. 더욱 괴로운 것은

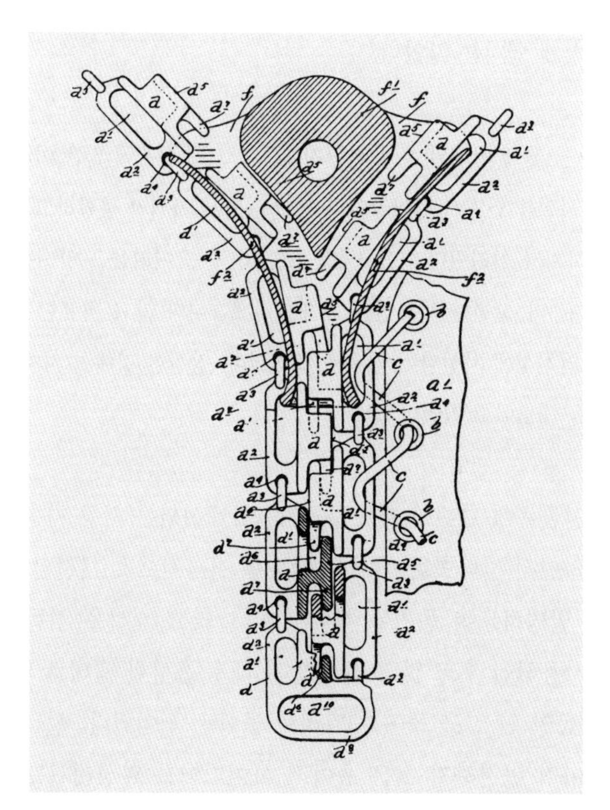

휘트컴 저드선이 선보인 미끄럼식 잠그개 중 하나가 1896년에 특허를 받았다. 새로 만든 잠그개는 모두 이전 것에 비해 장점이 있었지만, 제작하고 사용하는 데서 생기는 문제점 때문에 실제로는 인기가 없었다. 1905년까지 잠그개와 관련된 특허를 받은 사람이 저드선 외에 아무도 없었다는 사실만 봐도 그가 미끄럼식 잠그개를 완성하는 과정에서 맞닥뜨렸던 어려움들을 짐작할 수 있다.

그러한 사고가 생겼을 때 슬라이더가 체인 끝에서 엉켜 도통 움직이지 않는다는 사실이었다. 옷을 벗으려면 옷을 잘라내거나 잠그개를 뜯어내는 방법이 유일했다. 더구나 회사 자료를 보아도 "잡아당기기만 하면 끝입니다"라고 선전하던 내용과 다르게, 장치를 조작하는 일이 그렇게 쉽지는 않았다.

> 1906년 3월에 인쇄된 홍보 전단지에는 잠그개 사용에 많은 어려움이 있다는 사실을 넌지시 털어놓았다. 사용설명서 자체가 장황하고 복잡해서 이해하기가 어려웠다. "잠그개를 쓰면서 겪는 어려움을 알려주시기 바랍니다. 더 상세한 사용법을 보내드리겠습니다"라고 발표함으로써 제품의 안전성에 자신감이 없음을 드러냈다. 장황한 것에 그치지 않고 불안감을 내보이고 있었다.

모든 인공물이 그랬던 것처럼, 잇따라 개선되는 각종 자동 잠그개를 사용하면서 맞닥뜨린 어려운 점들은 결과적으로 개선된 새 제품을 다시 발명하도록 동기를 부여했다. 그리고 개선을 거듭한 결과 처음에 사용하던 후크 및 고리 모양과 매우 흡사한 형태로 되돌아갔다. 오랫동안 먼 길을 돌아 제자리로 돌아온 셈이었다. 성급한 발명가들이 아직 완전하지 않은 유아적 아이디어를 완성해가는 과정에서 흔히 겪는 것처럼, 실험실에서는 꽤 훌륭하게 해낼 수 있었다. 그러나 고객들은 발명가의 미숙한 제품에 관대하지 않았고 홍보책자의 사용설명서대로 따라 하다가 실망하기 일쑤였다. 제조 회사는 고객들에게 저드선이 미처 발견하지 못했거나 너무 열중해 간과한 문제점과 애로사항을 찾아내 알려달라고 했기 때문에, 그들이 많은 문제점을 들고 올 것을 알았다. "잠그개에 적용한 후크와 고리 원칙은 결코 완성될 수 없었고, 끊임없이 문제를 발견해내는 분위기가 이어졌다." 오토매틱후크앤드아이사가 성공하려면, 회사 이름의 중심부를 차지하고 있는 장치에 보이는 거부반응에 대응해야만 했다. 더 개선된 후크와 고리를 연결해 믿음직스럽게 작동되는 자동 잠그개로 변형하든지, 후크와 고리를 완전히 대체해 기계적으로 더 발전된 다른 무엇을 만들어내든지 해야만 했다.

지퍼 발명에 뛰어든 기드온 순드바크

저드선이 하지 못한 일을 해낸 사람은 1880년 스웨덴에서 태어난 오토 프레데릭 기드온 순드바크Otto Frederick Gideon Sundback였다. 그의 부모는 비옥한 농장과 벌목장을 소유했기 때문에 기술 분야에 소질이 있는 아들을 독일 학교에 보낼 수 있었다. 1903년 그는 전기공학 학위를 취득했다. 집으로 돌아와 군복무를 마친 젊은 순드바크는 미국으로 이주했다. 당시 미국에는 공과대학은 몇 개 없었지만, 산업경제가 점점 성장하는 추세여서 많은 엔지니어가 필요했다. 순드바크는 자기 이름에 붙어 있는 유럽식 장식을 떼버리고, 실용적으로 단순하게 G. 선드백G. Sundback으로 불리기를 바랐다. 그는 피츠버그 근처에 있는 웨스팅하우스 전기회사에 일자리를 얻었고, 나이아가라폭포 발전소의 대형 터보발전기 설계 업무를 담당했다.

피츠버그는 오토매틱후크앤드아이사의 재정 후원자들 대다수가 거주하는 펜실베이니아 미드빌에서 멀지 않았고, 선드백은 지나다니는 길에 자연스럽게 그들과 어울리게 되었다. 마침 상사와 잘 지내지 못하고 있었던 터라, 그는 오토매틱후크앤드아이사의 입사 제안을 받아들였다. 입사 면접을 위해 뉴저지주 호보켄에 있는 공장을 방문하기로 약속했는데 그곳에서 매우 숙련된 기계직공인 애런슨P. A. Aronson을 만났다. 애런슨은 저드선의 기계가 오랫동안 안정적으로 작동하도록 결함을 진단하고 고치는 일을 하고 있었다. 호보켄에 머무는 동안 선드백은 애런슨의 딸이자 나중에 부부의 연을 맺는 엘비라와도 만났다. 1908년 무렵 선드백은 오토매틱후크앤드아이사 및 그 후계자들과의 장기간 합작사업에 참여한다. 공식 기록에 따르면 "그의 예리한 눈은 제조상 결함을 찾아냈고, 기술적 전문성은 그 결함을 바로잡을 수 있다고 부추겼다. 완벽주의자인 그는 새로운 기회 앞에서 물러서지 않았다. 그는 그 일을 맡았다."

선드백은 스스로 잠그개의 문제 속으로 완전히 빠져들어 갔으며 해결할 방법을 찾기 위해 밤잠을 거의 자지 못했다고 고백했다. 그는 먼저 시-큐러티의 '툭 터져 열리는 문제점'을 극복하기 위해 후크를 완전히 감쌀 수 있도록 고리를 확장했다. 시-큐러티가 회사의 명성에 손해를 입혔으므로 개선된 제품은 특허출원을 하기도 전에 "시-큐러티가 완벽해졌다"는 광고와 함께 '플라코Plako'라는 이름으로 신속하게 알려졌다(1913년에 발급된 미국 특허번호 1,060,378호는 지금까지 지퍼 도입의 이정표로 인정받고 있다). 광고에서 "단추, 후크, 걸쇠는 이제 플라코 앞에서 모두 사라져버렸다"고 주장했지만, 기쁜 소식은 오래가지 못했다. 선드백도 회사 비서가 플라코를 단 바지를 입고 파티에 참석했다가 문제가 생겨 급히 집에 돌아와 안전핀으로 옷을 수습했다는 비참한 이야기를 털어놓기도 했다. 해결해야 할 결함은 아직도 많았고, 소비자들의 거센 불만이 엔지니어들의 책상 위에 수북히 쌓이고 있었다.

오토매틱후크앤드아이사는 미국에서의 특허권을 소유하되, 외국에서의 특허권은 선드백에게 양도하는 것에 동의했다. 1910년 파리에 거주하던 그의 장인이 프랑스에 있는 공장을 지원해 '미제 만능 잠그개'를 설립할 후원자를 찾아냈으나, 제1차 세계대전이 일어나 중단되었다. 강재鋼滓 값이 1파운드에 5센트, 주급 6달러이던 시절이 지나가면서 미국에서의 사정도 악화되었다. 직원도 줄어서 선드백과 다른 한 사람만 남았다. 선드백은 경영, 엔지니어, 공장장 및 사환 일까지 모든 역할을 도맡아 했다. 이미 존에이로블링즈선즈John A. Roebling's Sons사에 수천 달러의 빚을 졌지만, 나서서 판매원을 설득해 더 많은 원자재를 공급하도록 매달리는 것도 그가 할 일이었다. 당시 존에이로블링즈선즈사는 실패한 잠그개부터 성공적인 현수교에 이르기까지, 모든 강재를 공급하는 회사였다. 선드백은 인쇄비 대신 기계를 수리하거나 클립 만드는 기계를 고안해주기도 했다. 이상하게도 어려움에 봉착할 때면 항상 새로운 응원군이 등장했다. 극작가의 아버지로 불리는 제임스 오닐James O'Neill은 변신에 능한 예술가로서 〈몽테크리스토 백작〉으로 전국 순회공연을 하던 중이었다. 그는 플라코야말로 하늘이 보낸 선물이라고 생각해 회사 주식을 사들였고 개발에 관심을 보였다.

그러한 후원과는 대조적으로 선드백은 극심한 좌절에 빠졌다. 아내인 엘비라가 산후에 사망한 것이다. 절망에 빠진 그는 슬픔을 잊기 위해 오직 잠그개에만 온 정신을 집중해 매달리기 시작했다. 결국 '과거의 것과는 완전히 다른 형태'를 택했고, 항상 '치명적'인

말썽을 일으킨 후크를 제거하는 데 몰두했다.

> 그가 만든 새로운 모델에는 한쪽에 스프링클립, 혹은 무는 부분을 설치했다. 다른 쪽에는 테이프 가장자리에 구슬 모양을 달아, 무는 부분에 감싸여 서로 맞물리도록 배치했다. 슬라이더가 위로 올라오면서 쐐기작용으로 턱 사이를 벌려놓으면 구슬 모양의 가장자리가 열린 턱 속으로 파고들어가도록 디자인했다. 턱이 구슬 모양의 가장자리를 물어서 조이고 … 후크는 필요가 없었다.

아마 선드백은 클립 제작기계를 연구하다가 아이디어를 떠올렸을 것이다. 새로운 미끄럼식 잠그개는 1912년에 특허를 출원해 1917년에 특허를 취득했다. 워커 대령은 손으로 만든 초기 샘플을 본 후 무척 좋아하면서 그 장치를 '숨은 후크'라고 불렀다. 그러나 선드백은 대령에게 보내는 편지에 재정형편이 매우 나빠 공장을 돌리지 못한다는 사실을 상기시키면서 "새로운 '숨은 후크'는 플라코를 대체할 수 있는 제품으로 손색이 없습니다만, 주문을 받으려면 제작할 수 있는 재료와 시설이 있어야 하니 몇 개월이 더 걸릴 겁니다"라고 적었다. 몇 주 후 그는 다시 편지를 썼다.

> 확보한 강철과 테이프의 품질이 적합하다고 해도 '숨은 후크'를 시장에 내놓는 것은 아직 옳지 않은 듯합니다. 몇 가지 문제를 발견했습니다. 단점이 꽤 심각하지만 바깥부분을 다소 보완하는 방법으로 고칠 수는 있겠습니다. 다만 그런 경우 외관이 썩 세련되지는 못할 것입니다.

선드백은 성능부터 미관까지 모든 것에 걱정이 많았지만, 워커 대령은 아직 용기를 잃지 않고 있었다. 1913년 초기에 받은 특허권들의 만료기한이 다가오자 투자자들은 회사를 재편하는 데 관심을 보였다. 오토매틱후크앤드아이사의 주주들은 연례 정기총회에서 회사의 모든 자산을 팔기로 합의했고, 곧이어 후크리스파스너사Hookless Fastener Company가 설립되었다. 선드백은 공장을 호보켄에서 미드빌의 작은 헛간으로 옮겼다. 미드빌 주민들은 별난 도구를 만드는 정체불명의 회사가 마을에 들어온 것에 별로 신경 쓰지 않았다. 그러나 후크 없는 잠그개나 비슷한 장치에 대한 워커의 집착을 아는 많은 사람들은 그가 거리로 나서면 "빨리 건너자고. 대령이 오잖아. 회사 주식을 사달라고 귀찮게 할 거야"라고 수군거렸다. 그러는 사이 선드백은 비좁은 공장을 최대한 활용해 수없이 많은 실험을 시도하면서 새로운 기계장치를 설계해나갔다.

선드백은 미드빌로 옮겨온 후에 바로 공장을 정상화하려고 조바심을 냈다. 후크리스 1호로 알려진 스프링클립 장치는 실패했지만, 초기 슬라이더 잠그개 디자인과는 원리 면에서도 매우 다른 구조의 제품인 후크리스 2호를 만들었기 때문이었다. 그는 차례로 끼워 넣는 컵 모양의 요소들로 구성된 것이라고 설명했다. 게다가 선드백은 잠그개 제작에 꼭 필요한 기계를 만들어냈다. 잠그개의 간편한 작동에 걸맞은 단순한 조작만으로 서로 맞물리는 금속으로 된 요소들을 단 한 번의 공정으로 찍어냈다. 1913년 12월 후원자들에게 혁신적인 제품의 성공을 발표했을 때 그들이 그렇게 담담한 반응을 보이리라고는 상상도 못했다고 선드백은 고백했다. 그러나 대령이 언젠가는 잠그개 아이디어가 성공할 것이라고 특별히 믿고 있었기 때문에, 막상 성공했을 때는 오히려 무덤덤했으리라는 점도 그는 알고 있었다.

후크 없는 미끄럼식 잠그개의 완성

미끄럼식 잠그개의 역사와 작동 방식은 한때 〈사이언티픽 아메리칸〉의 표지 기사로 실리기도 했다. 오늘날 없어서는 안 될 이 제품을 수십억 개씩 만들어내는 기계에 관한 기사들로 가득 차 있었지만, 기사 안의 그림은 1913년에 선드백이 성공시킨 설계도면과 기본적으로 동일한 잠그개를 확대한 것이었다. 미끄럼식 잠그개의 작동원리를 항상 모호하게 하던 이동쇠를 없애고, 맞물리는 이빨들이 서로 차례대로 끼워지는 과정이 그려져 있다. 이빨은 바닥이 깊숙한 숟가락처럼 생겼다. 국자라는 명칭으로 원리를 설명해야 더 맞을 것이다. 위는 약간 볼록하고 아래는 오목하게 찍혀 나왔다. 잠글 때 이동쇠는 가이드 역할을 하면서 먼저 국자를 함께 잡아당기고, 다음에 바른 방향으로 길을 터준다. 그러면 국자들은 이동쇠가 위로 지나갈 때 교대로 왼쪽이 오른쪽으로 끼워지고 오른쪽이 왼쪽으로 끼워진다. 국자들이 모두 맞물리면 안전한 잠금 상태이다(그러나 유연하다). 그리고 이동쇠를 반대 방향으로 잡아당기면 쉽게 열린다.

선드백은 새로운 원리를 적용한 제품을 발표하고 반년이 지나자 모든 기계시설이 잘 정돈되어 본격적인 생산에 돌입할 준비가 완료되었다고 생각했다. 이토록 중요한 날을 위해 대령은 파티도 준비했다. 그러나 막상 전원을 켜자 멍청한 기계는 고작 5센티미터 길이의 잠그개 조각 하나를 내뱉은 후 멈춰 서고 말았다. 물론 결국에는 제대로 작동되었고 상당한 양의 후크리스 2호를 판매할 준비가 갖추어졌다. 그러나 봇짐장수 보따리에 든 진귀한 물품으로 팔았던 기존 모델 플라코와는 다르게, 후크리스 2호는 대량으로 소비하는 제조회사들에게 직접 팔아야 했다. 워커는 주주들에게 극복해야 할 문제들이 아직 남았다는 사실을 밝히지 않을 수 없었다.

> 먼저 수요를 창출해야 한다. 의류나 다른 일반용품 제조 회사들에게 필요성을 설득해야만 한다. 떨어진 단추, 닳아 무뎌지는 똑딱단추, 덜컥거리는 버클에 싫증 나 있는 많은 사람들의 잠재의식 속에 오래전부터 이미 그 수요가 싹텄을 것이다. 그러나 관습과 관성이라는 육중한 무게에 눌려 피어오르지 못하고 있다. 제조 회사들의 거부반응도 거셌다. 다시 디자인하고, 제작 방식을 대대적으로 바꾸고, 특히 가장 중요한 추가비용을 투입해야 하는 모험을 원하지 않았다.

'발명의 어머니'는 이미 사람들의 잠재의식 속에 존재했을지도 모른다. 발명가들은 때로 오이디푸스 콤플렉스처럼 개선에 대한 강박에 시달렸지만, 제조 회사들은 거의 그렇지 않았다. 휘트컴 저드선이 처음 잠금장치를 구두에 달고 나왔던 때부터 이때까지 20년 동안 업계가 실제로 어떻게 돌아가고 있는지 워커는 정확하게 이해했다. 단추, 똑딱단추, 버클에는 분명 문제가 있었다. 그러나 후크 없는 잠그개는 물론이고 모든 물건에는 어차피 항상 문제가 있기 마련이다.

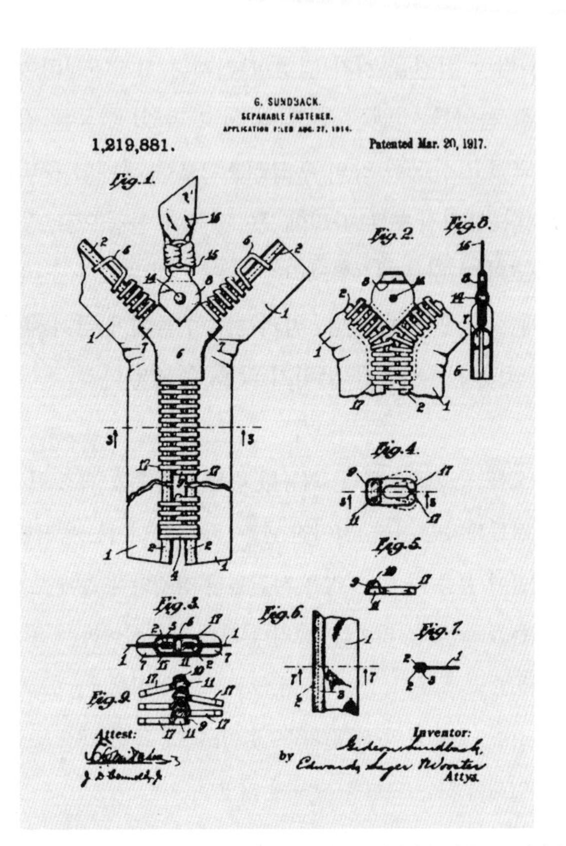

선드백은 안전한 미끄럼식 잠그개와 그것을 제작할 기계장치를 개발하기 위해 1906년에 영입한 엔지니어였다. 고리에 후크를 끼우는 데 꼭 필요한 다양한 장치를 연구한 끝에, 1913년 '후크 없는 잠그개'라는 아이디어를 떠올렸다. 첫 시제품은 실망스러웠으나 1917년에는 최종적으로 그림에 보이는 것처럼 완성된 특허를 받아냈다.

어느 발명가가 기존 물건의 문제를 해결하고 전망이 매우 밝아 결점쯤이야 무시할 정도로 선풍적인 인기를 얻는 물건을 만들기 전까지, '필요성'은 부질없는 말에 불과했다. 선드백이 모든 기술적인 장애를 극복했다고 하지만, 가장 큰 몇 가지 장애물이 있다는 것을 워커는 알고 있었다. 무엇보다 판매원들이 직접 제조 회사를 접촉해 그들의 제품, 기계설비 및 예산을 다시 꾸리기 위해서는 비용을 더 지불할 수밖에 없다는 설명을 해야 하는 상황이었다.

워커 대령의 두 아들, 루이스 워커 주니어와 월러스 딜러메이터 워커Wallace Delamater Walker가 제품 전도사로 나섰다. 월러스는 1914년 10월 28일 처음으로 후크리스 2호 네 개를 파는 데 성공했다. 그는 수입금 1달러를 봉투에 넣었고 선드백이 그 위에 서명했다. 지난 8년간 선드백이 애써온 기술 개발이 결실을 맺은 순간이었다. 물론 20년 전에 저드선이 생각해낸 아이디어를 개선하려고 시도한 사람은 선드백만이 아니었다. 사실 많은 도전들이 있었다. 남성은 물론 여성도 있었다. 플로리다주 탬파의 조세핀 칼훈Josephine Calhoun은 1917년에 직접 디자인한 시-큐러티 변종으로 특허를 받았다. 같은 해에 콜로라도주 덴버의 프랭크 캔필드Frank Canfield는 둥근 구체 손잡이에서 닫히는 갈고리 시스템을 개발했다. 미국에서만이 아니었다. 선드백이 문제를 해결한 최종 제품과 아마 매우 유사한 아이디어로 1912년에 특허를 받은 발명가는 스위스 취리히의 카타리나 쿤 무스Katharina Kuhn-Moos와 앙리 포르스터Henri Forster였을 것이다. 그러나 이 아이디어들은 후크리스 2호와 달리 상품으로 생산되지는 못했다.

회사 입장에서 잠그개가 창고에 가득 쌓여 있는 것은 주문이 가득 밀려 있는 것만큼이나 불만스러웠다. 처음에는 주문도 매우 더디게 들어왔다. 피츠버그 근처의 매크리리 백화점에서 일하는 바이어는 후크리스 덕분에 피팅룸에서 여종업원과 고객의 시간을 많이 아꼈다면서 치마와 양복을 위한 완벽한 잠그개라고 칭찬했다. 그녀는 의

류제조업자들에게 매크리리 백화점에 납품할 모든 치마에는 잠그개를 사용하도록 요청했다. 그러나 반향은 크지 않았다. 소수만이 아직 검증되지 않은 선드백의 기술에 회사의 명성을 걸었다. "조건이 잘 맞으면 완벽하게 작동되었다. 저렴한 가격으로 대량생산할 수도 있었다. 그러나 일반인들이 계속 사용해도 문제가 없는지 검증이 필요했다." 선드백은 업계에서 선뜻 구입하지 않고 망설이는 이유를 파악하고 그에 대처했다. 이동쇠가 너무 약하다고 지적하면 강화하고, 잠그개를 사용할 새로운 용도가 발견되면 그에 맞게 제품을 조정하기도 했다. 그러나 1915년 후반까지도 후크리스파스너사는 '많은 사람이 일찍이 본 적도 없고 상상도 못했던 물건에 대해 어떻게 수요를 창출해낼 것인가?' 라는 문제 해결에 골몰했다.

생동감 있는 '지퍼'라는 이름의 유래

생산기술은 모든 면에서 완벽해졌다. 미드빌 공장에서는 매일 1,630개의 잠그개를 생산했고, 단 한 개의 불량품도 나오지 않았다. 그러나 막 주문이 늘어날 때쯤 전쟁이 터져 원자재 공급이 더뎌졌고, 주문된 제품이 즉각 납품되지 않자 고객들은 흥미를 잃기 시작했다. 그러나 전쟁은 또 다른 기회가 되어주었다. 유잉제조사에서 생산하는 후크 없는 잠그개를 부착한 모든 허리띠가 육군과 해군에 즉시 팔려나갔다. 유잉제조사는 1918년 중반에 7,200개의 잠그개를 일시에 주문했다. 이는 또 다른 용도로도 쓰였는데, 예컨대 단추도 필요 없고 재료도 적게 쓰고 방풍기능도 가능한 후크 없는 잠그개로 만든 공군 낙하복도 있었다. 해군이 전투복을 시험했을 때도 잠그개만이 홀로 통과했으며, 곧 구명조끼에도 부착되었다. 정부에서는 후크 없는 잠그개에 쓰일 금속을 공급해주기 시작했다.

그러나 휴전이 되면서 잠그개 수요도 줄어들었다. 군용 허리띠와 구명조끼 시장이 사라졌고 의류산업계에서는 관심조차 보이지 않았다. 후크 없는 잠그개는 성능 면에서는 경쟁력을 입증했지만, 기존 잠그개들과 경쟁해 성공하려면 가격 면에서도 경쟁력이 있어야 했다. 선드백은 더 효율적인 생산 방식의 필요성을 절감하고, 특수한 강선과 'S-L'이라는 장치를 사용하는 공정을 개발해냈다. S-L은 '자투리가 남지 않음scrapless'을 뜻했다. "연속동작으로 가느다란 강선 조각을 'Y'자 형으로 잘라낸 후, 국자의 한쪽은 오목하고 다른 쪽은 볼록하게 튀어나오도록 만들었다. 그다음 이것들이 기계 속으로 들어가면서 'Y'자 형의 내부 단면이 테이프의 꼬인 가장자리를 둘러싸고 마감된다. 그 결과 남아서 버리는 재료가 전혀 없었다." 사실상 과거에 사용하던 금속 재료의 41퍼센트만 있어도 생산이 가능했다. 경쟁력 있는 가격의 잠그개로 처음 혜택을 본 상품은 록타이트 담배주머니였다. '끈도 없고, 단추도 없는' 가장 간편한 주머니로 광고되었다. 1921년 말에 이르자 주머니 회사에서 선적한 잠그개 숫자가 매주 7,000개를 넘었다. 후크리스파스너사는 이미 오래전부터 후크리스 2호 시절의 수준을 뛰어넘은 팩토리 3호를 생산하고 있었다.

1921년 오하이오주 애크런에 있는 B. F. 굿리치사가 소량의 잠그개를 주문했다. 며칠 후 그들은 또다시 '가까운 시일 안에' 17만 개의 잠그개를 더 공급할 수 있는지 여부를 물었다. 이는 지난해 생산 전량을 초과하는 엄청난 물량이었고 아무리 봐도 주문을 받을 수 있는 상황이 아니었다. 그래서 생산능력이 주문량을 따라가지 못한다고 털어놓았는데도, 굿리치사는 잠그개를 어디에 사용하려는지 밝히지 않고 소량이라도 계속 공급해달라고 요청했다. 나중에야 직원들이 사무실에서 작업할 때 신을 고무덧신에 잠그개를 부착해 여름 더위에 얼마나 잘 견디는지 시험해볼 생각이라고 밝혔다. 1922년 겨울에 굿리치 판매원들은 잠그개를 부착한 고무덧신을 신고 험악한 기후조건에서 실험을 실시했으며, 발견된 단점을 후크리스사 엔지니어들에게 알려 해결해줄 것을 요청했다. 그렇게 해서 마침내 새로운 굿리치 제품이 태어날 수 있었다. "특허품 후크 없는 잠그개를 부착한 '미스틱Mystik' 구두. 당기면 열리고, 또 당기면 닫힌다." 그러나 판매원들은 '미스틱'이라는 이름을 좋아하지 않았다. 그 이름은 잠그개의 가장 실용적인 면을 제대로 대변하지 못했다.

'지프Zip'라는 단어는 19세기 후반에, '총알 또는 다른 작고 가느다란 물체가 공기 또는 다른 물질을 통과하면서 내는 경쾌하고 날카로운 소리 … 또는 그러한 소리와 함께하는 움직임'을 나타내는 뜻으로 사용되었다. 전해지는 말로는 판매전략 회의에서 굿리치 영업사원들이 '미스틱'이라는 이름이 지나치게 환상적인 느낌을 준다고 불평하자, 새로운 고무덧신을 신고 벗을 때 잠그개가 내는 소리에 친숙해진 버트램 G. 워크Bertram G. Work 사장도 이렇게 동의했다고 한다. "뭔가 생동하는 이름이 좋겠는데 … 물건이 휭 하고 지나가는 날쌘 이미지를 극적으로 표현할 수 있는 그런 이름이 필요합니다." 그러고는 문득 "그래, 지퍼라고 부르면 어떻습니까?"라고 덧붙였다. 그래서 이 단어를 지퍼구두의 상표로 등록하고, 1923년에 '굿리치만이 생산'하고 있는 상품으로 광고했다. 회사의 상표 권리에 특별히 신경 쓸 리 없는 소비자들은 이 이름을 편하게 사용했다. 결국 '지퍼'는 기능 면에서 '미끄럼식 잠그개'로 불러야 더 적절할 제품을 가리키는 보통명사로 널리 퍼졌다.

지퍼는 미래에 어떻게 변할 것인가

그해 겨울 굿리치는 50만 켤레에 달하는 지퍼구두를 팔았다. 그리고 1920년대 중반 후크리스사로부터 연간 최소 100만 개의 잠그개를 구입하기로 합의했다. '후크리스'는 '지퍼'에 밀려 더 이상 쓰지 않는 고어로 전락했다. '후크리스'라는 이름이 이런 성과를 얻기까지 끊임없이 결점을 개선해온 사실도 잘 보여주지 않고 오히려 '부정적인 의미를 함축'한다고 생각되자, 후크리스사는 고민에 빠졌던 것 같다. '지퍼'는 굿리치의 것이 되어버렸으므로 '긍정적인 품질'을 강조할 수 있는 새로운 이름을 찾아야 했다. 후크리스사는 '유틸로크Utilok'와 '보보링크Bobolink' 같은 이름을 검토했으나 퇴짜를 놓고, '탤론Talon'을 미끄럼식 잠그개의 새로운 이름으로 선택했다. 모든 것이 잘 맞아떨어지는 듯했다. 잠그개의 각 요소들은 확실히 독수리의 '발톱'처럼 단단하게 움켜쥘 수 있었다. 1937년에는 회사명을 아예 '탤론'으로 바꾸었다.

굿리치사는 '미스틱' 구두에 '특허품 후크 없는 잠그개'를 달아서 1923년 겨울상품으로 내놓았다. 그러나 판매원들은 '미스틱'이라는 이름을 탐탁해하지 않았다. 굿리치사 사장도 생동감 있는 새로운 이름이 필요하다고 동의해 '지퍼'라는 이름이 태어났다. '지퍼'는 지퍼구두를 대표하는 상표로 등록되었으나 곧 미끄럼식 잠그개 자체를 지칭하는 보통명사로 사용되었다.

1930년대에는 연간 2,000만 개의 탤론을 팔았는데, 필통부터 모터보트 엔진커버에 이르기까지 매우 다양하게 쓰였다. 다만 여성용 드레스와 남성용 바지에는 대체로 사용되지 않고 있었다. 의류업계는 1930년대 후반까지도 보수적인 입장이었다. 탤론을 대대적으로 처음 활용한 디자이너는 엘사 스키아파렐리Elsa Schiaparelli였다. 〈더 뉴요커〉는 그녀의 1935년 봄 패션쇼에 대해 "지퍼가 주렁주렁 넘쳐났다"고 묘사했다. 그 후에 곧 제임스 서버James Thurber(미국의 유명 작가이자 만화가로 마크 트웨인 이후 최고의 희극 작가로 꼽힌다—옮긴이)도 참여한 유머를 곁들인 공격적인 광고캠페인으로 지퍼를 선전해 성공을 거두었다. 속살과 속옷을 드러내는 똑딱단추와 단추의 '틈새가 보이는 결점'의 황당함을 암시하여 은근히 겁을 주기도 했다. 의상디자인에 지퍼가 널리 사용되면서 탤론사의 미래도 밝아졌지만, 그만큼 경쟁도 치열해졌다.

만일 형태가 기능에 따라 결정된다면, 미끄럼식 잠그개가 개발된 과정처럼 매우 우회적이고 비용이 많이 드는 경로를 따르는 것과 같다. 오늘날 지퍼의 성능은 일라이어스 하우도 잘 알았고, 마찬가지로 쓸모 있는 '자동연속 옷 잠금장치'를 연구하던 후대의 많은 발명가들도 분명히 알고 있었다. 그러나 그 기능을 현실화하기 위한 형태는 결코 자명해 보이지 않았다. 저드선의 걸쇠식 잠그개나 선드백의 후크 없는 잠그개와 국자 이빨의 미끄럼식 잠그개 그리고 걸쇠, 후크 또 국자와는 닮은 구석이 없는 가장 최근의 플라스틱 나선형 지퍼를 보면 알 수 있다. 다른 형태의 지퍼로 특허를 받아낸 많은 남성과 여성 가운데 누군가가 선드백처럼 수많은 날밤을 지새우며 연구하고 워커 대령과 같은 재정적 능력을 갖춘 천사의 도움을 받을 수 있었다면, 과연 오늘날의 지퍼가 어떤 모양일지는 누구도 예측하기 힘들다. 그러나 그런 도움이 있었든 없었든, 현재 많은 인공물의 형태처럼 지퍼도 분명 직접적으로 기능에 따라 결정된 것은 아니었다. 명백히 형태는 실패와 그 실패의 부단한 개선으로부터 나온 것이다.

THE
EVOLUTION
OF
USEFUL THINGS

공구는 또 다른 공구를 만들어낸다

7

TOOLS MAKE TOOLS

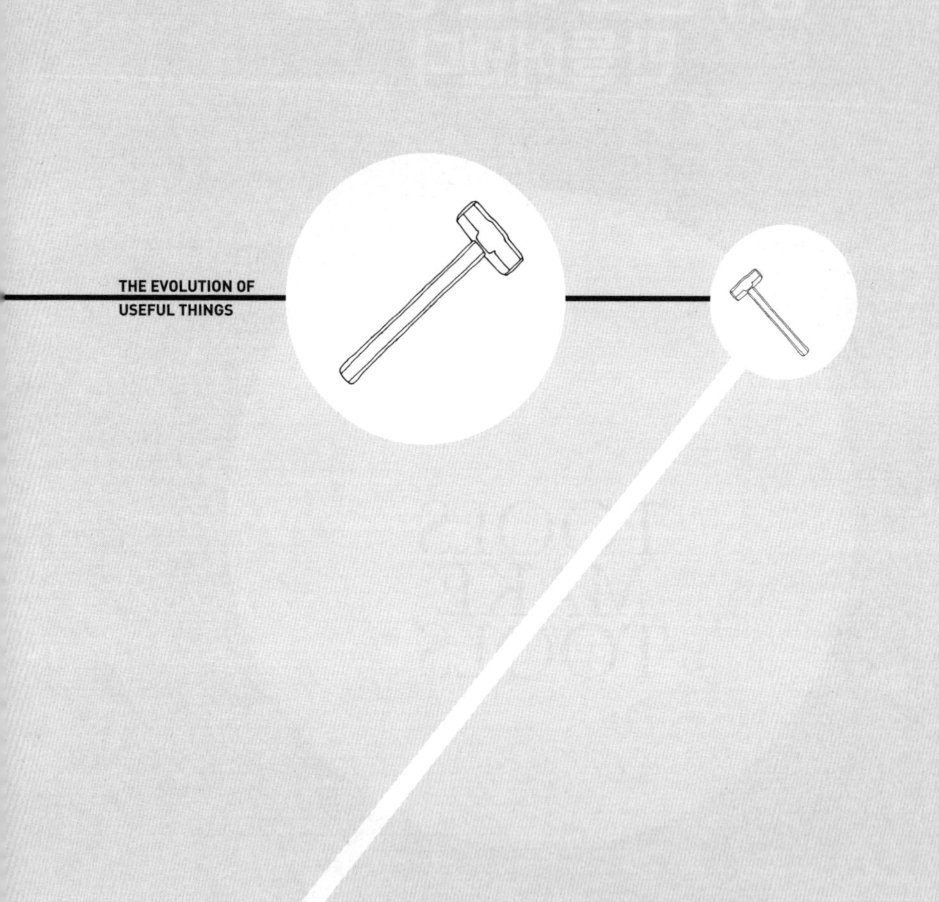

THE EVOLUTION OF USEFUL THINGS

옹기장이의 도우미, 외다리 의자

수공업에서 쓰이는 공구만큼 형태가 다양하고 전문화된 형태로 발전해온 인공물도 별로 없을 것이다. 어떻게 보면 당연한 일일지도 모른다. 공구야말로 문명화 이후 최초로 만들어진 인공물로서 오랜 시간에 걸쳐 발전되어왔기 때문이다. 더구나 공구는 다른 모든 인공물을 만드는 도구라는 자체의 본성 때문에 인공물의 세계에서 특수한 지위를 갖는다. 대대로 전문적으로 공구를 써온 사람들은 대부분 외부인에게 사용 방법을 말해줄 필요가 없었으며, 말할 능력도 없었고 원하지도 않았다. 스스로 공구 자체를 이용해 다른 공구를 만들었기 때문에, 다른 사람에게 굳이 설명할 필요가 없었다. 만일 그들이 대장장이처럼 다른 업계 사람과 새로운 공구 디자인을 의논할 필요가 있었다 해도, 원래 의도한 공구의 용도까지 밝히지는 않았을 것이다. 과거에 공구를 쓰던 사람들은 대개 글을 몰라서 새로운 공구에 대한 아이디어가 어떻게 어디에서 나왔는지 기원을 설명하는 데 서툴기도 했다. 하물며 새로운 공구를 착안하는 발명 과정은 별로 말이 필요 없는 일이었다. 또 장인들은 자신이 소유한 특수한 공구에 대해 밝히고 싶어 하지 않았다. 경쟁력과 가치를 잃어버릴지 모른다고 우려했기 때문이다.

조지 스터트George Sturt는 19세기 영국에 살던 농부이자 옹기장이인 윌리엄 스미스William Smith에 대한 회고록에서 그러한 장인의 마음과 공구의 진화에 관한 실감 나는 일화를 소개했다. 장인이 작업하는 동안 앉아 있는 의자는 대개 공구로 여기지 않지만, 구조에 따라서는 칼이나 망치처럼 작업의 효율과 원활함에 크게 영향을 미칠 수 있다. 스터트는 스미스가 작업할 때 쓰는 몇 가지 가구에 이름을 붙였다는 사실에 '기이함'을 느껴 공구의 사용법을 설명하면서 그것들에도 관심을 보였다.

> 어느 의자의 이름은 '퍼진 엉덩이'였다. 옹기장이는 작업실에서 이 의자가 보이지 않으면 "퍼진 엉덩이 가져와!"라고 소리를 질렀다. 다른 의자는 '늙은 영감태기'라고 불렀다. 그중 가장 쓸모가 많으면서도 이름이 기묘한 의자는 외발의 '아무도 아닌 놈'이었다. '아무도 아닌 놈'은 판버러 도자기 공방에서 일하던 나인티 해리스Ninety Harris가 발명했다. 공방을 한창 확장할 때였다. 젊은 해리스는 끝이 묘하게 생긴 판자 한 조각이 나뒹구는 것을 보고 목수를 불러 가운데에 구멍을 뚫어 다리를 붙이도록 했다. 이것이 '아무도 아닌 놈'의 기원이다. 나인티 해리스는 그 위에 앉아 찰흙을 둥글게 말아 덩어리로 뭉쳐 반죽으로 만들면서 물

레에 올리기 전 마지막 준비 작업을 했다. 이미 발로 밟아놓기는 했지만 이제 더 자잘해진 마른 흙부스러기를 없애야 했다. 잘못하면 불에 구울 때 단지나 접시 안에서 터져버릴 수도 있었다. 옹기장이는 앉아서 그것을 하나씩 집어내어 옆에 있는 부스러기통에 던져 넣는 한편, '버터를 만들 때'처럼 몸을 앞뒤로 흔들며 물레 위에 찰흙덩어리를 쌓아야 했다. 이런 작업을 하려면 고정되지 않은 의자가 필요했다. '아무도 아닌 놈'은 옹기장이의 동작을 따라 움직여 원하는 만큼 몸을 받쳐주었다. 전에는 누구도 그 작업장에서 그런 물건을 본 적이 없었다. 그러나 나인티 해리스가 사용법을 가르쳐준 후로는 모든 직공이 즐겁게 그것을 사용했다. 사용하지 않을 때는 바닥 한쪽에 비스듬히 눕혀놓았다.

이 외다리 의자는 나인티 해리스나 다른 직공들에게 기존 의자가 할 수 없었던 역할을 해주었다. 찰흙을 개는 지루한 작업의 피곤함을 덜어주었고, 몸을 흔들며 일하는 재미까지 느끼게 했다. 오늘날 사람들이 자동차에 별명을 짓는 것과 매우 유사하게, 특화된 의자에도 개성을 부여하고 도공들의 취향에 따라 애칭을 붙인 듯하다. 더구나 의자마다 이름이 달라서 심부름하는 아이에게 원하는 의자를 분명하게 지정해 가져오라고 지시할 수도 있었다.

스터트는 의자, 혹은 부스러기통 같은 가구나 기구로부터 공구를 구분해 설명하면서 옹기장이에게 필요한 공구는 '그 가짓수가 매우 적었다'는 사실에 주목했다. 그러나 옹기장이들은 공구에 대한 애착이 매우 강했다. '빗살무늬개'라 불리던 공구가 있었다. 도자기에 손가락만으로는 할 수 없는 균일한 줄무늬를 만들 때 유용했는데 옹기장이마다 스스로 취향대로 만들어 썼다. 워낙 아끼는 공구였기 때문에 옹기장이는 혹시 다른 공방으로 옮기더라도 뒤에 오는 도공에게 넘겨주지 않고, 어떻게든 가져가려고 애를 썼다.

기구든 공구든 간에 옹기장이가 쓰는 장비들의 형태는 총체적인 구상부터 세밀한 동작까지 더욱 효율적이고 안전하게 수행하도록 발전했다. 그 결과 만족스럽지 않은 모든 공구를 개선하고 결함을 제거한 성과물이 나타났다. W. L. 굿맨W. L. Goodman은 "발전은 크게 보면 새로운 공구를 발명해내고, 옛것을 개선하는 문제였다"고 주장했다. 그러나 그는 공구를 연구하는 과정에서 크게 실망스러웠던 점도 지적했다. 공구를 가장 잘 알면서 또 애지중지했던 장인들이 막상 그 공구에 대해 기록을 거의 남기지 않은 것이다. 더 나아가서 중세의 공예품은 '비밀'에 싸여 있으며, 비밀주의의 잔재는 오늘날까지도 이어지고 있다.

> 작업장에 낯선 사람이 나타나면 직공들은 일제히 공구를 치웠다. 그것에 대해 질문이라도 받으면 바보처럼 굴거나 전혀 다른 답변을 내놓기 일쑤였다. 학식을 갖춘 사람들은 대개 전문경험이 없었으므로 그들의 답변이나 설명을 의심하지 못했고, 더욱이 예기치 않은 답변일수록 감명을 받기까지 했다. 당사자의 입에서 바로 나오는 말이었기 때문이다. 사실 어떤 경우는 불과 수세대 전까지 흔히 쓰이던 일부 공구조차 정확한 용도와 목적이 확실하게 알려지지 않아 논쟁거리가 될 수밖에 없는 처지였다.

물론 예외적으로 괄목할 만한 책을 써낸 인물들도 있었다. 게오르기우스 아그리콜라Georgius Agricola의 《금속론》(1556), 조지프 목슨Joseph Moxon의 《기계운전》(1678~1684), 드니 디드로의 《백과전서》(1751~1772) 등이 대표적이다. 그러나 지난 세기의 공구들조차 기능, 사용법은 물론이고 이름도 없는 상태로 물건만 남아 있는 경우가 허다했다.

수집가들이 모아놓은 평범하지 않은 옛 공구들은 가끔 그 형태가 괴이하고 도전적이었기 때문에 용도를 밝혀내기가 더 어렵다. 그렇다고 포기했다는 말은 아니다. 골동품상과 수집가는 평범하지 않은 그 공구들의 사용법을 발견하고 설명하는 일에서 즐거움을 느꼈다. 수집가들의 모임인 초기미국산업협회는 산하에 '탐구위원회'를 꾸려 협회 계간지 〈크로니클〉을 발간했다. 〈크로니클〉은 '그것은 무엇일까?' 라는 제목의 정기칼럼을 게재하는데, 국자부터 나사까지 지금은 알아보기조차 힘든 모든 물건을 보여주면서 퀴즈를 내고 해답을 구했다. 과거의 카탈로그에 나와 있는 유사 품목들이 가끔 어떤 목적으로 쓰였는지 꽤 믿을 만한 증거를 제공하기도 하지만, 신비에 싸인 모든 인공물의 용도에 만장일치로 동의하는 경우는 거의 없다. 괴상하게 생긴 칼과 전단기剪斷機의 용도에 대해서는 오랫동안 논란이 계속되고 있다. 그 쓰임새가 명확한 몇몇 공구들과 지금도 우리가 사용하는 인공물의 발전에 관한 가설을 검증해볼 수 있는 좋은 기회가 된다. 모양이 아무리 괴상하다 해도, 공구들이 각각 선행기술로부터 발전한다는 보편적으로 적용할 수 있는 진화의 원리가 평범하지 않은 물건들의 정체를 확인하도록 도와줄 것이다.

아그리콜라의 기묘한 전단기

게오르기우스 아그리콜라가 쓴 광산학 연구서 《금속론》은 공예나 수공업의 작업형태와 공구에 대해 체계적으로 기록한 최초의 저서 가운데 하나이다. 특히 창의적인 삽화를 도입해 설명한 점이 눈에 띈다. 그중 금속을 가공하는 세공사가 등장하는 그림이 있는데, 가까이 있는 나무 그루터기에 'L'자 형으로 휜 손잡이가 달린 전단기 같은 공구가 박혀 있다. 이 전단기가 당시 쓰이던 일반적인 전단기에 비해 특별해 보이는 것은, 바로 굽은 손잡이 때문이다. 아그리콜라도 그 기묘함에 대해 지적한다. "전단기와 유사한 철제 공구로서, 한쪽 날은 길이가 약 0.9미터로 나무 그루터기 속에 단단하게 고정되었고, 다른 쪽 날은 금속을 자르는 역할을 하며 길이가 1.8미터이다." 여기서 말하는 '날'은 손잡이까지 포함한 것이다. 이 공구는 분명 지레 기능을 수행하도록 디자인되었고, 그 형태 때문에 일반 전단기가 할 수 없는 다른 기능을 해결했다.

아그리콜라의 삽화에 묘사된 상황에서, 일반 전단기를 사용할 때 문제가 되는 것은 세공사의 손이 두 개뿐이라는 점이다. 도와줄 사람이 없는 상황에서 금속을 자르려면, 그루터기의 가장자리에 은 조각을 올려놓고 자르든가, 또는 날 사이에 은 조각을 끼워 넣고 손잡이를 동시에 눌러 균형을 잘 맞춰야 한다. 이때는 일반 전단기가 효율적이고 효과적이라고 할 수 없다. 그러나 이렇게 손잡이를 'L'자 형으로 개조하고 손잡이 끝을 끌 형태로 만들면, 그쪽을 나무 그루터기에 박아놓은 후 한 손으로 금속을 잡고 조정하면서 나머지 손으로는 금속을 자를 수 있다. 이처럼 진화된 고정식 전단기를 사용하면 훨씬 더 효율적이며 정밀한 작업을 해낼 수 있었다. 기존 전단기를 쓰면서 겪은 실패 경험과 은 세공사가 혼자 작업하는 어려움을 반영한 형태였다.

고정식 전단기처럼 특화한 공구는 세월이 흐를수록 점점 불어났는데, 장인들이 같은 공구로 동일한 작업을 하기 때문이었다. 동일한 작업을 한동안 반복하면, 장인은 숙련도를 발휘해 그 작업을 끝낸다. 가장 창의적인 숙련공이라면 반복 작업을 하는 동안 세세한 부분과 효율성에 영향을 미치는 공구에 관심을 쏟게 된다. 그래서 생각이 깊은 장인은 공구를 사용해 작업하면서 깨달은 완성도와 효율의 한계를 극복하기 위해 개선된 새로운 공구에 대한 아이디어를 떠올리기 마련이다.

구리에서 금속 톱으로의 진화

텔레비전 방송에서 활동하는 로이 언더힐Roy Underhill 같은 학자풍의 현대적 장인, 또는 식민주의 시대의 중심지였던 버지니아주 윌리엄즈버그에서 일하는 다재다능한 장인들은 새로운 공구를 개발하기보다는, 옛 공구에 대한 지식과 기술을 찾아내고 보존하는 데 더 관심을 쏟는다. 그들이 실제 작업에 사용하던 물건을 보여주고 설명하는 것을 보면, 일반 인공물의 진화에 대해서도 깊은 통찰을 얻을 수 있다. 윌리엄즈버그에 보존된 많은 공구, 특히 톱은 오늘날 철물점에

아그리콜라의 연구서 《금속론》은 16세기 중엽 광업과 금속공업에 사용하던 공구와 공정을 풍성한 삽화로 설명한다. 이 목판 그림에 보이는 도구는 손잡이가 휘어 있고 뾰족한 형태로 나무 그루터기에 박혀 고정되었다는 점에서 일반 전단기와는 달랐다. 금속 세공사가 다른 일에 손을 자유롭게 쓸 수 있도록 이와 같이 개조하지 않았다면, 도와주는 사람 없이는 제대로 작업할 수 없었을 것이다.

서 팔리는 것들과 크게 다르지 않다. 이는 식민지 시대에 이르러 이 공구들이 특화된 용도에 알맞게 '완벽함'을 달성한 매우 높은 수준으로 진화했다는 사실을 암시한다. 오늘날의 많은 톱의 형태는 수 세기에 걸쳐 완성되었기 때문에, 우리는 사용해본 경험을 토대로 면 옛날 물건의 용도도 자신 있게 추론할 수 있다.

금속 톱의 역사는 약 4000년 전 근동 지역에서 구리를 발견한 때부터 시작된다. 새로운 물질은 옛 물질보다 더 쓸모가 있었고, 구리는 청동으로 청동은 다시 쇠로 바뀌었다. 17세기에 폭이 넓은 강판이 나오기 전까지는, 톱날이 매우 강하고 단단하려면 폭이 좁아야 했기 때문에 활모양으로 휜 톱이 널리 쓰였다. 활톱은 사냥용 활이 줄을 팽팽하게 당기듯 목재로 된 틀이 톱날을 잡아당겨 인장력을 유지해주었다. 영미권에서는 대부분 활톱 대신 폭이 넓은 강철 톱을 사용하지만, 아직도 유럽에서는 활톱을 널리 사용한다. 이로써 동양에서 개발된 당겨서 자르는 손톱(밀어낼 때 자르는 대다수 서양 톱과는 반대임)의 특색 있는 디자인은 물론이고 목재를 자르는 단 한 가지 기능만을 두고도 그 형태가 단일한 것으로 국한되지 않는다는 점을 추가로 증명하고 있다.

톱질의 기본원리는 '톱자국'이라고 부르는 홈을 따라 나무를 잘라 두 부분으로 분리하는 것이다. 톱니는 죽은 동물의 턱뼈에 박혀 있던 진짜 이빨에서 유래했다는 설이 있지만 초기의 형태는 매우 단순했다. 그러나 형태, 간격 및 배열 상태 면에서는 상당히 다양한 진화가 이루어졌다. 예를 들면 목재를 자를 때 결을 따르느냐, 또는 그 결에 직각으로 자르느냐에 따라 톱니에는 전혀 다른 문제가 발생한다. 균일한 간격으로 톱니가 박힌 단조로운 톱날으로는 두 가지 일을 동시에 원활하게 처리할 수 없었을 것이다. 결을 가로질러 자르는 경우에는 목재의 섬유 한 올 한 올을 개별적으로 잘라야만 하기 때문에, 톱니도 자연히 날을 따라 박힌 모양으로 진화했다. 결을 따라 세로로 자를 때는 쪼아내는 끌의 기능이 강해야 한다. 이런 역할을 잘 수행할 수 있도록 톱니는 작은 끌들이 촘촘히 박힌 모양으로 발전했다.

최초의 톱은 톱니가 톱날의 양 옆으로 튀어나와 있지 않았을 것으로 추정된다. 그러면 톱질을 할 때 톱자국 속에 톱밥이 가득 차고, 톱날이 꽉 끼워져 작동이 어려워진다. 원활한 톱질을 방해하는 이러한 결함은 부분적으로 톱니 간격을 조정해서 톱니가 마치 쇠스랑 갈퀴처럼 홈에서 톱밥을 끌어내게끔 하여, 동시에 자르는 일을 수행하도록 개선했을 것이다. 또 톱니가 왼쪽과 오른쪽으로 교대로 튀어나오게 배열해 톱자국이 넓게 벌어지도록 해서, 톱질을 할 때 톱날이 홈에 꽉 끼지 않게 했을 것이다. 한편 동일한 톱니 구조로 무른 목재와 단단한 목재를 똑같이 자르기에는 무리가 있었다. 무른 목재를 자를 때는 톱밥이 금방 많이 쌓이기 때문에, 무른 나무에 알맞은 톱은 폭이 넓은 톱니를 드문드문 배열해 상대적으로 많은 톱밥을 처리하도록 개발되었다. 단단한 목재는 톱밥이 비교적 천천히 생기기 때문에, 폭이 좁은 톱니를 촘촘하게 배열했다.

톱질구덩이의 상반된 기억

큰 나무를 베어 넘어뜨리려면 나무의 두께에 구애받지 않는 활톱이 필요했다. 그래서 두 사람의 벌목공이 힘을 쓰기 좋도록 양 끝에 손잡이가 있고 톱날이 비교적 넓고 긴 톱이 개발되었다. 한 사람은 끌어당겨서 자르고(밀어서 자르면 톱날이 길고 인장력이 없어 휘어질 수도 있다) 다른 사람은 톱을 원위치로 당겨서 다시 자르는 동작을 준비한다(톱니가 양쪽으로 자를 수 있게 되어 있는 경우). 일단 나무를 베어 눕힌 후에는 같은 톱으로 잘라 통나무로 만든다. 그러나 무거운 통나무를 길이 방향으로 잘라서 목재 판자를 만들기 위해 아까 사용한 그 톱을 다시 쓰려면 새로운 문제가 생긴다. 숲 속 땅바닥에 놓인 통나무를 그 상태에서 자르려면 통나무와 같은 높이에서 톱질을 해야 하기 때문에 톱장이는 몸을 매우 낮게 구부릴 수밖에 없다. 1~2미터나 되는 길이의 톱은 중력의 영향을 받아 눈에 띄게 휘어진다. 톱날까지 목재에 꽉 끼기라도 하면 나무를 말끔하게 자르기는 매우 어려울 것이다. 더구나 중력 때문에 톱밥이 제거되지 않고 자꾸만 쌓인다. 땅바닥에서 통나무를 수평으로 잘라 판자를 만들 때 겪는 이런 부정적인 요인들로 인해 톱질구덩이와 내릴톱, 구덩이꾼이 새롭게 등장했다.

톱이 휘거나 톱밥이 쌓여 톱자국이 막히지 않고 중력을 유리한 방향으로 활용하기 위해 톱장이는 각각 통나무의 위와 아래에 자리를 잡아야 했다. 그러려면 당연히 땅바닥과 통나무 사이에 사람이 들어갈 공간이 필요했다. 그래서 때로는 통나무를 비스듬하게 걸쳐놓거나 또는 모탕에 올려놓았다. 그러나 무거운 통나무를 상당히 높이 들어 올리고 톱질할 때 위치를 다시 조정해야 하는 어려움이 생겼다.

톱질을 효율적으로 하려면 통나무를 거의 톱의 길이만큼 통째로 들어 올려야 했고, 통나무 아래에 있는 톱장이도 서 있어야만 온 힘을 쏟을 수 있었다. 이런 상황은 디드로의 《백과전서》에 자주 묘사되었다. 무거운 통나무를 공중으로 1.8~2미터 높이로 들어 올리는 것은 쉬운 일이 아니다. 또 톱질 때 생기는 흔들림을 막기 위해 모탕이나 발판 같은 것이 필요해졌는데 임시 작업현장에서나 신속하게 일을 해내는 방편일 뿐, 한 장소에서 상당한 양의 목재를 처리해야 할 때는 구덩이를 만들어 그 위로 통나무를 굴려 걸쳐놓아야 했다. 옛날의 진기한 기술이라면 무엇이든 시험해보고 즐기던 로이 언더힐은 구덩이 톱질 모습을 다음과 같이 낭만적으로 묘사했다.

> 기막힌 음악이 들립니다. 막 만들어진 신선한 톱밥 속에 깊숙이 묻힌 발을 놀리며, 타르를 바른 톱질구덩이 벽과 얼마 떨어지지 않은 좁은 공간에서 스치듯 팔꿈치를 크게 휘둘러 곡선을 그리는 움직임이 연주하는 음률입니다. 톱을 아래로 끌어당길 때마다 2미터 길이의 강철 톱날에 붙어 있는 톱니들은 마치 합창이라도 하듯 통나무를 길이 방향으로 1센티미터씩 쪼개며 나아갑니다. 당신의 머리와 톱질구덩이 벽 위에 놓인 30센티미터 두께의 통나무가 마을에서 들리는 모든 소음과 소란을 막아줍니다. 오직 목탄으로 표시해놓은 선을 따라 움직이는 일사불란한 톱날의 움직임만이 존재할 뿐입니다. 전통적으로 위에 있는 톱장이는 둘 가운데 더 연장자로 톱의 소유자이며 톱날의 예리함을 관리하는 사람입니다. 구덩이에 들어가 있는 톱장이가 끌어당기는 톱질에 의해 목재가 쪼개지는 것은 사실이지만, 온몸의 체중을 활용해 힘을 쓸 수 있어 유리합니다. 위에 있는 톱장이는 절단면이 똑바르도록 책임을 맡고, 팔과 어깨만 사용해서 톱을 위로 끌어올려야 합니다.

언더힐이 톱질구덩이를 낭만적으로 묘사한 때보다 이미 100년 전에 목공소를 운영하면서 톱장이들을 고용했던 조지 스터트는 잘 알려지지 않은 '톱장이들'의 작업에 대해 언더힐과 다른 기억을 꺼내놓았다. 당연히 목공의 시각에서 바라본 기억이다. 스터트가 여러

《백과전서》에 실린 이 삽화는 판자를 쪼개고 있는 2인용 틀톱을 보여준다. 위쪽 손잡이를 길게 늘인 덕에 톱장이가 매번 톱질할 때마다 발가락까지 닿을 정도로 몸을 구부리지 않아도 되고, 톱과 판자 사이에 손가락이 끼는 일도 없어졌다. 원래는 아래쪽에 있는 톱장이가 이러한 위험을 경고하고 신경을 써야만 했다. 영국과 미국에서는 아래쪽 톱장이가 흔히 통나무 조각 밑에 파놓은 좁은 구덩이 속에서 일했다.

차례 묘사한 톱장이와 구덩이 톱장이의 모습은 결코 낙천적이거나 관대하지 않았다.

> 고생도 그런 고생이 없었다. 땀으로 범벅된 얼굴과 맨 팔, 등 위로 톱밥이 쏟아져 내렸다. 그나마 잡념으로 인한 괴로움은 느낄 수 없었다. 몇 시간 동안이나 톱질구덩이 벽에 가로막혀 밖을 볼 수도 없었고 졸음은 엄두도 낼 수 없었을 뿐더러 계속해서 몸과 팔을 위아래로 움직여야만

했다. 잠깐 쉬는 시간은 있었다. 그럴 때면 위에 있는 그의 짝이 톱에 기름을 치라고 소리쳤다. 기름을 칠할 때 쓰려고 톱질구덩이 한쪽 구석에 아마인 기름이 담긴 양철통이 있었으며, 통 속에는 헝겊을 둘둘 말아놓은 막대기가 들어 있었다. …

위에서 일하는 톱장이에게는 그렇게 쉴 시간조차 없었다. 톱의 주인인 그는 밑에 있는 동료가 밀고 당기는 작업 리듬에 보조를 맞추는 일만 하는 것이 아니었다(그리고 나는 보조를 맞추는 일이 더욱 힘들었으리라고 확신한다). 특히 톱의 움직임을 주시하면서 작업 전체를 꾸준히 감독하는 일도 위에 있는 톱장이가 맡아야 했다. 자칫 톱질이 직선에서 조금만 벗어나도 작업을 중단하는 사태가 발생하는 것은 물론, 목재를 아예 못쓰게 만들 수도 있었다. 톱을 잘 벼리지 못한 그의 실수 때문일 가능성이 컸다. …

톱을 벼리는 시간은 아래에 있는 톱장이에게도 고역이었다. 한 시간 남짓의 휴식을 취하는 동안 할 일 없이 멀뚱거려야 했기 때문이다. 따뜻한 불 옆에 앉아 말벗과 술 한잔 걸친다 해도 탓할 사람은 없었다. 그러나 불행히도 그러다 보면 작업을 재개할 시간에 톱질구덩이로 제때 돌아오지 못하는 경우가 많았다. 위에 있는 톱장이도 톱 벼리는 일이 반갑지 않기는 마찬가지였다. 다른 동료가 술집에서 행복을 만끽하는 동안에도 작업에 매달려야 하고 더구나 돈을 벌기는커녕 6페니나 되는 줄을 모두 써버리고 있으니, 이 모두를 생각할 때 톱을 벼리는 일은 아무리 잘해봐야 귀찮고 번거로울 뿐이었다. …

톱장이들은 대부분 매우 변덕스러워서, 나는 차라리 그들의 등짝을 보는 편이 좋았다. 그러나 진짜 문제는 따로 있었다. 경쟁이 치열해지면서 목재의 생산 단가를 더 줄일 방법을 찾아야만 했다. 어쨌든 런던에서는 쓸 만한 널빤지를 쉽게 구입할 수 있었으므로, 이제는 더 이상 목재들이 마르는 동안 수년간 돈을 재워두면서까지 지방에 내려와 목재를 사서 제재해달라고 할 필요가 없었다. 목재상들이라면 일부는 그렇게 처리할지도 모르겠다. 그러나 이제 그들도 톱장이를 고용하느냐 증기톱을 설치하느냐 선택의 기로에 서 있었다.

다양한 형태의 톱들

증기력이 톱의 또 다른 혁신적인 발전을 이끌어내기 이미 오래전에 톱장이들은 벌목톱으로 구덩이 톱질을 하면서 문제점을 파악했다. 톱날과 수평으로 달린 손잡이는 나무를 벨 때는 별문제가 되지 않았지만, 통나무 위에서 균형을 잡고 서야 하거나 구덩이 속에 답답하게 갇혀 톱질을 해야 할 때는 거의 톱질이 불가능할 정도로 불편했다. 만일 손잡이를 톱날과 직각으로 달면 편리할 뿐 아니라, 위와 아래에 있는 톱장이 모두 통나무를 길이 방향으로 작업할 수 있고 목을 비틀어 돌리지 않고도 진행 상태를 살필 수 있을 터였다. 이후 위 톱장이가 발가락에 닿을 듯 허리를 구부리지 않고도 마지막 톱니까지 나무에 박을 수 있도록 위의 손잡이를 60센티미터 더 길게 연장했다. 그리고 날을 벼리기 위해 톱을 구덩이 밖으로 꺼낼 때, 쉽게 떼어낼 수 있도록 아래쪽 손잡이도 개조했다. 이러한 내릴톱은 톱장이들이 생각한 만큼 톱이 제 역할을 해내지 못하자 불편과 실패를 극복하려는 해결 방안 차원에서 탄생했다.

아마도 톱질은 다른 공구에 비해 더 많은 힘을 쓰기 때문에 형태도 특별히 더 여러 모양으로 늘어났을 것이다. 벌목톱과 구덩이톱은 제각기 용도에 적합한 훌륭한 공구로 진화했지만, 가구 목공이나 목수가 작업실에서 사용하기에는 크고 무거우며 다루기도 어려웠다. 그래서 독립적으로 더 작은 손톱을 개발해 일부는 큰 판자나 널빤지를 자를 때 사용했다. 그러나 정밀하게 작업해야 하는 이음새나 유사한 것들을 만드는 데 필요한 정확도를 달성하기에는 톱니가 너무 두껍고 길었다. 그래서 세밀한 작업 중에 얇은 톱날이 뒤틀리지 않도록 위 가장자리를 보강한 등대기톱이 개발되었다. 또 이 톱으로도 곡선 모양으로 자를 수는 없었기 때문에, 톱질할 때 걸리지 않도록 아주 좁은 톱날과 틀로 이루어진 실톱이 나왔다(실톱의 톱날은 물론 가늘었으므로 톱질하는 방향으로 심하게 밀면 뒤틀리기 쉬웠고 동양의 톱처럼 잡아당길 때 톱날이 나무를 잘랐다). 이들 톱으로도 판자나 패널의 가장자리로부터 안쪽으로 급격하게 휘는 곡면을 정교하게 깎아내는 작업은 할 수 없었다. 이렇게 해서 도림질용 실톱이 탄생했고 톱날과 틀 사이의 만곡이 깊어 기울이지 않고도 곡면을 깎아낼 수 있었다.

물론 이것은 특화된 톱들의 몇 가지 사례일 뿐이지만, 기존 톱이 꼭 필요한 역할을 제대로 해내지 못해, 대응책 차원에서 진화가 이루어졌다는 사실을 충분히 보여준다. 실패가 주도한 진화라고 해서 새로운 형태가 모두 성공한다고 보장할 수는 없다. 실제로 옛날 공구함과 특허등록 서류철을 찾아보면 실패한 사례가 수없이 많다. 톱이 특화하면서 톱장이들은 용도가 다른 각각의 톱을 모두 마련해야 했고, 돈은 물론 사들인 공구를 둘 데도 마땅치가 않았다. 가로톱과 내릴톱을 따로 써야 하는 불편함은 오래전부터 알고 있었기 때문에 발명가들은 대칭형 강철 톱날의 한쪽은 가로로 켜는 역할을 하고 다른 한쪽은 세로로 쪼개는 기능의 톱을 생각해냈다. 양면 톱의 손잡이는 자연히 톱날에 대칭으로 배치해서 양쪽 톱날을 똑같이 사용할 수 있도록 배려했으나, 안타깝게도 효율적이지는 못했다. 기존 손잡이는 톱날의 등 쪽에 있어서 톱질할 때 균형을 잡으려고 몸을 기울이거나 톱날에 힘을 전달하는 데 매우 효율적이었는데, 이렇게 최적화된 세밀한 부분을 발명가가 무시했기 때문이었다. 사실상 양면톱 모델은 모든 기능을 충족하는 데 실패했다. 그것은 진화의 퇴보로 방향을 잘못 잡은 착상이었다.

나라와 지역에 따른 도끼의 발전사

형태의 진화 연구에서 가장 자주 인용되는 공구가 바로 도끼이다. 데이비드 파이는 형태가 기능을 따르지 않은 주요 사례로 도끼를 인용했다. 그는 도끼가 나무 쪼가리들을 찍어내는 데는 적합하지만, 나무를 베기에는 비효율적이라고 생각했다. 그렇지만 도끼는 인공물의 디자인과 진화 이론을 전개하는 데 있어 매우 중요한 공구이다. 석기시대 때 등장한 도끼는 신소재와 신공법으로 손잡이를 달게 되면서 효율성과 형태 면에서도 크게 발전했다. 미국이 식민지 시절일 때부터 현대적인 유럽식 도끼는 이미 굳건하게 자리를 잡았으며 뿌리 깊은 전통도 있었다. 그러한 기술 외적인 문화적 타성은 비효율과 기능상 결함에도 불구하고 본고장에서 일부 인공물의 형태를 그대로 유지시켰다. 결국 효율성을 부여하는 힘은 기술적 측면이 아니라, 공구를 실제로 사용하는 사람들의 눈과 손에 달려 있기 때문이었다.

유럽인은 쇠만으로는 날카롭고 단단한 도끼날을 만들 수 없다는 사실을 오래전부터 알고 있었다. 그래서 도끼날에 강철 띠를 용접해 붙여 쓰기 시작했다. 이런 식으로 도끼날을 숫돌에 갈아 날카롭게 만들어 사용하면 쇠처럼 금방 닳지도 않았다. 유럽식 도끼는 도끼날이 날카롭기는 했지만, 휘두를 때 단단히 잡지 않으면 빗나가기 일쑤였다. 도끼머리를 이루는 금속덩어리가 도끼자루의 앞부분에 쏠려 있어서 정확하게 조준해 찍어 내리지 않으면 옆으로 틀어졌다. 그러나 아직 나라를 세운 지 얼마 안 된 미국은 마침 숲도 울창한데다 잘 정리된 땅 위에 집 등의 목재 구조물을 세워야 했다. 그래서 유럽식의 비효율과 불편함을 무작정 받아들일 수가 없었다. 1700년대 후반까지도 미제 도끼는 아직 옛 유럽식 도끼와 비교해 별로 달라진 것이 없었지만, 한 가지 예외라면 도끼머리의 뭉툭한 끝부분이 도끼날 반대편 쪽으로 툭 튀어나온 것이었다. 이러한 추가 작업은 도끼머리를 무겁게 해서 더 묵직한 파괴력을 발휘할 뿐 아니라, 무게와 충격의 중심이 도끼날로부터 자루 쪽에 가깝도록 뒤로 옮겨져 도끼를 휘두를 때 도끼머리의 균형이 잡혀 안정되는 효과를 가져왔다.

18세기 말에 이르러서는 미국식의 도끼가 활발하게 개발되었고 유럽식보다 더 긴 도끼날도 만들어졌다. 그러나 어떠한 인공물도 모든 일을 해결할 만큼 절대적으로 완벽해질 수는 없다. 한 나무꾼이 모든 면에서 만족해하는 도끼라도, 다른 나무꾼에게는 부족한 게 있기 마련이다. 예를 들면, 무뎌진 도끼를 숫돌에 벼리는 일만 해도 그렇다. 숫돌이 설치된 창고나 공구창고 부근에서 일하는 농부야 별로 불편할 일이 없겠지만, 숫돌이 없는 먼 곳에서 일하는 나무꾼에게는 매우 불편하고 번거로운 일이었다. 마침 양날 도끼의 등장으로 나무꾼들은 집을 떠나 더 멀리 나가서도 작업할 수 있게 되었다. 도끼를 벼리기 위해 집까지 되돌아와야 하는 횟수가 반으로 줄었기 때문이다. 아마도 지역에 따라 나무의 특성이 달라서 지역별로 서로 다른 도끼머리 모양이 개발되었을 것이다.

공구나 인공물을 사용할 때는 항상 주관적인 시각이 강하게 작용한다. 전통이나 습관 또는 어떤 느낌에서 비롯되었든, 나무꾼들은 저마다 뭔가 다르고 낯선 도끼에서 결점을 찾아내고 개선된 새로운 도끼를 만들어낸다. 19세기 미국에서는 모양도 다양해지고 조금씩 형태를 달리하는 도끼가 많이 나타났다. 모양이 각기 다른 도끼들은 종종 지역 이름을 따서 구별했고, 사용자들은 기능적인 이유보다는 맹목적인 지역주의 감정에 따라 도끼를 선택했다. 조지 바살라는 어느 제조사가 1863년에 작성한 나무 자르는 도끼 종류의 목록 가운데 켄터키, 오하이오, 메인, 미시건, 뉴저지, 조지아, 노스캐롤라이나, 스페인, 이중날, 소방 펌프, 어린이용' 등의 이름에 주목하면서, 지역별로 나타난 다양한 형태의 범주에 대해 설명한다. 20년 내에 이 목록은 100가지 이상으로 불어났고 각각의 이름은 다른 도끼가 지닌 결함을 암시했다. 가령 '켄터키 도끼'라는 이름은 만일 다른 도끼를 쓰면 켄터키 나무꾼이 직면한 특별한 문제를 해결할 수 없다는 인상을 풍겼다.

마르크스도 놀란 버밍엄 망치의 다양성

망치 역시 기술의 형태를 연구하는 과정에서 자주 관심의 대상으로 떠올랐다. 아마도 버밍엄에 다양한 망치들이 있다는 것을 알고 무척 놀랐던 마르크스의 영향 때문일 수도 있다. 망치가 그토록 특화된 것은, 톱과 마찬가지로 장인들이 사용하는 과정에서 구상할 시간이 충분했다는 사실을 인정한다면 어쩌면 그리 놀랄 일도 아니다. 대다수의 망치꾼들은 결점을 알면서도 대강 적응해 받아들이려 했지만, 일부 혁신적인 사람들은 특정한 목적에 아직 미치지 못한 미완의 공구를 사용하면서 매번 맞닥뜨리는 문제를 해결할 방도를 나름대로 궁리했을 것이다(관찰력이 좋고 발명에 소질 있는 공구제작자 역시 제품에서 개선점을 찾아냈을 것이다. 이러한 혁신적인 개선이 논리적이지 않더라도, 흔히 느끼던 기존 공구의 결함을 제거했다고 인정되면 아무리 둔감한 숙련공일지라도 즉각 구매해 사용할 수밖에 없었다).

내 집의 지붕을 다시 올리거나 또는 그런 집 바로 이웃에 살아본 사람이라면, 망치를 쓰는 사람이 단 하루 동안에 놀랄 만큼 수도 없이 망치를 두들긴다는 사실을 잘 알 것이다. 한번은 지붕을 이는 기술자가 우리 집 새 지붕 위에 사용하다 놓아둔 망치를 살펴본 적이 있는데, 망치의 머리가 닳을 대로 닳고, 나무로 된 자루 부분이 번들

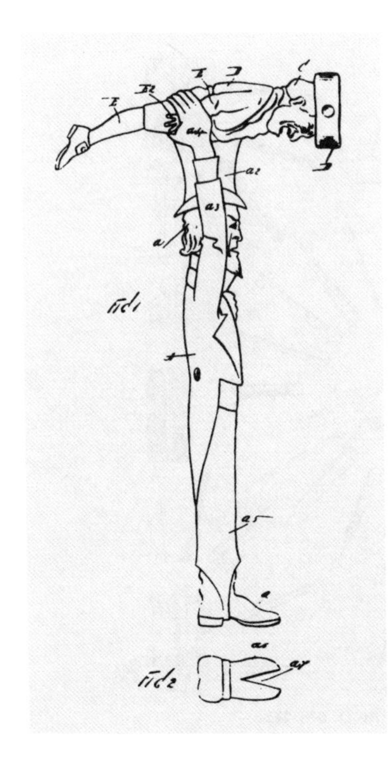

기능을 가장 중요하게 여기는 인공물까지도, 상상력과 변덕스러움은 형태에 영향을 미친다. 이 그림은 1898년에 특허를 받은 의인화된 망치이다. 흔한 공구인 컴퍼스도 자주 사람의 다리 모양을 본떴는데, 날씬하게 또는 근육질로 만들기도 했다. 실제로 써보면 사람이 작업대에서 발로 거리를 재는 듯한 모습처럼 보였다.

번들 윤기가 흐르는 것을 목격하고 큰 충격을 받았다. 그나마도 망치자루를 제대로 볼 수 있었던 것은 그곳에 생긴 균열을 감추는 테이프가 감겨 있지 않았기 때문이다.

《공구의 왕 망치The Hammer: The King of Tools》라는 제목의 어느 '수집가의 편람'은 100여 쪽에 걸쳐 사진을 실었는데, 매 쪽마다 괴상하고 특이한 10~12가지나 되는 전형적인 형태의 망치와 망치머리를 보여준다. 그 책의 나머지 200쪽에는 1845년과 1983년 사이에 망치 및 그와 유사한 공구들의 개선과 변형을 목적으로 발급된 특허도면들

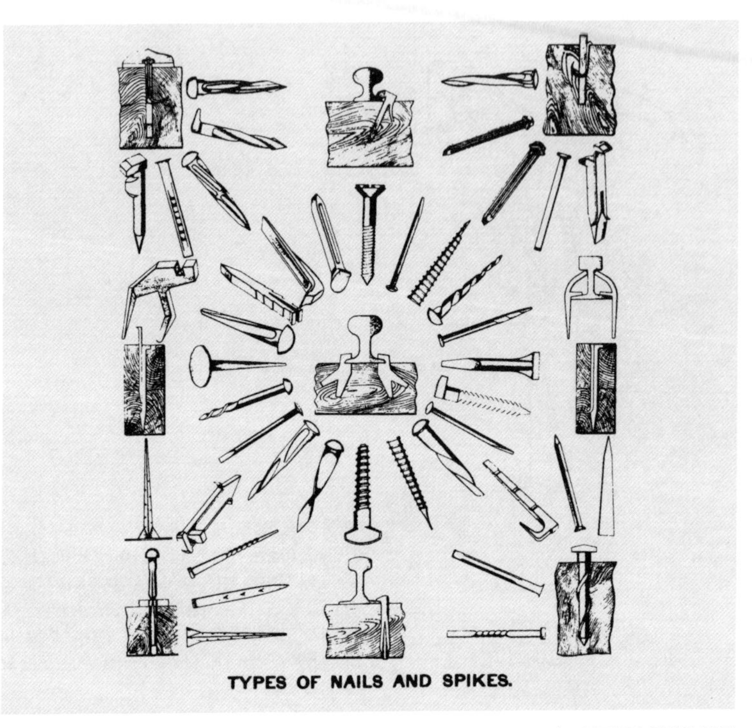

1800년대 후반 19대 미국특허청장이었던 벤저민 버터워스Benjamin Butterworth는 인공물의 진화를 탐색할 목적으로 이와 관련된 특허에서 발췌한 삽화를 골라 배열했다. 《산업기술의 성장The Growth of Industrial Art》에 나오는 이 그림은 아주 다양한 못의 종류를 소개한다. 발명가들이 기대한 만큼 효율적으로 기능을 발휘하는 데 실패한 기존 인공물의 결함에서 인공물의 특화된 형태가 개발될 수 있음을 잘 보여준다.

을 다시 작성해 게재하고 있다(각 페이지마다 네 가지씩). 그러니까 적어도 발명가의 생각으로는 그 모든 망치가 다른 어떠한 망치도 할 수 없는 특수한 기능을 해낸다고 믿었던 것이다. 확실히 단지 디자인만 신기하게 변형해 특허를 받은 공구들의 사례가 많았다. 디자인 특허를 받는 데 굳이 기능상 개선까지 필요하지는 않았더라도 놀랄 만한, 또는 독특한 새로운 외양의 인공물이 아직은 가장 성공적인 발명으로 여겨지고 있었던 것이다.

그러나 수년에 걸쳐 망치가 각 개인에게 편리하도록 전문화되고 특화되는 모든 상황에서 빅토리아 시대 후반에 활동했던 상인들은 한 가지 모델을 팔면서 사용자들이 가능한 한 다양한 용도로 사용할 수 있도록 사용 범위를 넓혀가는 것에 드러내놓고 반대하지는 않았다. 1895년 몽고메리워드사는 당시 카탈로그에 하나의 망치를 다용도로 사용하도록 설명한 참신해 보이는 공통사용 목록을 만들어 발표했다. 그중에 특히 머리는 가볍고 못을 뽑는 부분이 크며 각이 진 망치 하나를 선정해 부각하면서 굽도리 널을 파손할 위험이 있거나 또는 단단히 박힌 납작못을 제거하지 못하는 다른 망치를 대신할 수 있다며 자랑했다. 통신판매용 카탈로그의 설명은 아래와 같았다.

> 납작못 다루는 망치로는 시장에 나와 있는 것 중에 가장 좋습니다. 표면을 상하게 하지 않고 납작못을 박을 수 있으며 쉽게 뽑을 수도 있습니다. 실내장식업자, 마차 수리공, 전단 붙이는 사람, 양탄자 까는 사람, 장의사, 사진사, 치과의사, 표구사, 담배상이 가장 좋아하는 망치이기도 합니다. 가정용으로도 이 망치를 능가할 공구는 없습니다.

정말이지 만능 망치이다. 만일 장의사나 치과의사가 동일한 망치를 사용하지 않는다면, 버밍엄에서 제작된 모든 망치를 동원한다고 해도 그 수요를 충족할 수는 없었을 테고, 몽고메리워드사가 얼마나 많은 다른 모양의 망치를 더 만들었어야 했을지 궁금해진다. 단 하나의 망치만으로 이처럼 다양한 사용처를 확보했다는 것은 다양성에도 한계가 있음을 암시한다. 그 한계는 실용적이고 경제적인 수단과 목적 사이에서 일어나는 갈등이라기보다는 오히려 균형을 대변한다고 할 수 있다.

불어나는 것들의 패턴

8

PATTERNS OF PROLIFERATION

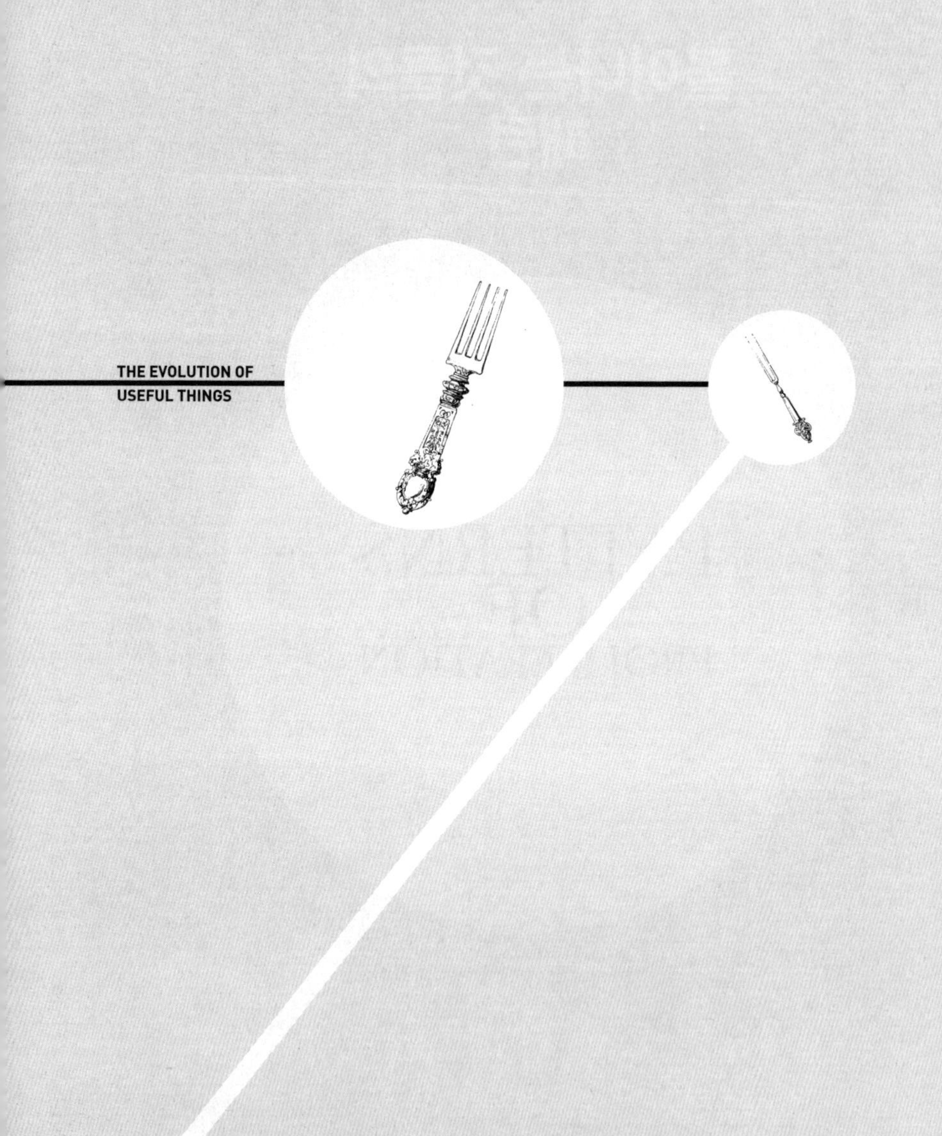
THE EVOLUTION OF
USEFUL THINGS

포도광들이 수집한 빈티지 은제식기류

골동품 전시회에서 가장 화제의 중심이 되는 품목은 기묘하고 범상치 않은 아주 오래된 은제식기들이다. 손잡이만 봐도 분명 흔한 식사도구인 것 같은데, 원래 용도는 꽤나 논란도 많고 근거도 분명하지 않다. 거래상들과 수집가들은 골동품의 가치보다는 용도에 대해 더 고집스럽게 파고든다. 아무리 문외한이라도 그들의 논쟁을 조금만 들어보면 잠깐 사이에 그 멋지게 생긴 도구가 토마토를 담는 것인지, 오이를 담는 것인지, 또 다른 도구는 아이스크림용인지, 생선용인지, 아니면 빵가루를 뜨는 데 사용하는 것인지 혼란에 빠진다. 그들이 자기가 하는 말을 알고는 있는지, 진짜로 무엇을 두고 논쟁을 벌이는지 금방 의문이 생길 지경이다.

수전 맥러클런Suzanne MacLachlan은 유독 인터내셔널실버사의 한 부서에서 만들어 1904년부터 1918년까지 판매한 '1847년 로저스 브러

더스' 상표의 빈티지풍 은제식기라면 무엇이든 수집한다. 그 식기류의 손잡이에는 포도송이가 새겨져 있기 때문에, 한때 1,100점에 달하는 빈티지풍 품목을 보유했던 맥러클런과 그녀와 비슷한 수집가들은 몇 가지 이유를 들어 스스로를 '포도광'이라고 부를 정도였다. 보험대리인이 재고조사를 요청하자 맥러클런은 소장품목들의 카탈로그를 만들었는데, 그 결정판인 《포도광을 위한 수집가 편람Collector's Handbook for Grape Nuts》을 출간하기도 했다. 책에는 그녀가 실제로 관찰하고 수집한 현저하게 다른 60여 점의 품목이 소개되어 있다. 은제식기 거래상과 보석상들의 오래된 카탈로그에서 주로 발췌한 품목들을 다시 그린 80점 가량의 그림도 수록되었다. 흔히 볼 수 있는 만찬용과 샐러드용 포크부터 서양 호박과 치즈를 뜨는 국자처럼 진귀한 것들까지 망라한다. 나이프와 포크, 스푼의 구분이 애매한 겸용 도구는 '멜론 나이프 또는 포크'로, 또 다른 괴상한 도구는 '올리브 포크 또는 스푼'이라고 부른다. 후자는 숟가락 머리 부분에 퇴화한 갈퀴 두 개가 달려 있고, 달걀 모양으로 구멍이 나 있어서 올리브를 뜨기가 편했을 것이다. 카탈로그를 제작하면서도 그런 분류는 쉽지 않았던 것으로 보인다. 처음에는 '올리브 스푼'으로만 분류했으나, 나중에는 포크 목록에도 함께 포함시켰다. 다른 제조사들은 아예 그 애매함을 직접 드러내서 '이상적인 올리브 포크 겸 스푼'이라는 이름으로 특허를 받기도 했다.

맥러클런은 책 서문에서 빈티지풍 수집품목들에 단정 짓기 어려운 점이 있었음을 털어놓는다. "2년간 원고를 준비하면서, 경험에 기대 확고한 결론을 끌어낸 후에도 곧바로 들어온 또 다른 정보가

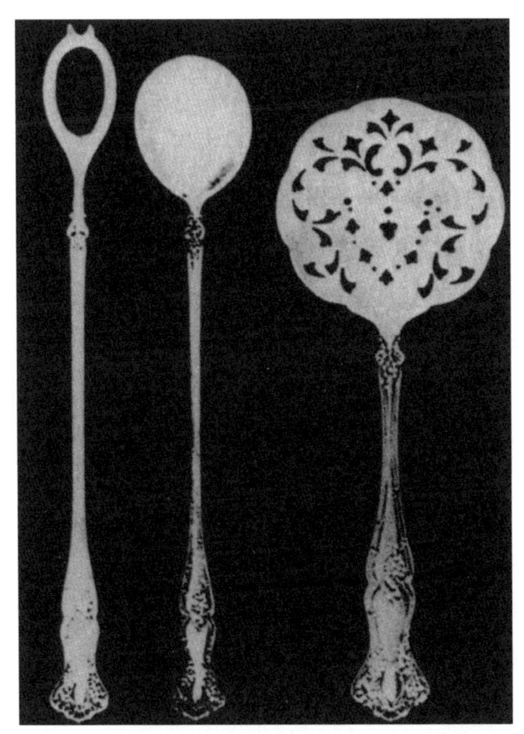

이 빈티지풍 은제식기 세 점은 왼쪽부터 올리브 포크 또는 스푼, 초콜릿 휘젓개, 토마토 나르개이다. 올리브를 안전하게 담을 수 있도록 머리 부분을 움푹 파이게 만들었다면, 원하지 않는 액체까지 딸려 들어왔을 것이다. 고리 모양의 머리가 이러한 결점을 없앴고 퇴화한 갈퀴는 올리브를 뜨기 전에 움직이지 않도록 잡아준다. 다른 두 점의 도구는 모두 올리브를 나르는 데 전혀 쓸모가 없다.

그 결론과 달라서 갈등을 겪기도 했다." 책의 후반부에서 그녀는 어려움의 원천에 대해 설명한다. "몇 가지 요인들이 '포도' 수집을 혼란스럽게 했지만 한편으로는 매혹적이기도 했다. 제조사는 1904년부터 1918년까지의 품목들을 다시 디자인하고, 이름도 새로 붙였으며 또 가능한 범위에서 규격도 바꾸었다. 그들은 특별 주문을 받아 다른 품목의 요소들을 결합해 새로운 도구를 만들기도 했는데, 자유롭게 빼고, 끼워 넣고, 이름까지 바꿨다."

분명히 갈퀴 모양이 다른데도, 카탈로그에서 동일한 번호가 붙은 샐러드 포크를 보면 문제가 아주 잘 드러난다. 초기의 모델은 갈퀴가 물결치는 듯 굽었고 끝이 다소 뾰족했다. 나중에 나온 모델은 갈퀴가 직선이며 더 짧고 통통하면서 뭉툭했다. 맥러클런에 따르면 이 동일한 포크는 카탈로그에 '독특한 샐러드 포크', '독특한 피클 포크', '짧은 피클 포크' 및 '독특한 소스 포크' 등의 이름으로 실렸다고 한다. 그녀는 더 나아가 다음과 같이 지적한다.

> 초기 모델의 갈퀴는 종종 심하게 휘어졌던 것으로 보인다. 나중에 나온 모델의 갈퀴는 곧고 묵직하다. '로저스 1847년' 계열은 평생 사용을 보증했으며, 제조사에서는 지속적인 수선을 요하는 품목에 대해서는 반드시 품질 개선에 돌입했다.

초기 모델의 쉽게 휘어지는 결함을 개선하려는 해결 방안으로 포크의 디자인이 진화했다는 것은 형태가 실패를 따른다는 원칙의 고전적인 사례이다. 제품이 나오던 14년이라는 짧은 기간에 그러한 혁신적인 변화가 일어났다는 것은 제조사들이 의도한 기능을 발휘하지 못하는 제품에 얼마나 예민하게 반응했는지를 보여준다. 그러나 그처럼 짧은 기간에 이름까지도 샐러드 포크에서 피클 포크, 소스 포크로 바꾼 것은 형태 진화의 좀 더 미묘한 측면을 분명하게 제시한다. 휘어진 갈퀴는 객관적인 관찰로 판별해낼 수 있는 반면, 형태

이 포크들은 한때 모젤Moselle풍에 속한 은제식기류를 대표하며 왼쪽부터 피클 포크, 파이 포크, 샐러드 포크이다. 앞의 포크 두 개는 아주 뚜렷한 절단용 갈퀴가 눈에 띈다. 식사할 때 대개 나이프 대신 포크가 사용되면서 절단할 때 휘어지지 않도록 갈퀴를 튼튼하게 발전시킨 것이다. 또 비대칭 구조로 보아 오른손잡이용임을 알 수 있다.

진화의 또 다른 측면은 품목 자체나 또는 대체하려던 관련 품목의 기능상 실패에 대한 주관적인 인지에서 비롯된다는 점이다. 이것은 샐러드 포크가 존재하는 이유이기도 하다. 만찬용 포크가 어떤 면에서는 아마도 가볍게 쓰기에는 너무 무겁거나 또는 덩치가 커서, 샐러드 포크만큼 효과적으로 기능을 발휘하는 데 실패했거나, 또는 실패할 것으로 생각했거나, 다른 사람들로부터 그렇게 들었기 때문이었을 것이다. 맥러클런이 소장한 품목들에 여러 이름이 붙은 것은 아마도 다른 도구보다 그 품목이 의도한 여러 용도에 더 쓸모가 있었음을 뜻한다.

지나치게 다양한 식기류

포도광들이 맞닥뜨린 문제는 19세기의 양식을 모으는 수집가들에 비하면 사소한 편이었다. 빅토리아 왕조 초기의 은제식기 제조사 카탈로그에는 아예 그림조차 없었다. 19세기 말에야 흔히들 그림을 삽입했는데 아마도 그림이 없으면 품목을 따로 구별해 다른 양식에 해당하는 품목을 확인하고 설명하는 것이 거의 불가능해졌기 때문일 것이다. 1880년대와 1900년대 사이에 로저스 브러더스는 다수의 신종 식기류 품목을 포함한 27가지의 새로운 식사도구 양식을 소개했다. 다른 제조사들도 동시에 많은 품목을 쏟아냈다. 미국을 비롯한 여러 나라의 은제식기에 관해 폭넓게 글을 써온 도로시 레인워터Dorothy Rainwater는 다음과 같이 적었다.

> 1918년 토울Towle사에서 내놓은 조지 왕조풍 세트는 131가지 품목으로 구성되었다. … 음식을 입에 넣는 스푼이 열아홉 종이었으며, 음식 나르개가 열일곱 종, 음식을 담고 써는 도구가 열 종, 국자 여섯 종, 그리고 국자나 포크, 스푼에 속하지 않는 식사도구가 스물일곱 종이었다. 당시 주부들은 작은 파이용 포크를 크로켓에 잘못 내놓는다거나 토마토용 포크를 오이에 쓰는 실수를 저지르지 않으려고 얼마나 노심초사했을까.

1926년에도 아직 일부 세트는 용도가 분명하게 다른 146가지나 되는 많은 종류로 구성되었다. 이런 상황을 해결하기 위해, 당시 미국 상무장관이자 은제식기제조협회 명예회원이었던 허버트 후버 Herbert Hoover는 이후에 나오는 식기 세트 품목 수를 최대 55가지로 제한하자는 안을 내놓았고, 협회 회원들도 이를 받아들였다. 지금은 20가지 이상 되는 세트를 보기가 쉽지 않다. 그러나 이름을 붙이면서 발생하는 혼란은 아직도 남아 있다. 최고급 제조사들조차 동일한 기능이 분명한데도 카탈로그에서는 다른 이름을 붙이기 때문이다. 유사한 모양의 도구를 어디는 '냉육 포크', 또 어디는 '케이크 포크', 또 다른 데서는 '생선 포크'와 '샐러드 포크'라고 부른다. 게다가 같은 세트에 들어 있는 각 포크의 형태 차이는 각기 다른 두 세트에 들어 있는 '만찬용 포크'보다 모양 차이가 크지 않아 더욱 혼란스러웠다.

이처럼 형태가 여러 가지로 갈라지는 이유는, 예컨대 일반 포크를 피클 포크 같은 특수한 용도로 쓰게끔 개조하는 방식이 각자의 판단에 따라 달라질 수 있기 때문이었다. 피클 포크는 미끄러운 음식을 병에서 떠 각 접시로 옮기는 역할을 하는데, 실제로 사용해보면 신통치 못하다고 비판할 수 있다. 그러나 누구라도 병에서 피클을 뜨려고 시도해봤다면 일반 만찬용 포크로는 피클을 효과적으로 뜨기 힘들다고 장담할 것이다. 갈퀴가 아무리 예리해도 견고하고 미끄러운 피클의 껍질을 뚫기는 어렵다. 일단 찍기만 하면 병의 목을 통과해 집어 올리기는 수월하다. 피클을 접시로 옮기도록 충분히 단단하게 붙잡고 있는 것까지는 해냈는데, 막상 피클을 접시에 내려놓으려니 피클이 포크에서 떨어질 생각을 안 하고 애를 먹인다.

다양한 형태를 보기 위해 몇몇 은제식기류 세트에 있는 포크들을 모아보았다. 윗줄 왼쪽부터: 굴 포크 스푼, 굴 포크(네 종류), 딸기 포크(네 종류), 테라핀 포크, 양상추 포크, 램킨 포크. 가운데 줄: 큰 샐러드 포크, 작은 샐러드 포크, 아동용 포크, 바닷가재 포크, 굴 포크, 굴 칵테일 포크, 과일 포크, 테라핀 포크, 바닷가재 포크, 생선 포크, 굴 칵테일 포크. 아래줄: 망고 포크, 딸기 포크, 아이스크림 포크, 테라핀 포크, 바닷가재 포크, 굴 포크, 페이스트리 포크, 샐러드 포크, 생선 포크, 파이 포크, 후식 포크, 만찬용 포크(테라핀은 식용거북이, 램킨은 치즈빵이다 — 옮긴이).

그렇다면 완벽한 피클 포크의 갈퀴는 어떻게 디자인해야 하는가? 피클을 찌르고 붙잡도록 최적화해야 할까? 아니면 피클을 접시에 내려놓을 때 쉽게 떼어낼 수 있도록 보강해야 할까? 이러한 디자인의 이율배반적인 목표를 이루려면 절충이 필요하다. 절충이란 결국 판단과 선택의 문제이기 때문에 발명가들은 같은 문제라도 저마다 다른 방식으로 해결하려 든다. 여기에 새로운 세트나 기존 세트에 진기하고 처음 선보이는 품목을 통합하려는 미적인 욕구가 발동한다면, 이 또한 포크의 갈퀴 모양에 영향을 미칠 수 있다. 세트를 구성할 품목 수를 늘릴 때보다는 줄이려고 할 때 더욱 복잡한 문제가 발생한다. 한 가지 도구가 다양한 기능을 발휘하도록 형태를 결정해야 하기 때문이다.

기존의 품목들은 이미 특화되어서, 모든 경우에 대해 각각의 형태가 어떠한 기능으로 만들어졌는지 알기가 쉽지 않았다. 에티켓에 관한 책을 펴낸 많은 저자들은 (수집하는 사람들과는 반대로) 우리가 꼭 알고 있어야 하는 것보다 훨씬 더 많은 식사도구들을 제안하지 않는다. 1920년대에 에밀리 포스트는 그 문제에 분명한 입장을 보였다.

> 독자들이 보낸 서신을 보면 그들은 식사할 때 종종 식사도구를 옳게 선택하고 있는지 또는 모양이 낯선 도구들을 제대로 사용하는 법을 몰라서 실수할까 봐 두려워한다는 것을 알 수 있다. 우선, 디자인한 사람만이 그 쓸모를 알 수 있을 법한 묘하게 생긴 납작한 접시는 제대로 차린 식탁에서는 마땅하게 놓을 자리가 없다. 그러니 만일 그 도구를 디자이너가 의도한 대로 사용하지 못한다 해도 결코 에티켓을 어겼다고 말해

서는 안 된다. 예절이란 전통에 뿌리를 두고 있으며 정상을 벗어난 경우는 상관할 바가 아니기 때문이다. 다음, 어떻게 사용할지를 선택하는 것은 전적으로 중요하지 않다. 진짜로 높은 사회적 위치에 있는 인사라면 그런 사소한 부분에 신경 쓰지 않는 법이다. …
현명한 사람들은 식사도구 결정에 크게 신경 쓰지 않는다는 언급에는 전제조건이 있다. 그들이 만찬용 포크로 굴을 집어 먹거나 또는 티스푼으로 국을 떠먹는 일은 없다는 점이다. 그들은 본능적으로 무엇이든 먹을 음식에 적절한 도구를 선택할 수 있다. 생선을 먹기 위해 사용하는 중간 크기의 갈퀴 달린 도구가, 원래는 제조사에서 특별히 샐러드나 비스킷용으로 만든 것이라 해도 문제 될 게 전혀 없다.

에밀리 포스트와 다수의 에티켓 저자들은 아무리 최상의 음식도 몇 가지 기본 도구만 있으면 충분하다고 조언한다. 그 필수 품목은 다음과 같다. 테이블 스푼, 디저트 스푼, 티스푼, 커피 스푼 … 큰 포크(흔히 만찬용 포크라고 불린다), 작은 포크(보통 샐러드 포크나 디저트 포크라고 불린다) … 큰 나이프(강철 날의 만찬용 나이프), 작은 나이프(날이 은으로 된) 등등. 생략한 것들은 '완벽하게 갖춘 가정에서 구비할 만한 모든 식사도구 목록'에는 들어가지만, '불필요하다고 여겨 빼버릴 수도 있는' 각종 특화된 스푼과 포크, 나이프이다. 그러나 한 때는 누군가가 분명 '필요한' 품목이라고 주장했겠지만, 지금은 '불필요한' 도구의 기원을 밝히는 것은 익숙한 듯하면서도 수수께끼 같은 인공물의 진화에 대해 가치 있는 통찰을 제공한다.

동일한 용도를 위해 만든 식사도구라도 제조사에 따라 형태가 다르다. 윗줄 왼쪽부터: 정어리 포크(세 가지), 정어리 포크와 보조도구, 젤리 나이프(다섯 가지). 중간 줄: 토마토 뜨개(세 가지), 토마토 포크. 왼쪽 맨 아래: 버터 나이프(네 가지). 오른쪽 아래 위부터: 치즈 뜨개(두 가지), 치즈 나이프, 치즈 국자(네 가지).

에밀리 포스트의 광란의 1920년대

현대식 식사도구는 보기에도 훨씬 매력적이고 사용하기에도 매우 편리하다. 그러나 식당이나 만찬장에서 식사를 하다 보면 뭔가 부족하다고 느낄 때가 종종 있다. 예컨대 만찬용 포크는 대부분 네 개의 갈퀴가 있어서 적당히 크고 날카로우며 간격도 알맞아 편안하게 느껴지지만, 현대성을 강조한다며 모양을 낸 일부 포크는 갈퀴가 세 개뿐이고 끝은 뭉툭하며 간격도 넓게 드문드문 배치해 차라리 나무 막대기로 식사를 하는 것이 나을 듯한 기분이 든다. 가끔은 식기 세트의 만찬용 포크가 그럴싸하게 완벽한 조화를 이루는 경우에도 일부 다른 포크는 짧고 뭉툭하여 양상추나 다른 음식을 찍어 먹기가 불편할 때가 있다. 더구나 일부 포크는 갈퀴 표면이 포크라기보다는 티스푼처럼 움푹 들어가 있어 지지면적이 매우 좁고 음식을 떠 나르기에도 불편하다. 외관은 매력적일지 몰라도 편안하게 음식을 먹게 하는 본연의 목표를 달성하기에는 적합하지 않다. 말하자면 보기에 따라서는 기능 면에서 실패한 것처럼 보이지만, 아직도 가정이나 음식점에서는 사용을 고집하고 있다.

은제식기는 대개 오랜만에 큰마음을 먹고 사는 물건이기 때문에 기능보다는 미관을 더 중시하며, 가끔은 어쩔 수 없이 일생 동안 그 세트에만 매달리는 경향이 있다. 그러나 은제식기류를 무한정 오랫동안 사용할 수는 없다. 19세기 말에는 잘만 관리하면 25년간 도금이 벗겨지지 않으며 필요하면 다시 도금을 할 수 있다고 인식해 더 좋은 세트가 팔렸다. 다시 도금을 할 때쯤이면, 고객들은 특정 품목에 대해 제대로 기능을 발휘하지 못한다고 불평까지는 아니더라도 자연스럽게 이런저런 결점을 털어놓기 마련이다. 빈티지풍 식기 제조사처럼, 책임감이 강한 업체라면 다음 세트를 만들 때 결점을 모아 개선하는 것이 장점이라는 사실을 깨달았을 것이다. 휘어진 갈퀴가 달린 포크 하나 때문에 전체 세트가 통째로 나쁜 평판을 들을 수도 있기 때문이다. 그러나 단 하나의 품목을 완벽하게 만든다고 해서 특정 품목이 확산된다고 할 수도 없다.

전통에 대한 맹목적인 집착 때문이든 기능적 세분화가 도를 넘었다는 무언의 인식 때문이든 간에 1920년대에는 식사도구를 선택할 때 '보수적인 입장'을 고수했다.

> 식기류를 선택할 때는 완벽하게 갖춰진 식탁을 위해 매우 보수적이어야 한다. 괴상한 갈퀴가 달려 있거나 뒤틀린 스푼은 홍합껍데기처럼 깊이 파여 있든 장미 꽃잎처럼 평퍼짐하든 모두 수준 미달이다. … 진짜로 완벽하다고 말할 수 있는 것은 … 18세기 또는 19세기 초에 실제로 제작된 은제식기류이다. 감정가들이 보기에 고색창연한 그 은제식기를 모방한다는 것은 불가능하기 때문이다. 다행히도 우리는 대부분 감정가만큼 예민하지 못하므로 최상의 제품을 충실하게 재현한 복제품만으로도 만족할 수 있다. … 새로운 디자인보다는 차라리 복제품을 고르자.

그렇다고 포크 하나가 모든 경우에 다 들어맞는다는 말은 아니다. 가령 크고 작은 만찬용 포크는 분명히 상호 보완 관계에 있다. 큰 포크는 고기를 다루는 데 최적화되어 샐러드와 디저트 같은 더 섬세한

에밀리 포스트는 고전적인 도구만을 인정했다. 왼쪽부터: 만찬용 포크, 작은 포크, 굴 포크, 만찬용 나이프, 작은 나이프, 버터 나이프, 과일 포크, 과일 나이프. 1920년대에 에티켓과 관련해 인기 저자였던 그녀는 특화된 식사도구 몇 가지만 사용할 것을 주장했다.

음식을 먹기에는 너무 투박하고 무겁다. 작은 포크는 점심처럼 가벼운 식사에 알맞아서 고기를 다루기에는 적절하지 않다. 사실 에밀리 포스트가 식사도구 세트 그림에서 '황홀할 정도로 단순해서 극찬할 만한' 작은 포크는 실제로 만찬용 포크를 더 작게 줄여놓은 것에 불과하다. 약 2.5센티미터 정도 짧지만 기하학적으로는 모든 면에서 비슷해 그녀가 좋은 포크로 분류하는 기준에 꼭 맞는다. "모서리는 … 완만하게 둥그스름하며 갈퀴는 날씬하다." 식기류 양식의 권위자인 그녀의 찬사는 계속된다.

작은 포크가 가장 중요하다. 반드시 큰 포크를 사용해야 하는 고기를 먹을 때를 빼고는 아침, 점심, 만찬에 나오는 모든 음식을 다 먹을 수 있다. 작은 포크는 문자 그대로 '만능'이다. 뼈대 있는 대단한 가문에서도 반드시 갖추고 있는 필수품이다.

이제 은제식기류는 식사에 꼭 필요한 도구들로 이루어졌다. 공구의 발전과 마찬가지로 식사도구는 사람들이 기대하고 바라던 만큼 음식을 처리하고 먹을 때 깔끔하고 효율적인 기능을 발휘하지 못했고 이에 대응해 새로운 식기류가 쏟아져 나왔다. 일반 포크로 굴을 먹으며 겪은 어려움을 토로했건, 갈퀴가 휘어진 포크의 수리를 맡기며 투덜거렸건, 세공사가 직접 식탁에서 기존 도구로 식사를 하다가 찾아냈건 간에, 시간이 흐르면서 개선된 식사도구들이 등장했으며 개수도 부쩍 늘어났다. 식기 제조사들이 더 많은 구매를 유도하기 위해 새로운 품목을 모색했다고 생각할 수 있지만, 빅토리아 시대의 식사도구가 풍기는 매력과 식사에 쏟은 정성도 큰 몫을 했다고 볼 수 있다.

에밀리 포스트가 디자인의 모범으로 삼은 나이프와 포크, 스푼은 서유럽 상류층에서 기본 식사도구로 흔히 사용하기 시작했을 무렵에 만들어졌다. 그 후 나이프와 포크의 규격은 취향과 스타일, 또는 크기를 두고 벌어지는 논란에 따라 번갈아 커지거나 줄어들었다. 기존 포크의 결함을 보완하는 수정 작업, 특히 갈퀴 개수와 특징에 대한 진화가 거듭되었다. 나이프의 날도 초기 역할을 포크에게 내주면서, 규격 외에 기본 식사도구로서 요구되는 형태에서 많은 변화를 겪어 정점에 도달했다. 그러나 19세기에 접어들면서 수공업이 기계화되고 판매전략과 네트워크 또한 발전하면서, 당시 널리 사용하고 정착된 나이프와 포크, 스푼에 결함이 있다는 깨달음도 점차 확산되었다. 에밀리 포스트의 주장에도 불구하고 일반 스푼으로 포도를 먹기는 쉽지 않았으며, 크고 작은 포크로 딱딱한 바닷가재를 먹는 것도 마찬가지였다. 또 어떤 도구로도 아스파라거스를 담기가 쉽지 않았다. 경험이 많다면 몇 가지 일반 도구만으로도 어떻게든 식사를 할 수 있겠지만, 운송과 냉동기술의 발전에 따라 다양하게 불어나는 새로운 음식을 기존 도구만 사용해서 먹기에는 불편했다.

목공소에서 기본 공구 세 가지만으로 모든 일을 깔끔하게 해낼 수 없는 것처럼 간단한 나이프와 포크, 스푼만으로 모든 음식을 편리하게 먹을 수는 없었다. 터져서 즙이 흘러나오는 포도, 딱딱한 바닷가재, 축 늘어진 아스파라거스 등을 다루면서 실망한 경험에 대한 대응책으로서 불가피하게 특화된 식사도구를 고안할 수밖에 없었을 것이다. 식사도구가 특화되면서 자연스럽게 가짓수가 늘어났고, 구비해야 하는 경제적 부담도 커졌으며 청결하게 보관하는 유지 및 관리도 부담이었다. 이름을 붙이고 제대로 정확하게 사용하는 법을 알리는 등 교육적인 측면도 문제였다. 이 모든 부담을 지고 감당해낼 수 있는 사람이 과연 있을까? 사실 에밀리 포스트의 도의적 지지에 힘입어, 일반 사람들은 각각의 요리에 적합한 식사도구를 일일이 갖추지 않아도 유행에 뒤처지는 것이 아니라는 생각을 하게 되었다. 결국 알아주는 가정에서도 단지 몇 가지 기본 도구만 갖추었다.

음식을 나르는 기차와 음식을 덜어주는 인형

19세기는 각종 기계장치의 시대였고, 이는 식탁에서도 예외는 아니었다. 빅토리아 시대의 환상적인 발명품에 관한 글을 보면 중산층 가정은 만찬에 사람들을 대접할 뿐 아니라 필요한 각종 물건을 관리하고 보관할 만큼 넓고 복잡했다. 접대는 '항상 이웃과 초대된 친지들보다 더 성대하게 여는 것을 목표'로 삼아 이어졌다. 공식만찬의 주요 골자는 과시였다. '넉넉한 음식과 포도주 파티로 유명한' 영국의 어느 농장주가 쏟은 정성은 말로 다할 수 없을 정도였다.

> 그는 친구들과의 만찬 자리에 하인들이 계속해서 들락거리는 것이 싫었다. 그래서 무질서하게 뻗어 있는 저택에 식당과 부엌, 식료품 창고를 연결하는 레일을 설치해 음식과 포도주를 나르도록 했다. 전기차는 주방의 작은 출입문을 통해 레일 위를 타고 나와 바로 손님들이 앉은 식탁 앞에 멈춰 선다. 손님이 음식을 골라 집으면, 주인은 단추를 눌러 전기차를 다음 손님 앞으로 이동시켰다. 그런 과정을 여러 번 거친 후 전기차는 다른 출입구를 통해 식료품 창고로 되돌아가서 다음 코스 음식을 실었다. 기계식 서비스 인형도 매우 비슷한 동기로 태어났다. 키가 43센티미터에 요리사 복장을 한 이 작은 에나멜 칠을 한 인형은 양손에 음식이 담긴 냄비와 접시를 들고 손님 앞에 서 있다가 발에 달린 단추를 누르면 자동으로 음식을 덜어주었다.

이런 획기적인 방법들이 발명가들에게 떼돈을 벌어주지는 못했겠지만, 식사 시중의 불편함을 극복하려고 이처럼 기계화된 인공물을 고안해냈다는 사실만으로도 빅토리아 시대 사람들의 패기를 짐작할 수 있다. 그처럼 온 힘을 기울인 해결책은 식사 자체에 대한 정성스러움을 지키려는 노력과 무관하지 않았다. "자존심이 걸린 만찬에서 메뉴는 최소한 수프 두 종류와 생선 두 종류, 네 종류의 앙트레(생선 요리와 고기 요리 사이에 나오는 음식—옮긴이), 고기 요리 두 종류, 입가심 두 종류와 곁들이는 요리 여섯 종류가 필수였다." 고기 요리 다음에도 두 가지 음식이 더 나왔다. 메인코스 사이사이에 무려 여섯 종류의 요리가 나왔다는 이야기이다. 나도 한때는 꽤 불합리한 구습일 뿐이라고 생각했지만, 얼마 전 영국을 방문했을 때 그와 같이 끝없이 이어지는 식사 문화를 경험한 적이 있었다. 강의 시작 전에 점심을 먹었는데, 미국이라면 공식만찬에서나 먹을 듯한 요리보다도 훨씬 더 다양한 음식이 나왔다. 케임브리지대학의 일상적인 만찬에서는 미국의 어떠한 교수모임에서도 보지 못한 수많은 식사도구를 목격했다. 우연히 듣기로 셰익스피어의 작품 〈십이야〉의 초연인가 두 번째 공연인가가 올려졌다는, 영국 법학원의 강당에서 열린 건축법학회의 연례만찬에는 서로 다른 수많은 유리잔들이 놓여 있었다. 마치 아주 긴 식탁의 모든 테두리에 크리스털 말뚝으로 울타리를 쳐놓은 듯했다. 유리잔의 형태도 은제식기류처럼 다양하게 발전해온 것이다.

빅토리아 시대에 미국인이 영국인에 비해 식탁에서 더 많은 제약을 받았다고 생각한다면 오산이다. 1887년 보스턴에서 출간된 사회풍습에 관한 책을 보면 과도한 식탐을 우려하긴 하지만, 자제했다고

빅토리아 시대의 만찬식탁 레일은 영국 남부의 농장주가 음식을 나르는 하인들 때문에 자꾸 흐름이 끊기는 것을 방지하려고 만든 물건이었다. 요리사 복장을 한 작은 에나멜 인형을 이용한 자동화 장치는 만찬장에서 일하는 하인들의 수를 줄일 요량으로 빅토리아 시대의 또 다른 발명가가 고안한 특허품이었다.

는 볼 수 없는 대목이 있다.

각 접시 옆에는 때로는 일곱 개, 심지어는 아홉 개의 포도주잔이 놓였다. 그러나 대부분 이만큼이나 포도주를 마구 퍼마시지는 않는다. 다른 식탁에는 디저트와 함께 여분의 포도주잔이 두 개나 더 있었는데, 하나는 셰리(에스파냐산 백포도주)나 마데이라(포르투갈산 백포도주)용이고 다른 것은 클라레(프랑스 보르도산 적포도주)나 버건디(부르고뉴산 적포도주)용이었다. … 생굴 다음에는 수프가 나온다. 제대로 차린 만찬이라

> 면 두 가지 수프가 나온다. 흰 수프와 갈색 수프 또는 흰 수프와 맑은 수프 … 다음에는 생선, 그리고 앙트레 또는 '생선 다음에 나오는 첫 번째 요리들'이 나온다. 아주 공을 들인 만찬에는 두 가지 앙트레를 동시에 내와 시간을 절약할 수도 있다. 이어서 고기, 로만펀치(레몬수에 달걀흰자, 설탕, 럼주를 넣은 차가운 음료), 새 요리, 샐러드 순으로 나온다. … 치즈는 종종 별개 코스로 여겨진다. 최근 만찬의 경향은 대개 각 요리가 '홀로 독립되는' 추세이다. … 그러나 너무 지나친 면도 있다. 고작 채소 한 가지나 많아야 두 가지 정도가 한 코스로 나온다. 많은 채소가 아스파라거스, 옥수수, 마카로니처럼 한 코스를 차지한다.

지나친 허례허식은 물론 대형 만찬에서나 볼 수 있었다. 그리고 같은 책에서 저자는 "소규모 만찬에서는 두세 가지 포도주만 있어도 충분하다"고 확신했다. 《오늘의 뉴욕 에티켓The Etiquette of New York Today》의 저자는 새로운 세기를 맞아 식사가 상당히 간소화되었다고 여겼다.

> 최근에는 간단한 만찬이 유행이다. 메뉴는 일반적으로 그레이프프루트, 캐비아 카나페, 수프, 생선, 앙트레, 두 가지 채소를 곁들인 고기 요리, 새 요리와 샐러드, 디저트와 과일 등이다. 치즈는 가끔 새 요리 다음, 아티초크와 아스파라거스는 별개의 코스로 나온다.

이 수많은 음식 때문에 19세기에 유독 특화된 식기류 품목이 꽤나 진화했다고 대수롭지 않게 여길지도 모르지만, 그렇다고 형태의 진화에 대한 기원이 분명해지는 것은 아니다. 될 수 있는 대로 많이 팔기 위해 제조사들이 꾸민 음모라는 논리로는 각 품목의 형태가 왜 오늘날처럼 생겼는지 설명하지 못한다. 형태를 설명하려면, 자르고 썰고 찍고 담는 등 매우 다양한 음식을 먹기 위해 필요한 기능을 발휘하는 과정에 상상만큼 효율적이지 못했던 각 요소의 실패에서 그 해답을 찾아야 할 것이다. 그렇게 요리의 종류가 다양했으므로, 처음부터 충분히 많은 도구를 동원하고 새로운 요리마다 새로 깨끗한 식기를 내놓아야 했다. 당연히 식사 중에 사용한 식기는 계속 내보냈고, 만찬이 다음 날까지 이어지는 사태를 막기 위해 레일 위로 음식을 날라서라도 원활하게 진행되어야 했다.

> 격조 있는 만찬을 차리려면 아주 많은 접시와 그릇을 준비해야 했다. 그렇지 않으면 설거지하느라 시간이 끝없이 지체될 터였다. … 각 코스의 마지막에는 접시를 내보내고 즉시 새 접시가 들어와야 한다. 만일 포크와 나이프가 헌 접시 위에 있다면, 손님은 재빠르게 집어 옆에 내려놓아야 한다. 그렇지 않으면 다음 요리가 늦어질 수도 있다.

식사 도중에 식기를 씻는다는 것은 지금과 마찬가지로 매우 불편한 일이었다. 그래서 제대로 접대하려면 당연히 많은 양의 식기류를 준비해야 했다. 일반 나이프와 포크, 스푼을 똑같은 것으로 충분히 많이 확보하는 것 또한 중요했다. 그러나 아무래도 고기 먹을 때 쓰는 일반 나이프와 포크로 생선과 조개를 쉽고 편리하게 먹을 수 없다는 문제는 해결되지 않았다.

예컨대 굴 포크는 일반 포크 또는 더 작은 포크에서 진화한 것으로 보인다. 작은 포크의 갈퀴는 너무 길고 완만하게 휘어져 있어 껍데기 속에 있는 굴을 꺼내기가 힘들다. 물론 포크를 지렛대처럼 쓰면 가능했겠지만, 그러다 작은 조각이라도 식탁 맞은편으로 튀면 위험했다. 굴 포크의 짧은 갈퀴 중에 가장 왼쪽에 있는 것이 굴을 껍데기에서 떼어내는 칼날 용도이며, 짧고 휜 갈퀴들은 굴 껍데기 모양에 맞추어 굴을 파내고, 포크의 짧은 손잡이는 이러한 섬세한 동작을 더 쉽게 하도록 도와주었다. 바닷가재의 살이나 그와 유사한 것을 껍데기에서 떼어내는 데도 사용했다. 딱딱한 굴을 들어내려고 이렇게 쓰다 보니 시간이 흐르면서 자르는 용도의 갈퀴가 휘어졌는지도 모른다. 갈퀴의 폭은 더 넓어졌지만 두께는 베는 기능을 유지하도록 여전히 얇았고, 날카로움은 예전처럼 바닷가재를 찍을 정도였다. 두께나 날카로움과는 관계없이 갈퀴가 촘촘히 박혀 있으면 바닷가재의 살을 빼내려고 집게발 속에 집어넣을 때 걸림돌이 되었다. 그래서 많은 해물 포크(이전에는 굴 포크)는 사용하기에 편리하도록 갈퀴 간격을 더 넓히거나 심지어 부채처럼 바깥쪽으로 넓게 벌어지게 만들었다. 유행과 취향이 변하듯 디자이너들은 단순히 미관뿐만 아니라 기능 면에서의 실패도 동시에 없애는 최선의 형태를 찾았다.

19세기 후반, 포크의 진화

19세기 후반에 특화된 식기들이 엄청나게 만들어지는 와중에도 포크의 일반적인 형태는 어느 정도 자리를 잡고 있었다. 그러나 유행에 민감한 사람들은 일반 포크를 사용할 때도 매우 신중했다. 일반 포크에 네 번째 갈퀴를 단 것도 비교적 최근이었고 사용이 늘고는 있지만, 아직 최신 식기 중 하나였기 때문이다. 1887년에 출간된 사회 풍습에 관한 책은 포크의 역사를 신중하게 추적한다.

> 모든 영어권 국가는 프랑스에서처럼 써는 용도 외에는 나이프를 절대 사용할 수 없도록 금지하고 있다. 그러나 유럽 대륙은 '나이프 사용 방법'에 따라 그렇게 엄격하게 나눌 수가 없다. 독일만 해도 나이프 사용법을 보고 사회적 지위를 판단하는 것은 결코 믿을 만한 방법이 못 된다. 포크는 이제 음식을 집어 먹는 도구로서 사랑받고 또 널리 사용되고 있다. 포크는 나이프를 밀쳐냈고, 위세도 당당하게 한때 스푼이 강력하게 지배하던 영역까지 뚫고 들어왔다. 이제 스푼의 사용도 크게 줄어들었고, 포크만이 사치를 금하는 독재자가 되었다. 유행을 좇는 사람들은 물에 차를 타서 휘휘 저을 때나 수프를 떠먹을 때가 아니면, 음식을 먹는 데 감히 스푼을 사용하지 않는다. 심지어 아이스크림조차 포크로 얌전하게 떠먹으면서 좋아하는 척한다.

비슷한 시기에 '현대의 예절'에 관해 책을 쓴 다른 저술가는 독자 일부가 나이프 사용에 대한 거부감은 비교적 최근에 생긴 일이며 교양인들 사이에 일반적으로 퍼져 있지 않았다는 사실에 관심이 있을지도 모른다고 생각했다.

영국과 영국의 식민지, 프랑스, 오스트리아, 미국에서는 '나이프 경계선'이 엄격하게 형성되었다. 그러나 러시아(프랑스 문화를 받아들인 지역을 제외한), 폴란드, 덴마크, 스웨덴, 이탈리아, 독일에서는 가끔 나이프로 음식을 찍어 먹어도 예의에 어긋난다고 여기지 않았다.

또 다른 저술가는 "고기 완자, 리솔레(파이껍질에 생선과 고기를 넣어 튀긴 요리—옮긴이), 작은 파이처럼 미리 만든 요리는 포크로만 먹어야 하며, 나이프는 필요하지도 자리에 어울리지도 않으니 사용해서는 안 된다. 나이프를 쓰는 것은 야만적이다"라고 주장했다.

그러나 그토록 포크를 애용하는 만큼, 식탁에서 포크로 해야 할 일도 많아졌다. 두세 종류의 포크만으로는 버거울 정도였다. 엎친 데 덮친 격으로 포크가 '나이프를 다루는 것보다 더 어렵다'고 공공연하게 받아들여지고 있었다. 어쨌든 새로운 도구의 도입을 장려하는 사회적 분위기도 형성되고 기존 포크의 결함과 요리 가짓수의 증가가 복합적으로 작용하면서, 나이프와 스푼의 사용이 동시에 점점 줄어들며 특화된 포크가 개발되기 시작했다. 새로운 유행에 따라 파이 포크가 등장했는데, 1864년 엘리자 레슬리는 에티켓에 관한 책에서 이것에 대해 '어리석지만 인기를 얻고 있다'고 설명했다.

포크로 파이를 먹는 것은 최첨단 유행을 아는 척하는 어리석은 짓이며, 매우 어색하고 불편해 보인다. 먼저 나이프와 포크를 모두 사용해 자른 다음, 오른손에 포크를 들고 찍어서 조심스럽게 먹어야 한다니 말이다.

에밀리 포스트가 '지그재그식'이라고 이름 붙인 손동작은 19세기 중엽에도 일상이었던 것으로 보인다. 그러나 시간이 흐르면서 파이를 먹을 때 나이프를 쓰는 일은 완전히 사라졌다. 대신 포크에 자르는 용도의 갈퀴를 달게 되었다. '자르는 포크'는 1869년에 리드앤드바턴Reed & Barton사가 특허를 받았다. 처음에는 만찬용과 디저트 포크 규격으로 나왔으나 곧 파이 포크, 구운 과자 포크와 더 큰 냉육 포크로 확장되었다.

1882년 윌리엄 딘 하우얼스William Dean Howells의 소설 《현대의 사례A Modern Instance》에는 어느 지역의 여관 주인이 '남들이 나이프를 사용하는 것처럼 포크로 능수능란하게' 파이를 먹는 한 손님을 관찰하면서 그가 '포크로 마지막 부스러기까지 먹어치우는 솜씨'를 찬양하는 장면이 나온다. 이는 1880년대에 자르는 파이 포크가 널리 도입되었기 때문에 가능했다. 그 포크는 특화된(적어도 오른손잡이용으로는) 자르는 갈퀴를 달고 있었으며, 쉽게 휘어지지 않도록 폭을 넓혔을 뿐 아니라, 끝을 뾰족하고 편평하게 만들어 옛날에 나이프로 했던 것처럼 소량의 음식을 떠먹을 수 있었다.

이어서 샐러드 포크, 레몬 포크, 피클 포크, 아스파라거스 포크, 정어리 포크 등 더 많은 포크가 등장했다. 모두들 갈퀴를 넓히거나, 두껍게 하거나, 날카롭게 하거나, 멀리 벌리거나, 가시를 달거나 또는 이전에 특정한 음식을 먹다가 나타난 결점을 해결하기 위해 어떻게든 개조한 것이었다. 그러나 모든 포크의 형태가 그렇게 직접적으로 진화한 것은 아니었다. 또 나이프 역시 19세기를 마감하는 시기에 위기를 맞았지만, 그렇다고 완전히 사라진 것은 아니었다. 특수한 요리만은 기존의 도구만으로는 먹기에 불편한 점이 많았고, 사람들은 계속 실망할 수밖에 없었다.

특화된 생선 나이프와 포크

생선과 육류의 살 조직은 크게 다르기 때문에, 나이프와 포크를 사용할 때도 반응이 달랐다. 제대로 익힌 생선은 고기와는 다르게 포크만으로도 쉽게 살점을 떼어낼 수 있다. 그러나 수많은 음식 모두 나이프와 포크를 쓰면 저마다 결과가 각각 다르게 나타나기 때문에 이것만으로는 왜 일반 만찬용 나이프와 포크로 생선을 먹지 않게 되었는지, 왜 특화된 도구가 개발되어야 했는지를 설명하기에 불충분하다. 19세기 후반에 나온 에티켓 책자들은 생선을 절대 나이프로 먹어서는 안 된다고 주장하면서도, 그 이유에 대한 보편적인 설명은 하지 않았다. 20세기 초에 들어와서는 특화된 생선 나이프와 포크가 식탁의 표준 도구로 등장했지만, 여전히 왜 일반 나이프를 사용하면 안 되는지에 대한 설명은 거의 없었다.

오늘날까지도 에티켓 저술가들은 괴상하게 생긴 생선 나이프의 정확한 쓰임새에 대해 확실한 감을 잡지 못하는 듯하다. 에밀리 포스트는 "기껏해야 생선을 먹는 데 사용하려고 사들이고 닦아서 깨끗하게 유지해야만 하는 것은 낭비이다"라고 주장했다. 1920년대의 형편상 그것이 사실일지라도, 일반 나이프와 포크로 생선을 먹는 과정에서 결함을 깨달았고 생선 나이프와 포크로 진화할 수밖에 없었을 것이다. 진화가 이루어진 기술적 맥락을 이해한다면 '낭비'일 뿐인 도구가 왜 오늘날에도 그 형태와 쓰임새를 여태껏 유지하고 있는지 이해할 수 있다.

식탁 문화에 변화가 생기고 궁극적으로는 새로운 식기 형태까지 등장한 이유는 생선이 산성을 띠기 때문이었다. 가끔 요리에 레몬이라도 넣으면 산도는 더 높아진다. 산성인 생선 기름은 19세기에 보통 강철로 만들던 나이프 날을 녹슬게 했다. 은은 너무 물러서 날카로운 절단면으로 사용하기에는 적절하지 못했다. 익명의 '귀족사회 일원'이 저술하여 1911년까지 33쇄가 나온 《좋은 사회의 매너와 규칙Manners and Rules of Good Society》은 식탁용 나이프와 포크로 생선을 먹기 시작한 것은 참으로 오래전부터였지만, 강철 날이 점점 심해지는 산성 환경에 적응하지 못하는 결함을 보였기 때문에 식사도구에 변화가 생길 수밖에 없었다고 지적했다.

> 강철 나이프가 생선의 맛에 불쾌한 영향을 준다는 것이 알려지면서부터 나이프 대신에 빵 껍질을 사용했다. 손가락을 접시에 가까이 대야 하는 방식인데도 상당히 오랫동안 애용되었다. 오늘날까지도 옛 풍습에 젖어 있는 사람들은 빵 껍질을 선호한다. 그러던 어느 날 한 사람이 빵 껍질 대신 두 개의 은제 포크를 이용해 생선을 먹었는데, 이 아이디어는 큰 호응을 얻었다. 허름한 빵 껍질을 버리고 두 번째 포크로 생선을 먹게 된 계기였다. 그러나 이 방식도 오래가지는 못했다. 두 개의 포크를 사용하기가 무겁고 또 전체적으로 만족스럽지 못했다. 현재 널리 사용하는 고상하고 편리한 작은 은제 생선 나이프와 포크로 다시 바뀌었다.

또 다른 저술가는 1880년대 후반에 생선 나이프와 포크가 '모든 공식만찬'에서 사용되었다면서, 생선을 먹는 데 나이프를 써서는 안 된다는 옛 규칙 때문에 "많은 불편을 겪었고 특히 청어를 먹을 때 더 불편했다"고 지적했다. 물론 새 나이프는 생선의 산성으로 녹이 슬지 않도록 은으로 만들어졌고, 크기도 작았으며 형태 또한 독특했다. 함께 사용하는 포크도 마찬가지였다. 등에 톱니가 있는 언월도라고 묘사할 법한 독특한 형태로 진화한 것은, 만찬용 포크가 접시 위에 있는 생선을 한꺼번에 효과적으로 처리하지 못하고 실패한 이유도 영향을 미쳤다. 머리와 꼬리 부분은 자르기보다는 찢어내야 했고, 뼈에서 살을 발라내려면 껍질을 벗겨야만 했다. 벗겨내는 작업을 두루 하다 보면 자연히 처리할 생선뼈들도 많아졌다. 은제 나이프는 철제 나이프만큼은 아니어도, 머리와 꼬리를 잘라내고 등뼈를 따라 잘 익힌 생선을 토막 낼 수 있을 만큼은 충분히 날카로웠다.

생선 속을 파고들어 등뼈로부터 고기를 발라내려면 날이 길 필요는 없었지만, 조금 더 넓은 날은 살이 조각조각 흩어지거나 뼈에 딱 붙어 있을 경우 효과적이었다. 나이프의 끝부분에 있는 괴상한 톱니는 분명히 과거에 이런 역할을 담당했던 포크 갈퀴의 흔적이며, 생선에서 등뼈를 떼어낸 후에 접시로 옮겨놓을 때 나이프에서 미끄러지지 않도록 막아주는 역할도 한다. 은제 생선 나이프는 일반적인 철제 나이프와 구별하기 위해, 날에 더 많은 장식을 붙이는 방식으로 진화했다. 나이프와 짝을 이루는 생선 포크는 일반 포크보다 폭이 넓은 구조여서 뼈를 발라낼 때 살이 덜 부스러졌다.

에밀리 포스트는 '특화된 생선 포크는 낭비'라고 생각했고 '갈퀴의 번개무늬 장식 마감을 절대적으로 금기시' 하는 입장이었는지도 모르지만, 이제는 "첫 번째 갈퀴를 편평하게 한 수수한 포크와 끝이 뾰족하고 톱니 가장자리가 있는 은제 나이프는 전통에 뿌리를 두고 있으므로 금기시하지 않는다"라고 인정했다. 그러나 다소 최근에 특화된 이러한 도구들의 형태가 이루어지고 유지되어온 것은 겨우 몇십 년도 되지 않은 전통보다는 오히려 기술적인 적응을 위한 필연으로 보아야 할 것이다. 1914년에 스테인리스 강철 나이프가 도입되면서, 한때 신비로운 형태의 생선용 나이프로서 일반 나이프를 확실하게 밀어내고 최고로 특화한 도구로 자리 잡았던 은제 생선 나이프조차 조금은 '낭비하는' 물건으로 전락했다. 생선 나이프를 만드는 재료로서 은은 '전통적인' 것이 되어 밀려났다. 에밀리 포스트는 꼭 필요한 식기 목록에 한 품목의 은 포크는 포함시키고 다른 품목은 필요하지 않은 것으로 제외하면서도 기능 면에서 이유를 설명하지 않고 피해왔다. '전통적'이라는 말로 적당히 얼버무렸지만, 직접 식사를 하면서 생선 나이프와 포크의 편리함을 바로 확인했을 것이다.

전통적인 기능의 중요성

전통적으로 간주되든 아니든 간에 다른 특화된 식사도구들에도 특이한 상황에서 일반 도구를 사용하다가 겪은 불편이나 그보다 더한 문제점들을 없애면서 많은 진화가 일어났다. 그래서 끝이 뾰족하고 날이 예리한 과일 나이프와 매우 날카로운 세 개의 갈퀴가 달린 과

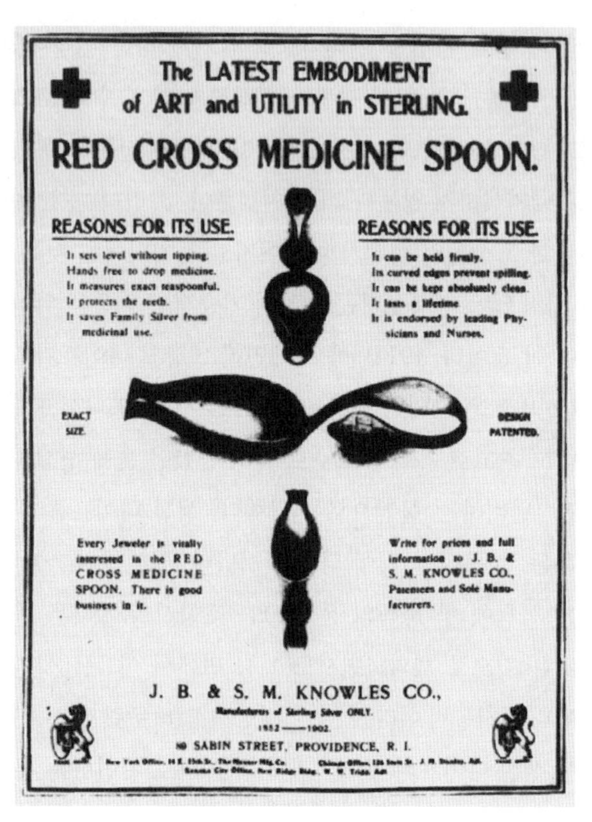

빅토리아 시대와 에드워드 시대에 특화된 많은 식사도구가 개발되었다. 그중 하나로 디자인 특허를 받은 이 약 스푼은, 부모가 아픈 아이에게 약을 먹일 때 현실적으로 겪는 불편함이나 일어날 법한 다양한 문제점을 해결해주었다. 또한 포크와 스푼에서 많이 닳는 부분을 은도금으로 보강하는 공법을 특허로 보호되었다.

일 포크를 쓰면서부터는 과일즙이 튀겨 식탁을 더럽히는 일이 줄었고, 과일을 찍고 잘라 먹기가 훨씬 더 편해졌다. 그레이프프루트 스푼은 과일의 모양에 어울리도록 뾰족하게 생겼고, 과일의 섬유질을 쉽게 잘라내게끔 한쪽 가장자리에 톱니 모양을 만들어 티스푼에 비해 매우 큰 장점이 있었다. 아이스티 스푼은 레모네이드 스푼이나 아이스크림소다 스푼이라고 부르기도 하는데, 찬 음료를 목이 긴 유리잔에 마실 때는 일반 티스푼보다 분명 편리했다. 20세기 초에 나타난 이 스푼은 손잡이 속에 구멍이 뚫려 있어서 빨대 역할까지 겸했다. 유리컵 안에 스푼과 빨대가 동시에 있어도 되는지는 모르겠으나, 스푼에 눈이 찔릴 뻔한 사고를 겪었거나 젖은 빨대가 스푼에 닿지 않게 하려고 애써본 사람이라면, 이 발명품이 주는 편리함을 즉시 인정할 것이다.

에밀리 포스트가 전통적인 식사도구에서 진화한 수많은 특화된 도구들이 필요하지 않다고 선언한 것은, 빅토리아 시대의 어리석은 전철을 밟지 않으려는 지혜로운 선택일 수도 있다. 그러나 논리는 다소 빗나가 있었다. 새로운 도구 자체에 나름의 기능이 없는 것은 아니었다. 덕분에 세기말 사람들은 멋있고 격조 있게 정성 들인 식사를 했으며, 오늘날도 일부에서는 그때의 식사문화를 되찾기를 열망할 것이다.

포도광들이 수집한 20세기 초의 양식을 보여주는 다수의 식기류는 속도와 효율이 중시되는 사회 분위기와 가옥의 규모가 줄어들면서 유행에서 밀려났다. 1965년 리드앤드바턴사에서 내놓은 '프랜시스 1세' 세트만 해도 1907년에는 77가지였던 품목을 단지 '가장 필수적인 열 가지 품목'으로 줄여서 광고했다. 지금의 식기류 세트는 전형적으로 두 세기 전에 나온 특화된 품목들 중에서 일부만 뽑아 선보이고 있으며, 도구의 형태나 이름에 대한 표준화는 별로 이루어지지 않은 듯 보인다. 한 세트에서는 생선 포크처럼 보이는 것이 다른 세트에서는 샐러드 포크라고도 부르고, 이쪽에서는 버터 나이프인데 신기하게도 다른 쪽에서는 다소 작기는 해도 생선 나이프처럼 보이는 등 혼란이 많다. 특히 최신형이라는 일부 세트는 카탈로그가 없으면 용도를 확인할 수조차 없다.

현대의 식기류 세트는 대부분 기능보다는 외형에 더 신경을 써서 디자인되는 듯하다. 이러한 현상은 모든 합리적인 기술 발전에 대한 기대에 반하는 모순으로 보일 것이다. 그러나 이 모순은 기능을 전적으로 무시한 디자인도 있다는 점을 이해한다면 쉽게 풀 수 있다. 말하자면 '형태는 기능을 회피한다'는 원리를 신봉해 아름다움이나 참신함, 스타일을 앞세우는 디자인 학파로 부를 수도 있다. 현재 어떤 식기류를 사용하든, 새로운 제품을 내놓는 쪽에서는 새것에 비해 기존의 것들은 균형이나 참신함, 스타일 면에서 부족하고 덜 멋지다고 주장할 것이다. 디자인만을 추구해 만든 나이프와 포크 가운데는, 날과 갈퀴가 손잡이에서 나와 자라나는 생명체처럼 보이는 것도 있다. 바로 이 지점에서 품목들 간의 조화가 이루어지고 새로운 영감이 샘솟는 것 같다. 그러나 손잡이부터 디자인하는 것은 깊이 생각하지 않는 경솔한 짓이다. 식기류의 가장 중요한 목표는 상품성이다. 에밀리 포스트는 전통이 실패를 최소화하는 과정에서 나왔음을 깨닫지 못한 것 같지만, 디자이너들은 이 점을 잊어서는 안 된다. 깜짝 놀랄 새로운 형태의 물건을 만들어내겠다고 너무 골몰하다가는 자칫 전통적인 기능을 잃고 마는 우를 범할 수 있다.

가정용품에 스며든 유행과 산업디자인

9

DOMESTIC FASHION AND INDUSTRIAL DESIGN

THE EVOLUTION OF
USEFUL THINGS

직업에 맞는 도구들의 형태

주방장의 칼과 목수의 톱은 비슷한 맥락에서 거의 같은 일을 한다. 주로 무뚝뚝한 장인들이 걸출한 작품을 만들 때 이런 도구를 사용한다. 그것은 식탁에 오를 우아한 요리일 수도 있고, 식당에 설치할 멋진 찬장일 수도 있다. 요리와 목공 작업은 오래된 기술이므로 절단하는 공구가 매우 특화되고 발달했다. 그래서 과업의 특성에 따라 알맞은 종류의 나이프와 톱을 골라 쓸 수 있었다. 그러나 도구를 선택하거나 기술자의 능력과 성과를 평가할 때, 주방장이 사용하는 칼자루나 목수가 쓰는 톱자루가 얼마나 매력적인지의 여부는 중요하지 않다. 오히려 오랫동안 쓰면서 아끼는 칼과 톱의 자루 부분은 새로운 모델과 비교하면, 견습생이라면 갖고 싶은 마음이 싹 가실 만큼 부서지거나 찢긴 낡은 것이기 쉽다. 눈에 띄게 모양이 망가진 오래된 공구의 손잡이는 다른 사람이 사용할 엄두도 내지 못하고 적응도 힘들겠지만, 일생 동안 마치 강물에 조금씩 침식된 협곡처럼 장인의 손에 닳고 닳아 주인만이 그 진가를 알아본다.

식탁용 나이프도 주방용 식칼 및 목재 톱과 기능적인 특성은 비슷하지만, 사회적 배경은 전적으로 다른 부류에 속한다. 식탁에는 사회적 교류의 요소가 존재한다. 주방이나 목공소에서는 볼 수 없는, 함께하는 식사와 연계된 의식적이면서 무의식적인 전통과 관습이 깊숙하게 얽힌 행위들이 존재한다. 요리사나 목수는 대개 주방이나 공장에서 각종 재료와 공구의 창조적 무질서 가운데 묵묵히 홀로 작업한다. 그와 대조적으로, 식탁에 둘러앉아 식사를 즐기는 사람들은 거의 뭔가를 만들어내는 것이 아니라 서로 대화를 나누며 스스로 배우이면서 관객이 되는 덧없는 연극을 한다. 식탁에서는 창조적이라기보다는 오히려 매너, 에티켓, 유행 따위의 원칙에 잘 맞아야 옳은 것으로 여겨진다.

음식을 먹는 것은 옷을 입는 것과 마찬가지로 우리 모두가 하는 일이다. 원시시대의 조상들은 이때 스타일보다는 내실에 더 신경을 썼을 것이다. 그러나 사회계층의 분화가 점점 뚜렷해지고 대량생산이 가능해지는 등 문명이 발달하면서, 다양한 스타일의 다종한 물건을 만들 수 있는 능력과 이에 대한 소유욕이 함께 나타나 소비시장을 이끌었다. 인공물이 사용되는 사회적 맥락은 인공물 형태의 장식적이고 비본질적인 변화에 막대한 영향을 미쳤다. 그러나 세부적인 기능에서 일어난 진화는 긍정적이든 부정적이든 여전히 그동안 겪은 실패에 좌우된다.

다양한 용도에 맞도록 특화된 망치의 형태

1860년대 영국 버밍엄에서 망치의 종류가 무려 500가지나 된다는 사실에 마르크스는 크게 놀랐지만, 이는 결코 자본가의 계략 때문은 아니었다. 만일 어떤 계략이 있었다면 오히려 더 많이 만들지 말라고 했을 것이다. 망치의 종류가 급격히 불어났던 이유는 지금도 마찬가지지만 특수하게 쓸 곳이 많기 때문이었다. 사용자들은 저마다 매일 아마 1,000번도 더 넘게 반복해야 하는 일을 효율적으로 하기 위해 알맞은 공구를 찾았을 것이다. 나는 공구상자에서 일반 망치 두 개를 꺼내 쓸 때마다, 특수 망치의 가치를 새삼 실감한다. 내가 쓰는 망치는 못뽑이가 달린 흔한 목수용 망치와 큰 망치를 쓰기 곤란한 때 필요한 작은 망치였다. 물론 주로 못을 박고 뽑는 데 쓰지만 그 외에 페인트 통 열고 닫기, 끌질하기, 압정으로 카펫 고정하기, 자전거의 움푹 들어간 흙받이 곧게 펴기, 벽돌 깨기, 나무 말뚝 박기에도 사용한다.

일반 망치로는 못을 박거나 뽑는 일 외의 다른 일을 잘해내기가 쉽지 않다. 망치로 물건을 두들기다가 낸 흠집을 보면 자연스럽게 용도에 맞게 개선된 특수한 망치가 있었으면 싶다. 페인트 통을 닫을 때도 자칫 잘못하면 뚜껑이 움푹 들어가 공기가 새기 때문에, 밀폐가 잘 되도록 망치질을 조심스럽게 해야 한다. 이럴 때 머리가 아주 넓고 납작한 망치가 있으면 얼마나 좋겠는가. 끌질을 할 때도 헛맞거나 미끄러지는 경우가 종종 있다. 머리가 아주 큰 나무 메가 있으면 더 편할 텐데 아쉽다. 양탄자를 벽에 고정할 때면 벽을 움푹 들

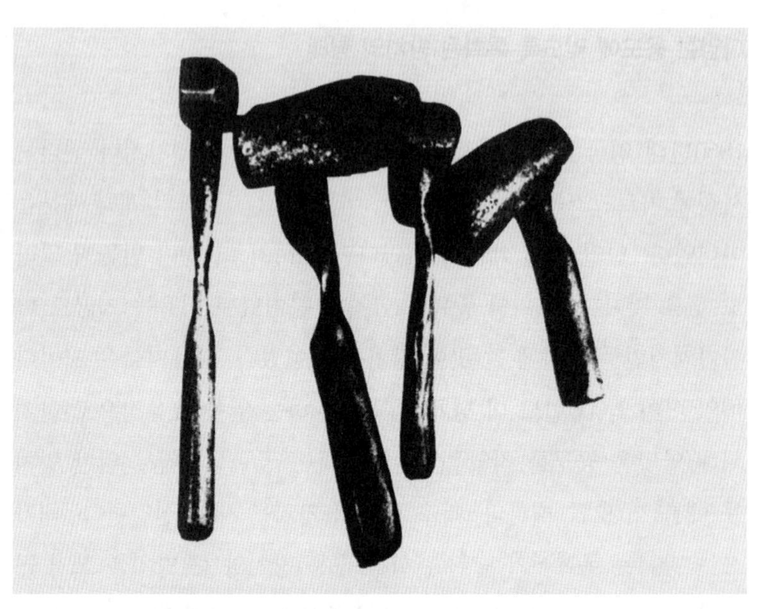

크기가 약 18~28센티미터인 이 망치들은 자루가 나무로 되어 있다. 손잡이의 일부가 심하게 닳아 있는데, 19세기 셰필드 지역의 식탁용 철물을 만드는 장인들이 수년간 지속적으로 사용하면서 모양이 변했다. 닳지 않은 다른 부분을 통해 원형을 짐작할 수 있다. 또 닳은 부분이 서로 차이가 나는 것은 나무의 재질 때문도 있지만, 직공들이 나무 손잡이를 잡는 방식이 각각 달랐기 때문이다.

어가게 하거나 압정을 구부리거나 엄지손가락을 내려치기도 했다. 머리가 길고 좁으며, 압정을 제자리에 고정할 수 있는 자성을 띤 망치가 있다면 좋을 것이다. 망가져 움푹 들어간 자전거 흙받이를 펼 때는 내가 가진 가장 작은 망치조차 상대적으로 머리가 너무 크고 납작하다는 것을 깨달았다. 이런 경우에는 머리가 작고 둥근 망치가 더 좋다. 못뽑이 부분을 이용해 벽돌을 두 개로 쪼개려 했을 때는 최선을 다했지만 쪼개진 벽돌의 가장자리 면이 삐뚤어졌다. 손잡이와 수직으로 끌 모양의 갈고리가 달린 망치가 있으면 수월할 것이다. 나무말뚝을 땅속에 박을 때는 말뚝 끝이 쪼개지기도 했다. 이런 때는 머리가 더 넓고 무르면 좋을 것이다. 만일 내가 이런 일을 주말에 가끔이 아니라 매일 해야 한다면, 바로 달려가 가장 적합한 망치를 반드시 구하려 들 것이다. 망치 하나로 500가지의 각기 다른 일을 모두 해내야 했다면, 적어도 500가지 단점을 찾아내서 500가지 이상의 다양한 망치를 발명해냈을 것이다. 톱이나 다른 공구도 마찬가지이다. 제대로 특화된 공구를 갖추지 못하면, 일의 품질과 평판은 훼손될 수밖에 없다.

가장 좋은 옛것의 현대식 복제품

내 직업이 무엇이든 간에 나의 사회적 평판은 내가 망치를 어떻게 사용하느냐보다는 식사도구를 어떻게 다루느냐에 더 좌우된다. 그러나 고도로 세분화된 식탁용 도구들은 이제 유행에서 밀려나 거의 사라졌다. 그래서 남은 몇 가지 도구만으로 음식을 먹으려면 망치질을 할 때보다 더 신경을 써야 한다. 사람들이 직접 자신의 나이프와 포크를 들고 다니며 식사하던 시절은 이미 오래전에 지나갔다. 이제 눈앞에 아무리 기묘하고 이상한 식사도구가 놓이더라도, 그것이 음식을 다루는 데 적합하든 아니든 우리 손에 익숙하든 아니든 바로 적응할 수 있어야 한다. 이 일련의 상황은 다분히 관습과 유행 등이 만들어낸 결과라고 할 수 있다. 물건의 형태가 논리적으로 발전한 것과 같다. 외부의 경제적인 요인과 자의적인 유행의 흐름 때문에, 실제로 합리적인 형태의 발전이 억제될 수도 있다.

에밀리 포스트는 1920년대의 독자에게 가장 전통적인 식기류를 사용하도록 추천하면서, 훌륭한 본보기로 18세기 후반과 19세기 초반의 고전적인 양식을 옹호했다. 더 나아가 그 시기에 만들어진 식기류만을 진정한 전형으로 내세운 것은 전통적인 식기류 이후에 진화를 거쳐 생산된 수많은 특화된 나이프, 포크, 스푼을 실질적으로 폄하한 셈이었다. 돈이 있고 없고의 문제는 아니었다. 누구든 '돈이 많은 사람만이 가질 수 있는' 골동품 대신 동일한 스타일로 고상하게 만들어진 현대식 식기를 구할 수 있었기 때문이다. 에밀리 포스트가 《사회 관습 해설서Blue Book of Social Usage》에서 골동품 식기만이 진짜 식기라고 말한 것은 극단적인 소비지상주의, 즉 가지지 못한 자는 가질 수 없다는 생각에 사로잡혔기 때문으로 보인다. 1920년대에는 사회적 의식이 있는 사람이라면 구입하기에 큰 부담이 없으면서 '가장 좋은 옛것을 충실하게 본뜬 현대식 복제품'으로도 매우 만족했고, 몇몇 돈 많은 사람만이 진품을 소장하려는 열망을 품었다.

물론 사람들은 에밀리 포스트의 선언과 주장을 전적으로 받아들이지 않았다. 돈이 넉넉하지 않은 사람들은 식기를 고를 때, 에티켓 책 대신 우편주문 카탈로그를 참조했을 것이다. 1907년에 나온 〈영국 최고의 명품〉에는 올드 잉글리시, 퀸 앤, 프렌치 피들, 킹스 같은 이름의 여러 식기류 세트가 소개되었는데 갈퀴 아래쪽 손잡이를 살펴보기 전에는 이들의 차이를 구별하기가 쉽지 않다. 만일 종이 한 장으로 이 포크들의 갈퀴를 뺀 다른 부분을 모두 가린다면 그들 사이의 차이점을 알아내지 못할 것이다. 나란히 배열해둔 여섯 가지 은제 생선 식기 세트도 손잡이를 제외한 다른 부분은 특징이 똑같았다. 갈퀴가 다섯 개인 생선 포크도 다른 것들과 서로 구별이 되지 않는다. 두 단에 걸쳐 소개된 나이프들은 기능을 개선했다기보다 분명 스타일을 돋보이게 하려고 다시 끝을 뾰족하게 만들었고, 날도 형태보다는 세부적인 장식에서 차이를 보인다. 피클 포크와 버터 나이프는 규격에 따라 가격만 제시되었을 뿐 사진조차 없다. 짐작건대 일반 포크 및 스푼과 규격만 다를 뿐 형태는 비슷했기 때문인 것 같다.

그러나 이처럼 다양한 세트를 출시하는 것이 교활한 책략은 아니었다. 소비자들은 어차피 그 가운데 한 가지만 고를 테고 그러면 제조 회사와 상인은 실제로 팔리지도 않을 많은 제품에 투자해 상당한 자본을 묶어놓는 셈이 되기 때문이었다. 고객들이 기능보다는 손잡이에 달린 한순간의 장식에 현혹되어 다른 가게의 식기 세트를 고를까 봐 어쩔 수 없이 다양한 선택을 할 수 있도록 준비를 갖춰야 했던 것이다.

1926년 이후 식기류 양식에 어느 정도 통합이 이루어지고 새로운 디자인보다는 복제품이 낫다는 에밀리 포스트의 주장에도 불구하고, 당시 미국 대중에게 선보이는 카탈로그에는 다양한 양식들이 소개되었다. 포스트가 "포크의 귀퉁이가 날카롭고 갈퀴는 너무 두꺼우며 또 평범한 구조에 뭔가를 보태거나 생략한 것들은 나쁜 식기에 속한다"고 지적하면서 확신한 바로 그 양식들이었다. 날카로운 귀퉁이와 두꺼운 갈퀴는 쉽게 휘어지지 않는 장점이 있었으나, 두꺼운 갈퀴는 음식을 찍어 먹기에 비효율적이었다. 이처럼 역설적인 상황은 선배들이 겪은 실패를 개선해 기능이 진화된 고전적인 구조의 식기들보다는, 유행을 따른 손잡이의 우아한 장식을 선호하는 소비자들 때문이었다.

갈퀴의 모양이 어떻든 브리타니아합금(주석, 구리, 안티몬, 아연의 합금으로 광택과 경도가 양은보다 낫다) 같은 더 흔한 금속으로 포크를 만들고 일정량의 은으로 도금하기 때문에 일반인들이 구입할 만큼 경제적인 식기류가 생산될 수 있었다. 갈퀴를 두껍게 하고 더 우아한 손잡이를 장식하기 위해 도금 면적이 늘어나면 그만큼 도금 두께를 줄이면 되었다. 다른 식기류와 구별할 수 있도록 과도하게 장식한 손잡이가 달린 식기류는 보통 우편주문 카탈로그의 대표 상품으로 부각되었다. 같은 가격대에 속하는 식기류를 전시할 때도 손잡이들은 부챗살처럼 넓게 펼쳐놓는 반면에, 똑같이 생긴 스푼의 머리 부분은 포개서 보여주기 일쑤였다. 어떤 카탈로그는 세트를 배열할 때 오직 손잡이 사진만 보여주면서 '품질'과 '매력'을 홍보문구로 내세워 소비자에게 "적절하고 개성 넘치며 매력적인 이 제품을 만들기 위해 모든 노력을 아끼지 않았다"고 어필했다. 개성도 판매전략의 중요한 소구점이었다. 공짜로 또는 저렴하게 손잡이 장식을 새겨주었고 잘만 쓰면 평생 사용할 수 있다고 보증함으로써, 식기류는 더 이상 대대손손 물려주기 위한 유산이 아니라 개성을 표현하는 수단이라고 강조했다.

식기와 도구의 간소화 풍조

정부가 식기 간소화 정책을 주도하면서, 카탈로그도 굴 포크와 생선 나이프 같은 특화된 식기 품목을 내세우던 풍조는 점차 줄어들고 대신 설탕 스푼과 국물용 국자 같은 보조 식기를 부각하는 쪽으로 바뀌었다. 이것은 19세기에 유행한 러시아식 식사법으로 되돌아온 것이나 마찬가지였다. 즉 요리를 담은 큰 보조 접시를 내놓는 것이 아니라, 식사하는 동안 보조 탁자에서 모든 음식을 하나하나 덜어 건네는 방식이다.

일부 최신 명품 식기 카탈로그에서조차 나이프의 날이나 스푼의 머리, 포크의 갈퀴보다는 손잡이 그림이 빠지지 않고 더 자주 등장한다. 수집가들을 겨냥해 모든 식기 양식을 소개한 카탈로그도 다른 것은 빼버리고 손잡이 부분만 보여준다. 마치 아무리 노련한 전문가라도 손잡이가 없으면 나이프, 스푼, 포크를 구별할 특징을 발견하기가 쉽지 않다고 강조하려는 것 같다. 나이프의 날, 스푼의 머리, 포크의 갈퀴가 완벽한 수준으로까지 진화되었느냐에 대해서는 식기 디자이너들마다 의견이 서로 다르다. 미리 고민해본 디자이너는 의심의 여지 없이 현존하는 식기들의 문제점에 대해 미세하나마 해결책을 제시할 수도 있다. 그러나 분명한 것은 기계장치 중심의 빅토리아 시대와는 달리 20세기 초에 들어오면서 식사도구는 기능보다 유행에 더욱 민감한 대상이 되었다.

유행이 형태에 지배적인 영향력을 미치지 않을 경우에는, 도구의 실용적 측면에 관심이 쏠리기 마련이다. 그래서 망치 수집가를 위한 편람에는 적어도 1,000개 이상의 독특한 공구의 사진에서 자루 부분이 모두 빠져 있다. 시골에서 쓰던 수제 공구에 관한 책자에도 망치 그림에서 몇 개는 자루가 잘려 있고, 자루가 나와도 망치 머리의 다양성에 비해 매우 단조로운 형태를 하고 있다. 이 그림을 보면 왜 자루 부분은 머리만큼 특화되지 않았을까 하는 의문마저 든다. 아마도 장인은 공구가 손에 얼마나 잘 맞느냐보다는 얼마나 일을 잘해낼 수 있느냐에 더 관심이 있기 때문일 것이다.

망치 자루에서 가장 두드러지는 차이는 길이의 길고 짧음이었다. 손으로 쥐기에 편안한가를 고려하기보다는, 망치로 내리쳤을 때의 파괴력에 더 관심이 많았기 때문일 것이다. 미국국립박물관의 재료 전시관에 소장된 다른 그림을 보아도 머리 부분은 생김새가 다양하지만, 자루의 차이는 거의 없다. 일부 금속으로 만든 눈에 띄게 독특한 자루도 있지만, 따로 돋보이게 하려는 시도는 없었던 것이 분명하다. 아마도 사용자들의 손이 모두 다르기 때문에 모든 사람의 손에 꼭 맞는 만족할 만한 망치 자루를 만드는 것 자체가 불가능하다고 깨달은 것 같다. 더구나 장인들은 본인이 사용하는 공구의 손잡이에 금세 익숙해졌을 것이다. 작업대에서 꼼짝 않고 일에 몰두하다 보면 스타일에 신경 쓸 겨를이 없었기 때문이다.

멋으로 승부를 거는 20세기 디자이너들

유행과 형태의 관계, 정확하게는 유행이 형태에 미치는 영향은 18세기 스태퍼드셔에서 활동한 옹기장이들이 잘 보여준다. 조사이어 웨지우드Josiah Wedgwood도 그중 한 사람이었다. 그는 자신의 책에서 전통 도자기 값이 지나치게 싸서 "옹기장이들은 많은 비용을 투자할 수 없었으며, 또 이미 알고 있으면서도 개선하기가 힘들었다. 우아한 형태에는 크게 신경을 쓸 수가 없었다"고 지적했다. 특히 거북딱지를 모방한 도자기에 대해 그는 "수년간 이 부분에 전혀 개선이 없었기 때문에 소비자들도 싫증을 내기 시작했다. 판매량을 늘리기 위해 수시로 가격을 낮추었지만 기대만큼 팔리지 않았다. 그래서 사업이 잘되려면 뭔가 새로운 것을 해야만 했다"고 설명한다. 물론 더 많은 옹기를 팔려는 욕망이 분명한 목표로 자리 잡고 있었지만, 결코 형태를 유행에 따라 멋대로 바꾸었다는 말을 하려는 게 아니다. 웨지우드는 그저 멋있는 형태나 특화 요소에 의존하기보다는 오히려 유행을 고려하면서 기존 도자기의 결함을 제거하는 방법으로 사업을 활성화할 방안을 찾았다. 기존 제품에 사람들이 싫증을 냈기 때문에, 웨지우드는 '우리가 내놓는 품목의 유약, 색깔, 형태와 함께 몸체에서도 좀 더 확실한 개선을 위해 노력하는' 어떤 변화를 원하고 있었다.

웨지우드는 판매전략만큼이나 결함을 제거하려는 목적과 과학적 호기심으로 물건이 진화하는 형태에 대해 끊임없이 실험을 하기 시작했다. 결국 그는 가마에 관한 괄목할 만한 연구로 과학자로서 능력을 인정받아 영국학술원 회원이 되었다. 그러나 리버풀 상인 토머스 벤틀리Thomas Bentley와 손잡고 단지와 항아리 같은 장식용 상품을 디자인하고 제작하며 판매하는 사업을 하는 동안, 중요한 기술적 혁신을 내세워 선전하는 것을 자제해왔다. 그 기술적 혁신은 바로 오늘날 유명한 신고전주의 디자인의 시초였다. 신고전주의는 당대의 사조로 받아들여졌지만, 그 성공적인 디자인을 이끈 선구적인 작품은 소비자들에게 관심을 끌지 못했다. 그래서 광고와 상관없이, 도자기를 많이 팔아 투자한 자본을 회수하려면, 먼저 결함을 확실히 수정할 수 있는 감각이 필요했다.

19세기의 이론가 비올레 르 뒥Viollet-le-Duc은 건축의 스타일을 다룬 글에서 "스타일은 탁월한 형태미로 이루어진다"고 주장하면서 이 점에 있어서는 오히려 동물이 인간보다 더 낫다고 불평했다. 그는 사람들이 "건축 디자인에 스타일을 불어넣는 참으로 기본적이고도 간단한 이 아이디어를 깨닫지 못하고 있다"고 비난했다. 아울러 "스타일의 구성요소를 정의할 필요가 있으며, 그러한 정의 속에서 그들도 잘 이해하지 못하는 아무 의미 없는 미사여구의 허위를 피해야 한다"고 말했다. 나아가 이론은 오직 실례를 들어야만 분명해진다고 강조했다. "자신의 아이디어를 남에게 전달하려면 손으로 만질 수 있을 만큼 실체가 보이도록 표현해야 한다. 형태도 마찬가지이다. 스타일을 받아들일 수 있게 하기 위해서는 가장 단순하게 표현된 형태를 고려하지 않으면 안 된다."

비올레 르 뒥은 '가장 원시적인 공예의 하나'인 구리세공을 예로 들면서, 초기의 구리 단지는 장인이 결함을 없애려고 온 신경을 곤두세워 오직 모루와 망치에만 집중해 만들었다고 보았다.

먼저 단지가 가득 채워졌을 때도 넘어지지 않고 안전하게 서 있을 수 있도록 납작하고 둥글게 밑바닥을 만들어야 한다. 그리고 단지를 움직일 때 안에 있는 내용물이 흘러나오지 않도록 위에 있는 구멍을 오므리고, 그다음에는 안의 내용물을 밖으로 쏟아부을 수 있도록 가장자리를 확 펼친다. 이것이 주어진 제작 방법이 내놓을 수 있는 가장 자연스러운 모양이다. 단지를 쉽게 들어 올리기 위해 장인은 리벳(대가리가 둥글고 두툼한 버섯 모양의 굵은 못)을 이용해 손잡이를 단다. 단지가 비어 있을 때는 안을 말리기 위해 거꾸로 엎어놓아야 하므로, 이 손잡이가 단지의 윗부분보다 더 높지 않도록 한다.

비올레 르 뒥은 이렇게 만들어야 제대로 된 단지가 나온다고 생각하지만, 구리세공인이 처음부터 그렇게 하겠다는 합리적인 시도로 단지를 만들었다고 보는 그의 견해는 현실성이 없다. 더구나 그가 기능에서 끄집어낸 형태의 일부는 해석에 논란의 여지가 있다. 가령 손잡이는 꼭대기 위로 살짝 더 솟아오르게 하고 휘지 않도록 더 굵게 만드는 편이 더 합리적일 수 있다. 그러면 뒤집어놓은 단지 속으로 공기가 들어가 말리는 데 더 도움이 될 것이다. 비올레 르 뒥이 묘사한 단지는 사실 연구를 위해 고른 것으로, 형태의 진화 과정에서 중간 단계에 있다. 그는 '중간물medias res'을 출발점으로 삼는다 해도 처음에는 좋게 개선되었다가 다시 나쁜 쪽으로 변할 수 있다고 지적한다.

그러나 구리세공인들은 더 좋은 물건을 만들기 위해, 아니면 선배들보다 더 좋은 것을 만들기 위해 이내 진실하고 정당한 길을 포기한다. 그리고 두 번째 구리세공인이 나타나 참신함을 매력으로 구매자들을 유인하려고 원래 단지의 형태를 바꾸자고 제안한다. 목적을 이루고자 그는 단지의 밑바닥에 두세 번 더 망치질을 해서 둥글게 만든다. 이 단지는 곧 완벽한 것으로 여겨졌다. 정말이지 신기한 형태였다. 그리고 곧 유행이 된다. 마을 사람들 모두 두 번째 구리세공인이 만든 단지를 갖고 싶어 한다. 이 방법이 성공하는 모습을 지켜본 세 번째 세공인은 바깥 선을 더욱 둥글게 만든 새 단지를 내놓는다. 원칙은 온데간데없고 즉흥적인 공상에 빠져서는 새로 개발한 손잡이까지 붙인다. 그러고는 이것이 새로운 추세라고 떠든다. 이제 단지의 물을 빼려면 손잡이가 휠 위험을 감수하고 거꾸로 뒤집어야 한다. 그런데도 다들 새로운 단지를 칭찬한다. 세 번째 구리세공인은 공예를 완벽하게 이룬 독보적인 존재로 칭송받는다. 사실 그가 한 일이라고는 단지 원래 작품에서 제대로 된 스타일을 훔쳐와 흉하고 상대적으로 불편한 제품을 만든 게 다였는데도 말이다.

비올레 르 뒥의 주관적인 시각은 논쟁의 여지가 많다. 다른 비평가와 디자이너는 단지의 결함을 다르게 볼 수 있고, 형태에서 감지해낸 해결책도 다를 수 있기 때문이다. 이것이 바로 '마을 사람들 모두가 꼭 갖고 싶어 하는' 참신하고 유행하는 물건이 이미 있는데도 드물게 몇몇 디자이너만이 이 혁신적인 노선에 관여한 이유이다. 누군가는 세 번째 단지를 더 좋아할 수도 있다. 또 가령 네 번째 구리세공인이 나타나 이전 단지의 제작 방법에 추가로 손잡이를 더 무겁게 만들어 휘어지는 결함을 수정할 수도 있다. 아니면 한 가지만 바

비올레 르 뒥은 구리 단지의 구조를 예로 들어 스타일에 대한 그의 생각을 그림으로 설명했다. 그의 말에 따르면 왼쪽부터, 첫 번째는 '가장 자연스러운 모양'으로 물을 빼기 위해 단지를 뒤집어도 잘 휘지 않는 손잡이가 달려 있다. 두 번째는 '참신한 매력으로 구매자를 유인하기 위해' 밑바닥을 더 둥글게 만든 변형된 형태이고, 세 번째는 참신함의 극대화를 목표로 '즉흥적이고 공상적인' 디자이너가 만든 더 둥글어진 형태이며 쓰다 보면 손잡이가 휠 위험이 있었다.

로잡는다면서 오히려 다른 부분을 약화시킬 수도 있다. 그래서 또 그것을 개선하겠다고 다섯 번째 디자이너가 등장할지도 모른다. 아니면 여섯 번째 디자이너가 나타나 보강한 손잡이가 미관상 너무 둔탁하다며 다시 날렵하게 만들 가능성도 있다. 비올레 르 뒥이나 다른 사람들은 이 변형 작업을 거치며 총체적으로 품질이 더 나빠졌다고 생각했지만, 당시에는 모두 등장할 때마다 소비자들의 큰 사랑을 받았고 본받아야 할 이상적인 단지로 여겼다. "취향은 가질 수 없는 것이다"라는 말이 있지만, 새로운 세대의 디자이너들은 취향 자체를 중요한 대상으로 여길 것이다.

산업디자인의 선구자, 레이먼드 로위

산업디자인이 공식적인 마케팅으로 등장하기 시작한 것은 대공황이 일어나면서부터였다. 그 전에는 출입이 제한된 많은 공장들의 어느 한구석에서 일상적인 업무의 일환으로 이름도 없고 관심도 없는 상태로 유지되었다. 스스로 그 방면의 원조라고 주장하는 레이먼드 로위Raymond Loewy는 1919년 프랑스 육군대위 제복 차림으로 뉴욕에 나타났다. 1920년대에 그는 주로 패션잡지와 삭스 피프스 에비뉴나 본위트 텔러Bonwit Teller 같은 대형 백화점의 프리랜서 일러스트레이터로 일했다. 또 친구의 소개로 앨곤퀸Algonquin 호텔 사교모임에 들어가 뉴잉글랜드 해안에서 여름을 같이 보내면서 세련된 뉴요커들과 친분을 쌓았다.

1927년 뉴욕 34번가에 있는 삭스 백화점 본점의 광고 업무를 보던 어느 날, 로위는 백화점 사장 호레이스 삭스Horace Saks의 초청으로 지점의 개장준비에 한창인 주택가 현장을 찾았다. 로위는 그곳에서 요즘 용어로 말하면 통합 시스템이라고 할 수 있는 운영 방안에 대해 의견을 펼칠 기회를 얻었다. 그의 의견은 다음 몇 가지로 요약된다. 직원은 '용모와 공손한 성향'을 보고 뽑아야 하며, 단정하게 잘 갖춰 입어야 한다. 사람들이 붐비는 시간대에 손님들과 '살을 맞대야 하는' 엘리베이터 안내원들은 '예의 바르고 정중하고 말끔해야' 하며 반드시 제복을 입어야 한다. 포장지, 상자, 봉투 등 기타 물품도 의식적으로 보기 좋게 디자인해야 한다. 새로 개장한 지점을 위해 통합된 광고캠페인이 있어야 한다.

이 전략은 큰 성공을 거두어 로위의 주가도 단숨에 뛰었다. 그러나 대공황으로 인해 재능을 발휘할 기회가 많지 않았고, 패션 일러스트레이터 일만으로는 만족할 수가 없었다. 로위는 사회현상뿐 아니라, 사회가 만들어낸 상품들을 눈여겨보았다. 그리고 대공황이 끝나기도 전에 그 모든 것에 불만을 품었다.

기능이 엇비슷한 상품이 아주 많이 출시되어 결함의 경중을 기준으로 제품의 우열이 판가름 나리라고 기대했으나, 실제로는 그렇지 않았다. 기능 면에서는 눈에 띄는 차별화가 없었기 때문에, 결국 겉모양으로 우열을 겨루었다. 그러다 보니 비슷한 토스터들이 외관상 특징과 유행성만을 차별화해 서로 다른 브랜드를 달고 시장에 등장했다. 어차피 소비자는 토스터를 한 대 이상 사지는 않을 테니, 이러한 경쟁 방식이 소비자를 착취한다고는 할 수 없었다. 오히려 제조사들은 새로운 토스터를 원하거나 필요로 하는 소비자의 환심을 사려고 출혈경쟁을 했다. 그러나 로위가 보기에는 뭔가 잘못되어가고 있었다. 그는 "극소수를 빼고는 제품들은 괜찮았다"고 털어놓으며 "형편없는 겉모양과 세련되지 못하고 서툰 그리고 … 저속한 디자인에 실망하고 놀랐으며" 또 "우수한 질과 추한 겉모습이 결합했다"는 사실을 발견했고 '그러한 사악한 결합'을 의아해했다.

> 이따금 디자인이 아주 잘 어울리는 제품을 만나기도 한다. 그러나 곧 지나친 '기교'를 부리면서 형편없이 망가져버린다. 제품을 볼품없는 싸구려로 만들어버리는 난잡한 줄무늬, 몰딩 등이 난무한다. 흔히 말하는 겉만 번지르르한 허울만 좋은 물건(빛 좋은 개살구 또는 군더더기라고 한

다)인데다 가격도 모두 비쌌다. 자연스럽지도 않다. 바르고 새기며 찍어 내고 굴리고 밀어 넣고 위로 들어 올렸다. 뒤로 빼고 뿌리며 돌려 넣거나 형판을 떴다. 불필요한 작업으로 소비자가 부담할 비용만 늘었다. 충격이었다.

로위는 또한 "가장 우수한 엔지니어, 경영의 귀재, 금융계의 거물이라는 사람들이 일종의 미적 진공 상태에 빠져서, 미관에 대해 모르고 있다는 사실에 충격을 받았다"며 이 분야에 뭔가를 기여할 수 있다고 믿었다. 놀랄 일도 아니었지만, 그가 만난 사람들은 '거칠고 적대적이며 때로는 화를 잘 내는' 성격이었다. 또 그가 솔직히 털어놓은 바에 따르면, 그의 말투에 나타나는 프랑스 억양도 패션업계 외부에서는 꽤 거부감을 불러일으켰다. 그러나 그는 소비자 수요를 창출하는 것이 대공황을 해결하는 한 방안이며, 그것은 과거에 비해 '상상력이 담긴 상품과 선진화된 제조기술이 결핍되는' 현상에서 분명히 나타나듯 두려움 때문이라고 믿었다. 로위는 재계 지도자들이 비전도 없이 소심하게 사업을 이끌어가는 산업계의 현실이, 결코 바람직하지 않다는 사실을 깨닫게 하는 가장 눈에 띄고 자신의 가치를 높일 줄 아는 몇 안 되는 산업디자인계의 선구자였다. 겉모양이 좋으면 판매에 유리한 점도 있지만, 때로는 비용을 절감하고 제품의 가치를 높이며 회사의 이익을 키우고 소비자에게도 이득이며 결국 고용을 늘릴 수 있다는 점을, 몇몇 창조적인 인사들에게 납득시키자 마침내 성공이 찾아왔다.

미국 최초의 산업디자인 사례가 된 사무실 복사기

가장 먼저 설득당한 사람은 영국에서 사무실 복사기를 생산하는 시그먼드 게스터트너Sigmund Gestetner였다. 그는 미국을 방문했을 때 로위를 만났다. 1929년 당시 게스터트너의 복사기는 공장 장비처럼 볼품없는 모습이었다. 밖으로 드러난 도르래와 구동벨트, 안전하게 기계를 떠받치는 것 외에는 별로 칭찬할 게 없는 네 개의 툭 튀어나온 관처럼 생긴 다리를 달고 있었다. 로위에 따르면 게스터트너가 기계의 겉모양을 개선할 수 있냐고 물었고, 그는 바로 "물론"이라고 답했다.

디자인 보수를 합의한 후에 로위는 모형을 만들 수 있는 100파운드의 점토를 집 안에 들여와 작업에 착수했다. 로위는 게스터트너가 기계를 다시 디자인하는 것을 쉽게 결정하지 않았다고 한다. 비서가 툭 튀어나온 다리에 걸려 넘어지면서 여러 장의 종이를 사방으로 흩날리는 장면을 그린 로위의 스케치를 본 후에야, 겨우 그 일을 맡겼다. 경위야 어떻든, 로위는 그 결함의 일부를 제거해 중요한 부분을 다시 디자인했다. 어색한 외곽선을 매끄럽게 만들었고, 차가워 보이는 금속판 동체를 따뜻한 느낌을 주는 목재로 바꾸었으며, 보기 흉한 도르래와 벨트는 가리고, 다리는 복사기 몸체 밖으로 튀어나오지 않도록 조치해서 사고를 방지했다. 1929년 후반에 선보인 이 모델에 대해 로위는 "산업디자인이 의식적인 활동으로 인식되기 이전에, 최초로 미국에 등장한 산업디자인 사례로 인정받고 있다"고 자평했다.

게스터트너는 처음에는 낯선 사람에게 복사기 디자인을 맡기기를 망설였지만, 문제가 없는 로위의 그림 덕분에 결정을 내린 것으로 보인다. 그는 해결할 문제가 있고, 그 해결책이 기계의 복사품질에 영향을 끼친다는 어떠한 징후도 없었기 때문에 결정을 내릴 수 있었다. 다른 제조사들도 비슷한 방식으로 산업디자인이 필요하다는 주장에 설득당했다. 로위는 1930년대 전형적인 미래의 고객을 다음과 같이 묘사했다. "그들은 제품을 잘 만들고 잘 판다. 그래서 진정으로 외부의 도움을 받을 필요가 있다고 믿지 않는다." 로위는 눈앞에 있는데도 미처 깨닫지 못한 문제를 지적해서 제조업자를 설득했다.

> 현재 당신이 만들어내는 모델들은 경쟁에서 살아남을 만큼, 단연 돋보이는 외관상 특성이 부족합니다. 하나 더 말씀드린다면, 신문에 선전광고를 낼 때도 그런 특성이 있어야 훨씬 더 관심을 끌 수 있습니다. 현재의 모델들은 맹숭맹숭해 번뜩이거나 두드러지는 맛이 부족합니다. 풍부한 상상력으로 무장한 외부 디자인팀이 귀사의 엔지니어와 긴밀하게 공조한다면, 새롭고 독창적인 해결 방안을 마련하리라고 생각합니다.

물론 문제의 성격에 따라 참신하고 독특한 해결책을 내놓기가 쉬울 때도 있지만, 또 그렇지 않은 경우도 있다. 바로 이러한 요소들이 거래처에 디자인 보수를 요구할 때 영향을 미쳤다고 로위는 털어놓았다. 트랙터 같은 대형물을 다시 디자인하는 것은 상대적으로 비용이 저렴했다. "모양을 보다 좋게 하기 위해 할 수 있는 부분이 분명하게 드러나 있었기 때문이다." 그러나 재봉용 바늘 같은 물건을 다시 디자인할 때는 매우 높은 보수를 요구했다. 관건은 기존 디자인의 문제점을 찾아내 개선 방안을 제안하는 것이었다. 물론 바늘처럼 잘 발달된 구조도 손가락이 찔릴 위험이 있으며, 실을 꿰기가 쉽지 않은 등 문제점은 여전히 존재했다. 그러나 손가락은 골무를 끼어 보호하고 바늘귀에는 재치 있는 보조 장치를 이용해 실을 더 쉽게 꿸 수 있었으므로, 바늘의 날카로운 끝과 작은 귀는 그대로 보존하면서 원래 의도한 목적인 바느질을 효과적으로 수행할 수 있었다. 로위는 바늘을 새롭게 만들어낼 수 있는 참신하고 독특한 아이디어 대해 일절 언급하지 않았다. 아마도 재봉사들이 오랫동안 그 문제들을 겪어내며 잘해왔는데, 바늘 제조사들이 새삼 나서서 해결한답시고 10만 달러나 되는 비용을 기꺼이 지불할 리는 없다고 판단했을 것이다.

산업디자인의 확립

재단사들과 재봉사들 역시 기존의 핀과 바늘의 포장 방식에 익숙했기 때문에 다른 변화가 필요하다고는 생각하지 않았다. 그러나 가끔 로위 같은 산업디자이너들은 새로운 것을 모색한다는 맥락에서 매우 익숙한 포장 방식에도 다른 디자인을 시도하면서 옛것이 안고 있는 문제점을 지적해 드러내기를 즐기는 듯했다.

로위는 회고록에서 1940년에 다시 디자인한 럭키 스트라이크 담뱃갑의 전후 사진을 예로 들어 작업 과정을 설명했다. 이전의 담뱃갑은 주로 진초록색이었으며, 앞면에는 과녁 안에 잘 알려진 상표명을 써

넣었고, 뒷면에는 잘 배합된 담배혼합물에 대한 선전문구가 있었다. 로위에 따르면 초록잉크는 비싼데다가 냄새도 났다. 그는 담뱃갑의 바탕을 흰색으로 바꾸고 뒷면의 선전문구를 옆으로 옮겨 이 문제를 해결했다. '담배'라는 글자는 훨씬 더 작게 박아 넣었다. 상표명과 담뱃갑 모양만으로도 무엇이 들었는지를 충분히 전달할 수 있다고 믿었기 때문이었을 것이다. 붉은색의 '럭키 스트라이크' 글자 과녁은 앞면과 뒷면에 모두 넣었다. 그래서 길가에 버려진 담뱃갑이 어떻게 놓여 있든 누구라도 상표를 알아볼 수 있었다.

그러나 로위의 야망은 작은 담뱃갑을 디자인하는 데 그치지 않았다. 소년 시절부터 철길과 기관차를 좋아한 그는 소개장을 들고 펜실베이니아 철도회사의 사장을 찾아갔지만, 철도장비에 대한 디자인 경험이 부족하다는 이유로 첫 만남에서 "나중에 연락하겠습니다"라는 말만 들었다. 로위는 이 말이 거절의 표현임을 알고 있었지만 "지금 당장 말해줄 수 있는 디자인 문제가 단 하나도 없습니까?"라고 필사적으로 애원했다. 사장이 마음속에 품은 새로운 디자인 대상이 있냐고 물어보자 로위는 '기관차'라고 답했다. 젊은 디자이너의 이처럼 오만한 언행이 분명 사장의 장난기를 발동시킨 것 같다. 그래서 그는 로위에게 펜실베이니아 역에 있는 쓰레기통을 다시 디자인할 기회를 주었다.

로위는 비록 작은 일이지만 철도업무에 관련된 것이라서 매우 기뻤다. 기존 쓰레기통의 사용실태와 잘못된 현황을 꼼꼼히 연구한 후, 새로운 디자인 스케치를 만들었다. 모형을 몇 개 만들어 역에서 실제로 실험도 했다. 그리고 얼마 후 사장실로 불려 갔을 때, 로위는 거듭 쓰레기통에 대해 물었다. 그러나 반응이 없었다. 사장은 쓰레기통이 아닌 다른 것에 대해 말하고 싶어 하는 눈치였다. 다시 재촉하듯 물어보자 결국 그는 "우리 회사는 해결된 문제에 대해서는 더 이상 논의하지 않습니다"라고 말했다. 그러고는 기관차 담당직원을 불러들였다. 직원은 곧 대량생산에 들어갈 시험용 기관차의 사진을 보여주면서 로위에게 "여기에 어떤 문제점이 보입니까?"라고 물었다. 물론 그의 눈에는 문제점이 보였다. '각 구성요소들이 서로 잘 어울리지 않아 뭔가 따로 노는 듯하다. 강철 차체도 각 부분을 리벳으로 기워놓은 누더기처럼 보인다. 마감 작업이 제대로 되지 않아 투박하다.' 그러나 화물열차를 설계한 디자이너가 방에 함께 있었기 때문에 로위는 "강력하고 억세 보입니다"라고만 대답했다. 그러나 속으로는 '더 개선할 점이 있다'고 생각했다. 그는 자기 생각을 스케치로 표현했다. 즉 리벳을 용접으로 변경해 조립비용에서 수백만 달러를 절약하도록 제안했고, 이로써 최초의 유선형 기관차가 만들어졌다. 그러나 로위를 비롯한 산업디자이너들이 토스터에서 연필깎이까지 모든 것을 간결하게 디자인하는 경향이 점차 거세지면서, 가끔은 형태가 기능보다는 유행에 크게 좌우되기도 했다.

산업디자인 시대에 살아남기

게스터트너의 복사기를 다시 디자인하고 20년도 채 되지 않아 산업디자인은 확고하게 자리를 잡았다. 제2차 세계대전 후에 일어난 변화를 되돌아보는 글에서 로위는 "제너럴모터스에서 장난감 회사에 이르기까지, 모든 제조사가 디자이너의 도움 없이는 제품을 시장에 내놓으려 하지 않았다"고 강조했다. 회사에 속했든 독립적으로 활동했든 산업디자이너는 일반 대중이 무엇을 원하는지를 아는 것 같다. 새로운 시대가 열리면서 가장 각광 받은 사람은 로위였지만, 기존 디자인의 문제점을 집중적으로 파고드는 방식은 그만의 전매특허는 아니었다.

뉴욕에 머물던 헨리 드레이퍼스Henry Dreyfuss는 1929년 5번가에 사무실을 내기 전까지, 극장 무대장치를 디자인하는 일에 관여했다. 그는 존디어John Deere사의 트랙터에서 벨시스템사의 전화기까지 각종 상품의 외관에 영향력을 행사하면서 대단히 유명해졌고, 야심이 있는 많은 디자이너들이 그에게 조언을 구했다. 그는 질문에 답변하면서 재능과 소질을 평가하는 데 도움이 되는 연습 방식을 소개했다. 바로 기존의 디자인이 안고 있는 문제점을 찾아내 확인하는 것이다.

> 백화점 안을 둘러보면서 걷거나 우편주문 카탈로그를 주의 깊게 들여다보거나 아니면 그냥 당신의 집 주변을 거닐어보시오. 그러면서 당신 마음에 들지 않는 십여 가지 항목을 고르시오. 그리고 그것들을 진지하게 연구해보시오. 그러고 나서 그것을 다시 디자인해보시오.

드레이퍼스는 산업디자이너라면 미술, 건축, 엔지니어링에 대해 어느 정도 교육을 받아야 한다고 생각했다. 그리고 고용주에게 어떤 새 디자인을 제안하든 객관적인 비판을 받아들일 수 있는 능력은 물론, 자신감 또한 있어야 한다고 여겼다. 기존 디자인에서 겉모양은 가장 확연하게 눈에 띄기 때문에 종종 쉽게 비판의 대상이 된다. 그러나 요즘 나오는 인간공학적인 요소를 고려해야 한다는 주장을 드레이퍼스는 강력하게 옹호했다. 그는《사람을 위한 디자인Designing for People》에 훌륭한 산업디자인을 위한 다섯 가지 원칙을 내놓았다. 다른 디자이너들이 이에 동의하지 않을지도 모른다는 점을 인정하면서도, 드레이퍼스는 이 다섯 가지 원칙이 여전히 산업디자인계 전반에서 필수로 고려해야 할 사항이라고 믿었다. 다섯 가지 원칙은 첫째가 실용성과 안전, 둘째가 유지, 셋째가 비용, 넷째가 상품성, 다섯째가 겉모양이었다. 원칙은 뒤로 갈수록 기본 기능에서 점점 더 멀어지지만, 이들 모두 기존 물건에서 발견된 다양한 결함이 새 디자인으로 어떻게 개선되는지에 대한 기준으로서 쓸모가 많다.

산업디자인이 등장하면서 인공물은 크게 확산되었으며 '새로운, 개선된, 더 빠른', '더 경제적인', '더 안전한', '청소하기 더 쉬운', '최신의' 등 온갖 미사여구를 동원해 기존 제품에 비해 훨씬 우수한 점들을 내세워 관심을 끌려는 경쟁이 심해졌다. 그러나 소비자는 기존 물건과 완전히 다른 물건을 사기가 분명히 망설여진다. 익숙한 물건을 극단적으로 너무 다르게 디자인하면 기능이 저하될 수 있다고 의심하기 때문이다. 로위는 그 현상을 MAYA라는 줄임말로 요약했다. "Most Advanced Yet Acceptable(가장 선진화되어서도 받아들여질 수 있는)"이라는 뜻이다. 드레이퍼스는 '살아남을 수 있는 형태'의 중요성을 강조했다. 그것은 '다르게 보면 완전히 새롭고 혁신적이라고 할 만한 형태이면서도 익숙한 양식' 그래서 '자칫하면 많은 사람이 거부할 수 있지만, 받아들일 수 있을 만큼만 독특하게' 만드는 것으로 명시하고 있다.

그래서 산업디자이너들은 아무리 합리적일지라도, 너무 짧은 기간에 극단적으로 바꾸는 것을 자제할 줄 아는 듯하다. 산업디자인을 연구하는 존 헤스킷John Heskett에 따르면, 현장에서 활약하는 디자이너는 '흥미를 끄는 혁신과, 안도감을 보장하는 요소 사이에 섬세한 균형을 모색하는 것'을 배워왔다. 어떤 물건이든 형태는 유행에 좌우된다. 기능보다는 유행이 우리를 둘러싼 모든 물건의 형태를 결정한다. 그러나 그것이 식탁이든 강철교든 근시안적인 유행 강박에 사로잡혀 있다면 지금은 최첨단 유행일지라도 조만간 밀려날 수 있으며, 넓은 의미에서 실패를 예상하고 대비하지 못하면 빛을 보지 못하고 금방 사라져버릴 수도 있다.

선례의 위력

10

THE POWER OF PRECEDENT

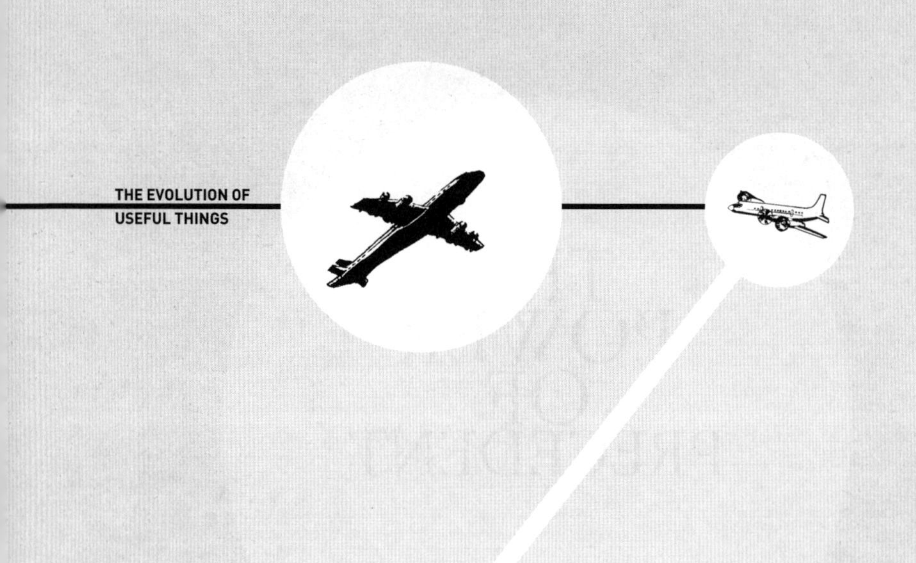
THE EVOLUTION OF
USEFUL THINGS

술꾼들을 현혹한 퍼즐 잔

동일한 가능의 문제점을 여러 형태로 해결한 흥미로운 사례는 17세기 후반의 도자기에서 발견된다. 갑자기 떠오른 영감 때문인지 오랜 지혜 덕분인지는 알 수 없으나 어쨌든 '퍼즐 잔puzzle jug'으로 알려져 사람들의 호기심을 자극한 토기 잔이 있다. 이 잔에는 괴상하게 튀어나온 관과 속이 빈 손잡이, 잔을 기울여 입에 대면 예상하지 못한 엉뚱한 방식으로 액체가 흘러나오는 숨겨진 도관이 있었다. 만일 사용법을 모르는 상태로 잔을 기울이면 술이 밖으로 흘러나와 뚝뚝 떨어져 곤욕을 치렀다. 도자기로 유명한 웨지우드가에서는 고난도의 기술을 요하는 이런 잔을 많이 만들었다. 조사이어 웨지우드의 전기를 쓴 19세기의 한 작가에 따르면, 퍼즐 잔을 다양한 형태로 디자인할 수밖에 없는 이유가 있었다. 바로 한 방울이라도 흘리지 않고는 잔의 내용물을 마실 수 없게 하겠다는 목표가 있었던 것이다.

그 잔은 수많은 내기를 부추겼다. 선술집에서는 손님을 위해 한두 가지 이상의 모양이 다른 잔을 준비해놓고 있었다. 손잡이는 보통 잔의 밑바닥 가까이에서 튀어나와 '배꼽'까지 한참 쭉 올라가다가, 밖으로 활처럼 휘어져 꼭대기의 테두리에 가서 붙었다. 손잡이와 테두리는 속이 비었고, 밑바닥 근처의 잔 안쪽으로 열려 있었다. 테두리 주변에는 몇 개의 작은 주둥이가 달렸다. 주둥이 위치는 옹기장이가 멋대로 정했기 때문에 각각 달랐다. 그래서 맥주를 마시려면 주둥이 하나만 남겨놓고 나머지는 조심스럽게 손가락으로 막아야 했다. 그러나 손잡이 밑에는 대개 작은 구멍이 뚫려 있기 때문에 잘 막지 않으면 그 구멍으로 술이 흘러내린다. 그러면 술꾼은 내기에서 졌다.

잔에는 가끔 술꾼을 조롱하는 표어나 시를 새겼다. 어느 잔에는 이렇게 쓰여 있었다.

어머니 흙에서 태어난 나는
사람의 손을 거쳐 잔이 되었다네
이제 맛있는 술을 가득 담고 이곳에 서 있노니
얼마든지 나를 맛보시게나

다른 하나에는 이렇게 쓰여 있다.

당신의 재주를 시험해보라
원한다면 내기를 걸겠네

한 방울도 쏟지 않고 흘리지도 않으면서

이 술을 모두 마실 수 있는지 한번 보세

그리고 또 이런 문구도 있었다.

이보게, 이제 기량을 발휘해보게나

흘리지 않고는 마실 수 없다는 쪽에

내가 가진 돈을 걸겠네

이와 같이 제각기 조롱하는 시구들은 술꾼들이 쉽게 도전할 수 있도록 부추겨야 한다는 과제에 대해, 해결 방식의 범위가 그만큼 폭넓다는 것을 보여준다. 간단한 생각을 전달하는 말이 이처럼 많다는 것은, 동일한 기능을 달성하기 위해 만드는 물건의 형태 또한 다양할 수 있음을 암시한다. 잔 자체의 변화무쌍함은 퍼즐 잔에 새겨진 시구의 다양성을 훨씬 능가했다. 여기저기 튀어나온 관이 달린 잔 외에도 관이 중간을 뚫고 나온 잔, 손잡이에서 시작해 밑바닥까지 뚫고 지나가는 내부 관이 달린 잔, 양면에 깔때기 모양의 심이 달린 잔도 있었다. 내기에서 술꾼을 이기기 위한 적절한 형태가 딱 하나만은 아니라는 점을 잘 보여준다. 실제로 웃음을 자아내는 이 잔의 기능은 사람을 기묘하게 속이기 위해서라고 주장할 수도 있다. 그렇지만 이 목표를 달성하는 방식이 아주 많고 다양하다는 점이 디자이너가 선택할 가짓수와 누릴 즐거움이 더없이 많다는 것을 강조한다. 제품 디자인의 전형적인 문제를 해결하기 위해, 늘 이처럼 다양한

그림에 보이는 두 개의 '퍼즐 잔'은 17세기 후반에 웨지우드가에서 생산되었다. 이 맥주잔은 선술집에서 내기를 할 때 술꾼들을 속일 수 있도록 기묘하게 디자인되었다. 내기에서 이기려면 구멍과 관을 정확하게 계산해서 손가락으로 잘 막아 술이 한 방울도 흘러내리지 않아야 했다. 만일 잔 모양이 딱 하나뿐이었다면, 이 내기는 그렇게 인기를 끌지 못했을 것이다.

해결 방식이 필요하지는 않지만, 퍼즐 잔의 경우에는 형태가 다채로울수록 유리했다. 그래서 퍼즐 잔을 만든 디자이너들은 술꾼들이 술을 흘리도록 속이는 방식에 대해 혼란스러울 정도로 다양한 해결책을 들고 나오면서 별 어려움을 겪지 않았다.

오토바이에 남아 있는 가짜 탱크

물론 물건을 만드는 목적이 사용자를 속이기 위함은 아니다. 실제로는 사용자가 형태를 보고 예상하고 기대하는 용도에 걸맞도록 디자인한다. 19세기 말, 일반적인 자전거의 형태는 오늘날의 오토바이처럼 기본적으로 큰 변화가 필요 없는 완성된 형태를 갖추고 있었다. 이후에도 본질적으로 달라진 것이 없었다. 변화라고 해도 극적인 개선보다는 브레이크, 기어, 타이어 같은 기계적 분야에서 나타났다. 그렇다고 자전거가 기술적으로 미리 결정된 형태로 진화했다는 뜻은 아니다. 오래전부터 자전거 애호가와 디자이너는 일반 저압 타이어를 단 자전거가 속도와 효율성이 부족하다는 것을 알았다. 그래서 뒤로 기대거나 납작 엎드린 자세로 타도록 디자인하기도 했다. 전형적인 자전거 모양을 떠올리라고 하면, 우리는 모두 두 바퀴 자전거를 상상할 것이다. 그 자전거의 형태는 제공할 것으로 기대된 여러 요소들, 즉 저렴하고 빠르며 안전하다든가, 걷는 것보다 빠르고 뛰는 것보다는 덜 힘들며 상대적으로 편안한 교통수단이라는 점을 절충해서 나온 타협의 산물이다.

그러나 완벽한 것은 없듯이 자전거에도 단점이 있었다. 타는 사람이 힘을 써서 페달을 밟아야 비로소 굴러간다는 점이다. 거리가 짧거나 운동을 목적으로 자전거를 탄다면 견딜 만할 것이다. 그러나 사람의 다리가 아닌 다른 동력을 이용해 자전거를 움직이는 경우가 반드시 있기 마련이다. 그래서 자연스럽게 오토바이의 등장으로 이어졌다. 긍정적으로 해석하면 단점을 개선해 새로운 물건을 만들었다고 할 수 있지만, 사실 오토바이는 기존 장치에 대한 비판, 즉 스스로의 동력에 의해 작동하지 못한다는 자전거의 단점에서 직접적으로 비롯되었다. 디자인 문제를 해결한다는 것은 이처럼 기존 디자인에서 결함을 제거하겠다는 목표를 분명하게 드러내는 것일 뿐이다.

가령 '자전거에 모터를 다는 것(자전거가 더 빠르고 쉽게 달릴 수 있도록)'처럼 문제를 바로 분명하게 드러내는 것이 해결 방법임을 강력하게 나타낸다. 현장에서 창의력을 발휘해 해결 방법을 비언어적으로 착상한다는 것은, 발명가가 문제를 돌아보면서 분명히 드러내고 그것을 '필요'라는 언어로 명확하게 표현하도록 촉구하는 것이다. 비합리적인 비약이라고 할 수 있는 창조적 아이디어를 그렇게 합리화하는 과정을 거치고 나면 효과적으로 부작용을 최소화하고 불편함을 줄이는 과제만 남는다.

디자인의 비언어적 사고에 대한 유진 퍼거슨Eugene Ferguson의 심도 깊은 통찰력을 엿볼 수 있는 논문이 실린 〈사이언스〉의 표지그림은, 세기말 자전거에 모터를 다는 문제를 해결한 여덟 가지의 유력한 해결 방식을 보여준다. 그냥 아무렇게나 바퀴에 모터만 연결하면 끝날 일이 아니라, 동력 전달 체계 방식에 따라 연료탱크와 배터리까지도 자전거 몸통에 달아야 했다. 이 문제를 해결할 아이디어는 순간적인 창의성에 의해 나올지도 모른다. 그러나 그림에서 설명하고 있는 것처럼, 오토바이를 이루는 각 부품이 어떻게 서로 잘 어울려 맞아떨어지느냐에 따라 다분히 오토바이의 형태가 달라진다. 기술적으로 여전히 타당하다고 전제하면, 이미 선택한 여덟 가지 형태에서 두 가지씩 짝을 지어 각각의 장점과 단점을 확인해보면 동전의 앞뒷면처럼 비교가 쉽다. 동전을 던지면 어차피 앞면 아니면 뒷면이 나온다는 의미에서만, 오직 형태가 기능에 따라 결정된다고 말할 수 있을 듯하다. 그러나 게임에 비유하는 것은 일정한 범주 안에서만 가능하다. 마지막 패에 얽매여 있는 노름꾼과 다르게, 디자이너는 마지막까지 기다렸다가 앞의 여러 선택지 가운데 시장에 내놓아 승부를 걸 형태를 선택할 수 있기 때문이다.

상상할 수 있는 많은 부품의 조합과 변경 가운데 운전자의 다리에 걸리적거리지 않도록 모터를 운전자로부터 멀리 떼어놓았다. 그러나 이와 같이 모터를 자전거의 뒤편에 달려면 자전거 몸통을 더 늘여야 하기 때문에 비용이 증가하고 무게중심이 바뀐다. 다양한 디자인 후보 중에서 '최선의' 해결 방법을 찾아내는 관건은 판단과 타협이다. 최종 분석에서 오토바이의 세부 형태는 미리 정해진 기능에 따라 결정되는 것이 아니라, 궁극적으로 어떠한 선택이 그나마 가장 문제를 적게 일으킬 것인가 하는 판단에 따르게 된다. 예컨대 초기 연료탱크의 위치는 오랫동안 오토바이 운전자들의 의식에 매우 강력하게 각인되어, 새로 디자인하면서 기능상 목적으로 위치를 변경했는데도 불구하고(그리고 개선되었다), 탱크의 흔적은('살아남은 형태') 습관적인 위치로서 그대로 남았다. 디자인 비평가 존 헤스킷은 다음과 같이 적절한 예를 들고 있다.

> 1957년 영국에서 생산된 … 아리엘사의 오토바이 '리더'는 연료탱크를 몸통 뒤쪽으로 뺐지만, 전통적인 형태의 가짜 탱크도 그대로 남았다. 이후 이와 똑같은 장치가 일본 혼다사의 '골드윙 1000'에 또다시 나타났다. 가짜 탱크를 반쯤 열면 전기 제어장치가 보였다. 두 제작사 모두 기능적으로는 쓸모없는 형태일지라도 오토바이의 전통적인 이미지의 위력을 거스르면서까지 설득력 있는 대안을 제시하지 못했다.

사소한 디자인 문제 하나가 물건의 형태에 어디까지 영향을 주는지에 대한 사례는 최초의 오토바이 디자인에서 보이는 '급진적인 혁신'에서도 잘 드러난다. 요즈음 오토바이는 강력한 모터가 매우 커서 바퀴, 좌석, 다른 장비를 설치하는 틀 역할을 한다. 모터가 달린 트랙터의 초기 형태를 떠올리게 하는 모습이다. 트랙터의 엔진과 변속장치 역시 차축과 핸들, 다른 필수장치를 설치할 수 있는 틀 역할을 했다. 단순한 모양의 쇠 안장이 변속장치 바로 위에 설치되었으며, 운전자의 발은 조그마한 등자 모양의 돌기 위에 올리게끔 해서 기계에 마구를 씌워 마치 살아 있는 말 위에 두 다리를 벌려 타고 있는 느낌이었다. 그전에 최초의 증기기관 트랙터는 몇 마리 말에 연결해 운행했는데 말의 힘을 동력으로 사용하려던 게 아니라 방향을 조정하는 기계장치가 없었기 때문이었다.

10분 만에 완성된 스물다섯 가지 디자인 스케치

레이먼드 로위가 초기에 의뢰받은 인터내셔널하비스터의 트랙터는 1940년까지만 해도 바퀴 위에 엔진만 달랑 올려놓은 것으로, 바퀴에는 겨우 보호대 하나만 덮였고 동력 전달장치는 마치 고삐처럼 연결되어 있었다. 또한 운전석은 한쪽 다리를 번쩍 들어 올리지 않으면 타기 어려울 정도로 높았고, 쇠살이 박힌 바퀴는 진흙을 운전석까지 튀게 하거나 툭하면 진흙에 걸려 움직이지 않았다. 세발자전거 모양으로 배치된 바퀴들은 갑자기 방향을 틀면 트랙터 전체가 금방이라도 넘어질 것처럼 불안했다. 로위는 네 짝의 고무타이어와 살이 없는 바퀴, 흙받이를 달았고 말보다는 자동차 형태로 진화된 유선형 몸통을 시도했다. 로위의 트랙터와 헨리 드레이퍼스의 트랙터는 '트랙터다움'을 상징하면서도 각각의 독특한 개성이 있었다.

디자인된 모든 것은 형태에 자의적인 요소를 지닌다. 로위는 디자인팀이 신차를 디자인할 때마다 작업 과정을 묘사했다. 이 팀은 앞부분, 저 팀은 뒷부분을 담당하도록 팀마다 다른 과업을 맡긴다. 그리고 기본개념을 잡아가는 작업이 시작된다. 미리 정한 기한까지 각 팀은 작업 결과를 제출해야 한다. 얼마 후 '개략적인 스케치를 모아놓은 파일'이 쌓인다. 그러면 로위는 다음과 같이 디자인을 진행한다.

> 이제 '중요한' 제거 과정이 시작된다. 초안 중에서 싹수가 보이는 디자인을 고른다. 가장 성공 가능성이 높은 것은 더 상세하게 연구하고 차례로 다른 것과 조합하거나 배열해본다. 가장 그럴듯한 차의 앞면 디자인과 괜찮은 옆 단면 스케치를 조합해보는 등등의 작업을 한다. 이 과정에서 새로운 디자인 조합이 태어난다. 그 후 더 상세한 스케치에 들어간다. 주의 깊게 분석해 너덧 가지의 디자인으로 모은다.

최종 디자인은 실물 크기의 석고 또는 목재로 모형을 만들어 개발을 계속한다. 이 단계에서도 어느 정도 자의적 요소가 남았을 수 있다. "몇 가지 모델을 전시할 때는 모두 같은 색으로 도색하는 편이 바람직하다. 혹시 색에 대한 선호도가 미칠 부당한 영향을 차단하기 위해서이다." 이제 연구와 개발에 투자한 자금을 거두어들일 수 있는 최선의 디자인을 선택한다.

> 변화의 필요성은 불가피하며, 이러한 변화가 새 디자인에 어떻게 반영되는지 살펴볼 수 있도록, 완전한 스케치를 준비한다. 제품 생산에 들어가도 좋다는 최종 승인이 떨어지면 디자인 단계는 일단락지어진다. 제작도면을 작성하고 세밀화하는 작업은 엔지니어와 생산부서의 몫이다.

디자인을 세밀화하는 작업은 물건을 제작할 수 있도록 최종 경영진의 결정을 정확한 도면으로 옮기는 작업을 뜻한다. 디자이너와 엔지니어는 디자인 문제에 여러 해결 방안을 제시한다. 또 기술, 미관, 경제적인 관점에서 계속 논의할 수는 있겠지만, 생산라인에서 나오는 제품의 외관이 공학적인 결정에 따르는 경우는 드물다. 엔지니어와 경영진의 역할을 겸하고 있다면, 주어진 상황과 시기에 따라 서로 다르게 적절한 의사결정을 해야만 한다.

로위는 특허권 침해 소송에 관여했던 일을 밝히면서, 디자인에는 운명처럼 미리 결정된 틀이 있을 수 없다는 의견을 또다시 덧붙였다. 이 소송은 그의 고객이 디자인 침해를 이유로 다른 제조사를 고소한 사건이었는데, 로위에 따르면 경쟁사가 로위가 디자인한 제품의 겉모양을 그대로 베낀 '명백한 도용'이었다. 피고 측은 제품이 동일한 기능을 적절하게 발휘하려면, 이 방식으로 디자인할 수밖에 없으며 다른 가능한 디자인 방법이 없었기 때문에 디자인 특허는 무효라고 주장했다. 소송이 수주일간 질질 늘어지면서, 로위는 원고 측 증인으로 불려 나갔다. 심문 과정에서 원고 측 변호사는 로위에게 만일 특정제품을 다른 방식으로 디자인해도 실질적으로 적절하게 제 기능을 발휘할 수 있는지와 그가 그렇게 할 수 있는지 여부를 물었다. 로위가 긍정적으로 대답하자, 변호사는 대체 디자인을 보여줄 것을 요청했다. 그는 몇 개의 스케치를 그려서 보여줄 수 있다고 답했고, 변호사는 다시 그렇게 해줄 것을 요청했다. 로위는 이때의 상황을 다음과 같이 적었다.

> 나는 이젤을 펴고 제도판을 올려놓은 후 뒷줄에 있는 사람에게도 보일 수 있도록 굵은 검정 선으로 빠르게 스케치를 하기 시작했다. 10분 만에 나는 약 스물다섯 가지의 서로 다른 디자인을 만들어냈는데, 모두가 실용적이었고 또 매력적이었다.

그가 그려낸 형태들은 자의적일 수 있었는데도, 로위의 자부심과 사업적 이해관계 때문에 특별히 성공을 강조했던 것으로 보인다. 최종분석 과정에서 선택된 디자인은 디자이너와 고객 두 사람이 절충해 그중에서 가장 만족스러운 것으로 결정할 것이다. 주어진 문제와 결합에 여러 해결 방법이 있다는 것은 디자인에서 현실적으로 불가피한 일이다.

자동온도조절장치의 금속 스위치

로위만큼 사교적이지 않고 기관차처럼 눈에 띄는 인공물을 다루지 않는 디자이너들은 스스로를 디자이너가 아닌 발명가라고 부르는 경향이 있었다. 회로차단기와 전기스위치를 만들고 프라이팬과 커피메이커 같은 가전제품을 물에 넣어 씻을 수 있도록 방수 자동온도조절장치를 발명한 린든 버치Lyndon Burch는 뉴저지의 온도조절장치 제조사에 설계 엔지니어로 입사했다. 곧이어 그는 회사의 기대에 부응해 처음으로 진짜 실력을 보여줄 기회를 얻었다. 어떠한 문제에 대해 그는 기본적으로 모양과 패턴에 집중했다.

> 내 작업은 대부분 기하학과 관련이 있다. 어떤 기능을 수행할 수 있는 단순한 기하학적 구조를 찾는다. 그래서 내 마음속에 있는 기하학적 패턴을 떠올리는 일에서 출발한다. … 패턴이 떠오르면 그것이 안고 있는 결점을 찾아낼 것이며, 열에 아홉은 다시 시작하기 위해 조각조각 찢어버릴 것이다. 그러나 어떻게든 제대로 된 패턴을 찾으면, 그것이 옳은 것임을 나는 직감으로 알 수 있다.

버치는 동일한 문제에 잠정적인 해결 방안을 거듭 만들어낼 수 있는 능력이 분명히 있었다. 설령 그 가운데 90퍼센트를 폐기했다고 해도, 그것은 단지 버치가 원하는 목표치에 다다르지 못했을 뿐이다. 1940년 후반에 만든 자동온도조절장치의 금속 스위치는 중요한 발명이었다. 기존 스위치는 금속 디스크가 온도변화에 반응해 한 지점에서 다른 지점으로 갑자기 움직인다는 원리에 따라 작동되었다. 엄지손가락 압력에 반응하는 금속 경보기의 원리, 또 살짝 치기만 해도 순간적으로 손목을 감아 채우는 수갑의 원리가 이와 매우 흡사하다. 버치는 익숙한 장치를 조금씩 변경하는 방식을 과감하게 버렸다. 넓은 금속조각 하나를 잘라내 밀거나 당기면 비틀려지는 형태가 나타나는 성질을 이용해서 이 방식으로 반응하는 여러 형태를 만들어내면, 작은 동작으로 큰 움직임을 끌어낼 수 있다는 영감이 떠올랐다. 그래서 작은 영향만으로도 큰 결과가 나오는 동일한 기능을 새로운 방식으로 만들 수 있었다. 이 원리에 힘입어 비로소 제조사들은 새로운 스위치와 자동온도조절장치를 만들어 특허까지 받을 수 있었다.

특허의 권리주장과 라이트 형제의 남다른 업적

모든 특허에는 명시된 '권리주장'이 포함된다. 흔히 권리로 주장하는 것은 '우리가 주장하는 권리는', '내가 주장하는 권리는' 따위의 표현 뒤에 끝이 없을 것 같은 문장들로 이어진다. 권리주장은 특허권의 맨 마지막에 기입되는데, 특허의 정확한 내용을 분명하게 밝힌다. 특허전문 변호사 데이비드 프레스먼에 따르면 권리주장은 대중에게 이런 내용을 전한다.

> 다음은 이 발명을 이루는 요소들에 대한 정확한 설명이다. 만일 이 요소를 모두 포함하는 물건, 또는 이 모든 요소에 추가 요소를 붙인 물건, 또이 설명과 거의 같은 물건을 만들거나 쓰거나 파는 경우 특허권 침해로 인한 법적 책임을 질 수 있다.

프레스먼은 직접 특허권 신청서를 작성하려는 발명가들에게 스스로 하라는 조언을 하면서 '권리주장 작성의 요령들'이라는 제목으로 비결을 털어놓는다. 그는 규격을 규정할 때 가능하면 '실질적으로', '대략' 또는 '거의'처럼 모호한 단어를 사용하면 특정한 규격으로 규정함으로써 스스로 자신의 특허권 범위를 제한하는 위험을 피할 수 있다고 충고했다. 또한 많은 특허 변호사들이 특허 권리주장이 너무 짧지 않게 보이도록 권장하는 이유도 설명한다.

> 짧은 권리주장은 포함하는 실질적 가치가 얼마나 대단한가와는 무관하게 많은 심사관에게 불리하게(지나치게 포괄적이라고) 작용한다. 그래서 변호사들은 대부분 많은 추가 구절을 덧붙이고 서문을 길게 쓰며 기능 설명을 장황하게 늘어놓기를 좋아한다. 물론 과도하다는 질책을 피하는 범위 안에서 길게 작성하는 것이 비결이다.

법률적으로 특허권이 지니는 목적 때문에 기술적인 문서작성을 장려하는 풍조가 바람직하지 못한 상태에 이르렀다고도 할 수 있겠다. 그러나 결코 새로운 현상은 아니었다. 1906년 오빌 라이트Orville Wright와 윌버 라이트Wilbur Wright 형제는 변호사를 통해, 본인들이 발명한 비행기계에 열여덟 가지의 특허권리 목록을 만들어 특허를 신청했다. 그중 첫 번째 기술에 나오는 에어로플레인은 지금이라면 복엽기의 한쪽 날개를 가리킬 만한 이름이지만, 당시에는 기체 전체를 뜻했다.

> 비행기계에서 보통 납작한 에어로플레인은 측면 가장자리 부분이 몸통의 정상 평면에서 위아래로 움직인다. 이때 움직임은 비행 방향과 수직을 이루는 축을 중심으로 한다. 측면 가장자리 부분은 에어로플레인 몸통의 정상 평면을 기준으로 상대적으로 더 다양한 각도로 움직일 수 있다. 그것이 대기에서 서로 다른 날개각을 만들면서, 측면 가장자리 부분은 실질적으로 위에서 설명한 대로 움직이게 된다.

이 권리주장에서 애매모호하다는 말을 듣지 않는 몇 가지 표현 가운데 하나는, 라이트 형제가 구상한 비행기계의 초기 개념에서 에어로플레인, 즉 날개는 '보통 편평하다', 곧 플레인plane이라고 표현한 부분이다. 라이트 형제는 물론 다른 사람들도 볼록 솟아오른 날개가 더 큰 양력을 만들면서 복엽기의 이중 날개가 불필요해졌으며 그 결과 '에어로플레인aeroplane'이라는 말이 뭔가 부적절하다는 것을 나중에 깨달았다. 스텔스 폭격기는 사실상 온통 날개뿐이라고 말할 수 있는 반면 에어쇼에서 볼 수 있는 새로 고안된 비행기의 일부는 날개는 없어지고 흔적만 남아 있는 듯했다. 특히 권리주장의 모호성에도 불구하고 라이트 형제는 다른 발명가와 마찬가지로 비행기계에서 다른 사람들이 불가피하게 제안할 수밖에 없는 대체 디자인과 개선안에 대항해 어떻게든 유리한 위치를 선점하려고 시도한 셈이었다. 라이트 형제는 에어로플레인과 다른 요소들의 결함을 발견하고 분명하게 드러내서 제거함으로써 최초로 지속가능한 유인비행에 성공했다. 당시야 그 구성요소들이 한없이 가치 있고 유일무이하게 보였겠지만, 최종분석 단계에서는 결코 그렇지 않다는 것을 알았다.

물론 유일한 형태도 아니었다.

라이트 형제는 뛰어난 업적 덕에 지금까지도 기억되지만, 그 밖에도 사실 처음으로 비행에 성공한 몇몇 디자인이 있었다. 그러나 이것들은 헨리 크레머가 상금을 내걸었던 비행 대회에서 고서머 콘도르만이 기록에 남아 있는 것처럼 기억의 저편으로 잊혀져갔다. 그중에는 날개를 상하로 흔들면서 날아오르는 레오나르도 다빈치의 전설 같은 항공기부터 두 사람이 페달을 밟아 만든 동력으로 나는 항공기까지 다양했지만 1.6킬로미터가 넘는 8자 코스를 주파하는 기체는 없었다(우승자가 확정된 뒤에 실패한 많은 항공기를 다시 개발하고 개선할 수 있었으리라고는 상상하기 어렵다). 기술이나 다른 면에서 눈에 띌 업적을 달성하기 전에는, 경쟁 중인 설계안이나 디자인이 목표를 달성했는지 여부를 판정할 진짜 기준은 없다. 그래도 목표는 있으니 일단 목표에 다다르면 그것을 이룬 형태나 방식은 잇따르는 시도들이 경쟁하고 평가되는 기준으로 자리를 잡는다. 인공물의 형태가 특허의 권리주장과 그에 대응하는 반대주장을 통해 마련된, 다소 애매하지만 좁은 범위 안에서 진화해나가는 경향이 있다는 것은 이상한 일이 아니다.

시드니 오페라하우스의 실패

성능 경쟁 못지않게 디자인 경쟁에서도 형태가 얼마나 자의적인지가 명백하게 드러나지만, 우리는 이를 쉽게 잊는다. 1851년 발군의 기획자들은 런던에서 세계 최초의 만국박람회를 열기로 결정하고, 하이드파크에 있는 약 64,700제곱미터의 부지에 임시건물 한 동을 지어서 국제전시장을 수용하는 디자인 공모 계획을 발표했다. 모두 245개의 다양한 공모안이 들어왔지만 건축위원회는 쓸 만한 것이 단 하나도 없다고 판정하고 직접 만든 비현실적이며 잡다한 아이디어들로 뒤범벅된 안을 내놓았다. 이것이 여론의 조롱거리가 되자, 원예가이자 온실 디자이너인 조셉 팩스턴Joseph Paxton이 혁신적인 디자인을 위원회에 제출하면서 〈일러스트레이티드 런던 뉴스〉에도 정보를 흘렸다. 그렇게 디자인이 채택되어 완공 후 큰 성공을 거둔 수정궁은 만국박람회 이후, 수십 년간 전시건축물의 모범이 되었다.

만국박람회가 끝날 무렵 수정궁에서 나오는 철재와 유리를 재활용하기 위해 또 한 차례 공모가 있었다. 출품 안 중에는 300미터가량 높이의 수정탑을 짓자는 제안도 있었다. 마치 어린아이의 팅커토이 레고를 조립해 교량이나 기중기를 만들자는 것과 아주 비슷했다. 20세기에 들어와 마천루 디자인 공모에 출품한 작품들을 보면, 응모 요건에서 규정한 기능을 만족시키는 형태가 결코 하나가 아님을 다시 한 번 증명하고 있었다.

시카고의 트리뷴타워도 디자인 공모를 거쳐 지어졌다. 고전주의 양식의 거대한 기둥을 세운 기발한 마천루부터, 채택되어 실제로 완공된 고딕양식의 타워까지 수많은 공모작이 들어왔다. 시카고의 중앙도서관 신축에 기획된 디자인 공모의 역사를 추적한 텔레비전 다큐멘터리는 얼마나 많은 다양한 해결 방안이 가능한지, 또 미관과 상징성, 정치적 고려 등은 최종 선택에 크게 영향을 주는 반면, 기능에 대한 고려는 어떻게 뒷전으로 밀리는지를 여실히 보여주었다.

시드니의 오페라하우스는 디자인 공모와 대형 프로젝트가 어떻게 실패하는지를 보여주는 전형적인 사례이다. 시드니 항에 들어설 종합공연장의 디자인 공모에는 모두 223개의 출품작이 접수되었는데, 그 가운데 덴마크 건축가 요른 웃손Jørn Utzon이 맨손으로 그린 스케치가 당선되었다. 그의 디자인은 커다란 조가비를 멋있게 조합한 것으로 마치 범선에서 진화한 것 같은 이미지를 풍겼다. 그러나 공학적 요소를 고려하지 않았기 때문에 매우 비현실적이며 실제로 시공하기가 극히 어려운 설계였다. 1973년 완공 당시 오페라하우스는 건축과 공학 측면에서 걸작으로 평가되었으나, 사실은 9년이나 지연되면서 투입 비용이 당초 예산의 1,400퍼센트를 웃돌았다. 건축가의 자의적 형태에 대한 집착 때문에 실제 시공 과정에서는 공학적으로 임시변통이 잇따랐고, 건축물의 유지관리에 대한 고려도 충분하지 못했던 것이다. 1989년 그동안 미뤄둔 수백 건의 보수 작업과 쇄도하는 누수현상을 견디지 못하고 7,500만 달러의 예산을 들여 오페라하우스 10개년 복원프로그램을 시행한다는 발표가 나왔다. 형태 면에서는 시드니에서 가장 인상적이고 눈에 띄는 시각적 이미지를 풍기는 구조물로 남아 있지만, 기능 면에서는 개선할 점이 무궁무진하다. 불행하게도 오페라하우스의 결함은 오토바이나 트랙터, 식기류의 형태에서 비롯된 실패만큼 빠르게 대처할 수 있는 성질의 것이 아니다.

형태가 공학을 이끌어가지 않고 오히려 공학에 의해 결정된 두드러진 대형 구조물이 있기는 하다. 그렇다고 해도 규정된 기능에 따라 결정되는 형태는 여전히 결코 하나가 아니다. 대형 교량은 아마 가장 순수하게 공학적 고려로 이루어진 구조물이라고 할 수 있으며, 형태도 구조물이 거동하는 기계적 원리를 적용해 설계된다. 세계에서 가장 아름다운 교량 몇몇은 디자인 공모를 거쳐 탄생했는데, 특히 유럽에서 효과적으로 시행되었다. 로베르 마이야르Robert Maillart와 외젠 프레시네Eugène Freyssinet 같은 공학의 선구자들도 이 공모전을 통해 콘크리트 교량을 건설하는 새로운 기술과 형태를 개발하고 시도할 기회를 얻었다. 그들이 남긴 유산은 기술과 자연이 서로 조화를 이루는 환경을 선사하고 있다.

미학과 교량 공학에 대해 심오한 글을 쓰는 데이비드 빌링턴David Billington은 디자인 공모가 일반 대중과 디자인을 책임진 정부 대리인 사이에 건설적인 소통의 기회를 제공하며, 더 좋은 도시 구조물을 짓도록 이끈다고 믿었다. 빌링턴은 대중이 디자인 과정에 참여하면 폭넓은 이득을 가져올 수 있다고 강조한다.

> 하나의 프로젝트를 골라 좋고 나쁨을 판정하기란 비교적 쉽다. 그러나 동일한 현장에 들어설 구조물을 위해 신중한 연구를 거듭하며 작성한 몇 가지 디자인에 등급을 매기고 기본개념, 세부내용, 비용, 외관과 관련해 등급을 합리화하는 일은 전혀 다르다. 시행 과정은 경쟁자뿐 아니라 심사위원도 함께 시험하는 일이 되며, 심사위원들이 교량설계에 관한 모든 사항을 대중에게 분명하고 정확한 보고서로 설명하도록 한다.

교량이나 고층 건물, 또 어떤 구조물이나 기계는 먼저 기능을 정의 내리는 데서 작업이 시작된다. 여기부터 해결해야 할 문제와 그 해결을 가로막는 장애요인이 무엇인지 뚜렷해진다. 그러나 공모에 들어온 다양한 출품 안이 잘 보여주듯이, 디자인 문제를 알기 쉽게 조직화한다고 해서 해결 방안이 보장되는 것은 아니다. 해협이나 협곡을 가로질러 건설되는 교량의 요구조건으로 인해 역사적으로 아치교량부터 현수교까지 다양한 종류의 디자인이 등장했다. 구조적인 면에서 보면 아치교는 압축력을, 현수교는 인장력에 의존하기 때문에 서로 극과 극에 있다고 할 수 있다. 디자이너에 따라 선호하는 해결 방안이 다른 것은 아마도 시공기술과 마찬가지로, 재료에 대한 선호도(단철과 주철 또는 강철과 콘크리트)와 관련이 깊은 듯하다. 19세기 영국에서 아치교량을 건설할 때 돛이 높은 배가 항해할 수 있도록 높이 제한 요건을 설정한 것이나, 20세기 뉴멕시코주에서 다리 중간중간에 솟아 있는 현수교 대신 반듯한 다리를 선호한 까닭은 폭주하는 교통량에 대응하여 차량이 오갈 수 있는 공간을 한 차선이라도 더 뽑아내기 위해서였다.

공개적으로 엄격하게 시행되든, 한 디자인 사무실에서 이루어지는 개인적 경쟁이든 간에, 디자인 공모는 기능이 요구하는 것보다 더 많은 종류의 형태를 생산해낼 수 있다. 처음 구상단계에서 자유로운 작업은 모든 관련자에게 대단한 재미를 안기기도 한다. 그러나 궁극적으로 구조물의 성공과 실패의 차이는 다양한 형태와 세부사항 가운데 얼마나 신중한 선택을 했느냐에 달려 있다.

닫아야
열린다

11

CLOSURE BEFORE OPENING

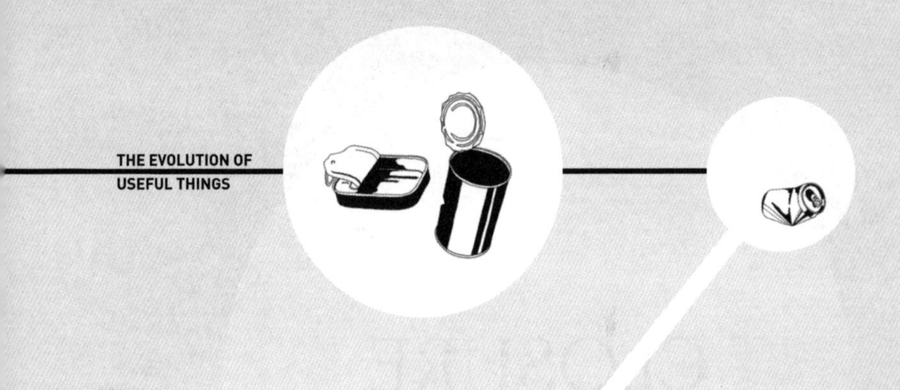
THE EVOLUTION OF
USEFUL THINGS

식품 보존을 위한 새로운 발견, 캔과 캔따개

1795년 음식을 오랫동안 신선하게 보존하는 방법을 제시하는 사람에게 1만 2,000프랑의 현상금을 주겠다는 발표가 있었다. 그러나 14년 동안 현상금을 받은 사람은 없었다. 그러다 마침내 파리에 사는 니콜라 아페르Nicolas Appert가 조리된 과일, 채소, 고기를 병에 넣은 후 끓는 물에 충분히 오랫동안 담가두는 식으로, 이전에 실패의 원인이었던 박테리아를 죽이고 음식을 보존할 수 있는 방법을 선보였다. 그는 1810년에 논문 〈저장술L' Art de Conserver〉에서 그러한 방식을 제시했고, 순식간에 영어를 포함한 여러 나라 말로 번역되었다.

그러나 밀폐력은 좋았으나 병은 깨지기가 쉬웠다. 이 점은 군인들이 격전을 벌이는 전장이나 탐험가들이 헤쳐나가는 험난한 지역까지 보존식품을 가져가는 데 큰 걸림돌이었다. 1810년에 런던 상인 피터 듀란드Peter Durand는 보존식품 용기로 '양철깡통'을 도입해 이러한 결함을 없앴다. 돈킨앤드홀Donkin and Hall이라는 회사가 런던에 '식품저장소'를 세우고, 새롭게 주석으로 도금한 단철 캔을 만들어냈다. 영국 군인에 가정식을 공급할 훌륭한 수단으로서 사업전망도 밝았다. 그러나 불행히도 초기에는 음식이 썩지 않도록 잘 보존하는 목표(기능)에만 너무 많은 노력을 집중했기 때문에, 캔에서 음식을 쉽게 꺼내 먹는 방법에는 크게 신경을 쓰지 못했던 것 같다. 인공물은 대부분 보조할 인공물을 개발해 보완하는 것이 상례이다.

보존식품과 연관된 복잡한 문제야말로 발명가들이 부딪쳐 해결해야 할 가장 시급한 사안이었다. 필요할 때 마음대로(대장간까지 나가 캔을 열지 않고도) 보존된 음식을 꺼내 먹을 수 있도록 하는 것이 양철캔의 궁극적인 기능이었다. 그런데도 초기에는 음식을 잘 보존하겠다는 목표에만 지나치게 매달렸고, 군인들은 캔에 든 식량을 먹기 위해 총검을 사용하거나 심지어는 소총을 쏘아 캔을 열어야만 했다. 반세기 후에 일어난 미국의 남북전쟁에서도 군인들은 똑같은 일을 반복했다. 돈킨앤드홀사는 제품을 더 많은 고객에게 팔려면 반드시 캔 안의 음식을 쉽게 꺼낼 방법을 찾아야 하는 문제에 역점을 두어야 했다. 그럼에도 1824년 북극탐험에 나선 탐험가 윌리엄 에드워드 패리William Edward Parry의 북극탐험대 대원이 가져간 구운 송아지고기가 들어 있는 그 회사의 캔에는 '끌과 망치로 캔의 위쪽을 빙 둘러 잘라내야 한다'는 설명만이 적혀 있었다.

1830년에 이르러 영국의 상점에서는 캔 식품을 일반 대중에게 팔기 시작했다. 1920년대 초 미국에서 최초로 통조림 공장을 설립한 영국인 윌리엄 언더우드William Underwood가 캔을 열기 위해 집 안에 있는 어떤 물건이든 임시로 사용해 수단껏 열라고 권한 것은 분명 동시대를 살던 사람들을 대변한 발언이었다. 필요성을 절감하면서도 한동안은 특화된 공구가 나타날 기미가 보이지 않았다. 한편 두꺼운 철판으로 만든 초기의 캔들은 그 안에 들어 있는 음식물보다 더 무거운 경우도 있었다. 북극에 가져간 송아지고기 통조림의 무게는 속이 비어 있는 상태에서도 450그램이 넘었으며 두께도 5밀리미터나 되었다. 그래서 탐험대처럼 멀리까지 통조림을 가져갈 필요가 없는 사용자용으로, 망치와 끌 대신 통조림을 여는 수단이 곧 개발되었다. 최초의 캔따개는 상점 점원이 통조림을 팔면서 직접 하나씩 따주어야 할 정도로 정교함이 필요했을 것이다.

초기의 캔은 음식을 보존하는 데는 성공적이었다. 그러나 여전히 무거운 무게가 단점이었다. 직접적으로는 높은 생산 비용이 원인이었으며 음식을 꺼내 먹기도 어려웠다. 상점 점원이 일일이 열어주어야 한다는 것은 그 속에 들어 있는 음식을 바로바로 먹어 치워야 한다는 것을 의미했다. 그래서 음식을 식료품 저장실에 넣어두고 보존하는 이점이 사라졌다. 캔이 안고 있는 걸림돌을 해결하기 위해 몇몇 발명가는 캔을 더 얇고 가벼우며 쉽게 조립하고 해체할 방법을 찾는 데 몰두했다. 반면에 또 다른 발명가들은 캔을 열 특수한 도구를 개발하는 문제에 매달렸다. 1850년대 후반에 철보다 더 강한 강철이 나오자 캔을 더 얇게 만들 수 있었다. 또 더 가벼운 재료가 지닌 지나친 유연성을 보강하기 위해 테두리를 도입했다. 이 테두리는 전에 캔의 튼튼한 옆구리에 겹쳐놓았던 위 뚜껑과 밑바닥을 붙이는 데도 사용했다. 오늘날에도 많은 강철캔을 보면, 종이 라벨 밑에 물결 모양의 골을 만들어 유통 과정에서 얇은 부분이 움푹 들어가지 않도록 추가로 보강했다.

1858년 코네티컷주 워터베리에 사는 에즈라 워너Ezra Warner는 캔따개로 획기적인 특허를 따냈다. 일상용품의 기원을 공부하는 한 학생이 '일부는 총검, 일부는 낫'처럼 생겼다고 묘사한, 이 굽어 있는 커다란 날은 캔의 바깥둘레를 돌면서 힘으로 눌러 뚜껑을 절단하도록 고안되었다. 선후배 발명가들처럼, 워너도 자신이 고안한 형태를 지킬 목적으로 앞서 나온 물건의 형태와 비교해 기존 물건의 명백한 결함을 슬며시 드러냈다.

> 기존의 다른 기구에 비해 내가 개선해 만든 물건은 부드럽고 빠르게 절단할 수 있으며, 어린아이도 쉽고 위험하지 않게 사용할 수 있다는 이점이 있다. 그리고 만일 곡선 절단기가 고장 나면, 다른 부분은 손댈 필요 없이 그것만 쉽게 빼내 바꿔 낄 수 있어 결과적으로 비용을 절감할 수 있다. 또 타격을 가해 구멍을 뚫는 다른 모든 방식에서는 캔 안에 있던 액체가 흘러나오는 것을 막기가 힘들지만, 이 방식으로는 문제가 없다.

이러한 도구는 남북전쟁 중에도 있었지만, 군인이나 가정주부 모두 과거의 방식에 오랫동안 길들어져 있었기 때문에, 군이 이렇게 특화된 따개를 사용하려 들지 않았다. 1885년에야 영국 육해군협동조합이 빅토리아 시대의 도구와 상품을 총괄해 만든 카탈로그를 내놓으면서 최초로 캔따개를 소개했다. 이 카탈로그는 1907년 캔을 따는 도구로 '황소머리'라고 불리던 나이프를 포함한 몇 가지 '나이프'를

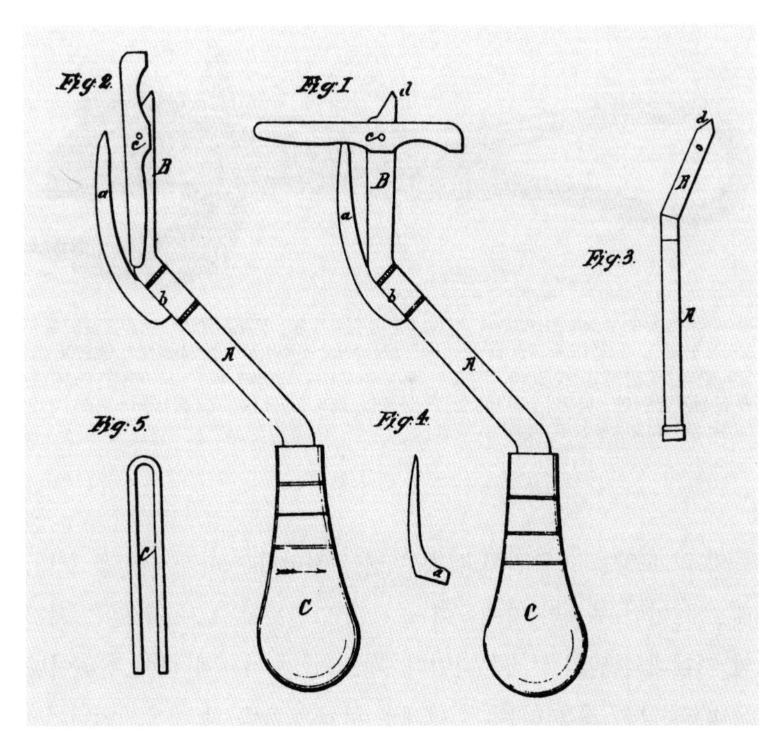

에즈라 워너가 특허를 따낸 캔따개는 타격을 가하지 않고 d 지점을 눌러 캔의 뚜껑을 뚫을 수 있었다. 이때 안전장치 c가 가로막아 d가 캔 속으로 너무 깊이 들어가지 않도록 했다. 뚜껑에 구멍이 뚫리면 안전장치는 휭 돌아서 자리를 비켜주고 절단하는 날 a가 캔의 뚜껑 주위를 따라 돌면서 뚜껑을 잘라냈다.

소개했다. 일부 사람들은 이것을 최초의 대중적인 가정용 캔따개로 여긴다. 황소머리 따개의 손잡이는 붉은색이었고 캔을 따는 날 쪽은 황소머리를 닮아 있었다. 손잡이 쪽 끝은 황소꼬리처럼 점잖게 고리 모양으로 감아 우아한 손잡이 모양을 이루었다. 황소의 목에 해당하는 부분에 달린 나사에는 'L'자 모양의 날이 붙어 있는데, 이것이 동

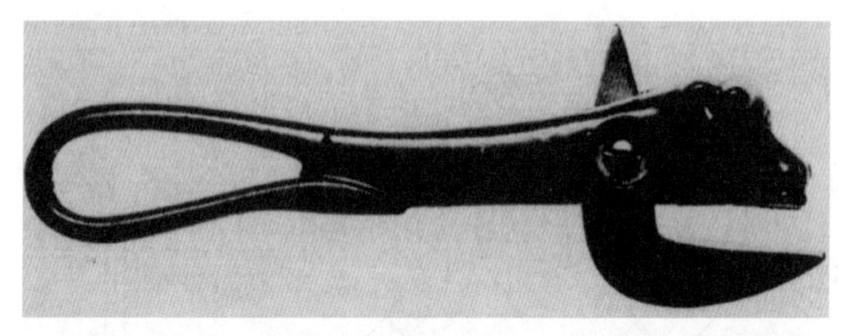

황소머리 캔따개는 주철로 만들었는데, 머리는 이름에 걸맞게 황소 모양을 닮았고 손잡이도 황소를 떠올리게 했다. 'L' 자 모양으로 생긴 날에는 나사를 중심축으로 한쪽에 짧고 예리하게 모가 난 끝이 달려 있어, 캔의 뚜껑을 뚫고 들어갈 때 너무 깊이 들어가지 않도록 조정하고 빼낼 때도 도움을 주었다. 한편 긴 날의 끝은 여느 따개의 날과 비슷한 구실을 했다. 캔의 뚜껑이 얇아지고 뚫기가 더 쉬워지자, 날 하나로 두 가지 기능을 모두 수행할 수 있었다.

물의 턱 모양을 이루면서 실제로 캔을 절단하는 따개 역할을 했다. 대체로 이런 부류의 따개들이 실제로 그렇듯이 'L'자 형 날은 쐐기와 지렛대의 원리로 작동되었다. 황소의 양 어깨뼈 사이로 튀어나온 다른 날은 캔을 따는 첫 단계로 뚜껑을 뚫을 때 사용되었다. 긴 절단용 날을 사용하면 끝이 휘거나 부서질 우려가 있었기 때문일 것이다.

그러나 이 구식 캔따개를 사용하는 사람들은 누구나 도구의 단점을 알고 있었다. 캔을 딸 때 도구의 움직임이 이어지지 않고 중간중간 끊기며, 뚜껑을 잘라낸 후에 남는 까칠까칠한 경계에 자주 손가락을 베이기도 했다. 보다 더 연속적이고 부드럽게 캔을 딸 수 있도록 바퀴를 단 최초의 따개는 1870년에 코네티컷주 웨스트 메리덴 출신의 윌리엄 라이먼William Lyman이 미국에서 특허를 받은 것으로 보인다. 따개의 한쪽 끝은 캔의 뚜껑 한가운데를 뚫고 들어가고, 그것을 중심축으로 따개의 손잡이를 잡아당겨 절단하는 바퀴를 돌릴 수 있었다. 이 도구는 캔의 규격에 따라 매번 조정해야 했는데, 얼마나 정확하게 구멍을 뚫느냐에 따라 효율성이 크게 달라졌다.

1925년 더욱 편리한 따개가 특허를 받았다. 한가운데를 찌른 후 캔의 테두리를 돌면서 뚜껑을 따는 방식이었는데, 톱니 모양의 바퀴를 도입해 미끄러지는 현상을 개선했다. 1928~1929년 판 시어즈와 로벅 백화점 카탈로그가 '심플렉스Simplex'라고 불리는 '최신 캔따개'를 소개했다. 톱니로 된 무는 바퀴와 절단하는 바퀴를 달아 캔의 옆면을 돌면서 테두리까지 포함한 '뚜껑 전체'를 따는 방식이었다. 지금도 물론 엄청나게 다양한 캔따개들이 시중에 나오는데 저마다 나름대로 결함, 문제점, 불편한 점, 사소하지만 신경 쓰이는 점들이 있다. 손잡이를 꼭 쥐고 손목을 비틀어 움직여야 하는 캔따개로 커다란 캔을 따려면 지치기 마련이고, 돌리는 바퀴가 캔을 꽉 물지 못하고 미끄러지거나 떨어지면 짜증이 나기도 한다. 또 전기 캔따개는 다소 덩치가 크고 분해하기도 힘들어 청소가 어렵다. 처음 양철캔이 나오고 두 세기 가까운 세월이 흘렀지만, 캔을 따고 내용물을 꺼내는 보조도구라고 부를 만한 장치는 아직도 개선의 여지가 남아 있다. 발명가들은 새로운 따개를 만들어 계속 특허를 따낼 것이다. 한편으로는 따개를 사용할 필요 없이 한 번에 뚜껑을 잡아당겨 여는 방식이 점점 더 많이 도입되고 있다. 과연 더 나은 캔따개를 개발할 필요가 있는지 다시 생각해볼 일이다.

적포도주를 목이 긴 병에 담는 이유

식품을 잘 보존하면서 동시에 쉽게 꺼내는 방법을 찾겠다는 서로 상충하는 목표들을 만족시키고자 할 때, 보통 부딪히는 문제는 결코 새로운 것들이 아니다. 오래전 열대 섬에 살면서 코코넛 과즙을 애타게 마시고 싶어 하던 수많은 선조들은 자연의 힘으로 너무나 포장이 잘된 코코넛 열매를 쉽게 열지 못해 괴로워했을 것이다. 그런 경우 내용물을 꺼내 먹을 방법을 찾아내는 것은 포장한 쪽이 아니라 소비자 스스로 해결해야 할 문제이다.

아마도 문화가 가장 깊숙하게 깃든 인공 음료수 용기는 술병일 것이다. 술병은 전통과 아주 밀접하게 연관되어 형태나 색깔이 조금만 달라도 다른 술임을 금방 알아챈다. 현재 특정 술병이 지닌 형태를 두고 흔히 처음부터 어떤 기능을 발휘하기 위해 만들어졌다고 주장할지도 모른다. 그러나 그 논리는 사후 설명일 뿐이다. 가령 병 두께가 두껍고 밑바닥은 너벅선같이 넓으며 병목이 두꺼워 버섯 모양의 코르크에게 든든한 버팀목이 되는 샴페인 병은 높은 압력으로 압축된 술을 담은 술병이 깨지거나 폭발하거나, 혹은 저절로 마개가 열리는 일이 생기지 않도록 한다. 이 모든 특징은 어느 날 갑자기 새로 생겨났다기보다 최초로 샴페인을 담은 일반 병이 부서지거나 터지고, 제대로 병을 땄는데도 코르크가 너무 빨리 튀어나오는 사고를 겪으면서, 결점을 개선하는 과정에 하나둘 진화된 특징일 것이다.

예컨대 라인산과 부르고뉴산 포도주를 담은 병 모양이 다른 것은 병의 모양을 길거나 짧게 해서 얻는 기능상 장점을 반영한 결과가 아니라, 우연한 지역적 변이와 병을 만드는 과정에 일어난 혁신적인 변화에서 유래했을 가능성이 크다. 병의 목 부분 형태에 따라 포도주를 따를 때 딸려 나오는 앙금을 줄이는 이점이 있다고 주장하는 것은 가능한 일이다. 그러나 이처럼 앙금이 생기기 쉬운 적포도주를 목이 긴 병에 담아 병의 어깨로 앙금을 걸러내는 기능을 정확하게 할 수 있게 된 것은, 전지전능한 포도주 상인의 계획이었다기보다는 초기에 앙금 때문에 망쳐버린 수많은 잔의 포도주를 버리면서 알아낸 결과일 것이다. 반대로 앙금이 생기지 않는 백포도주를 단이 있는 긴 병목의 병에 담았다면, 포도주를 모두 비우기 위해 병을 수직으로 세워 따라야 하는 번거로움을 겪었을 것이다. 목이 긴 병은 그만큼 우아하게 따를 필요가 있다.

병 모양의 중요성은 시스코Cisco라 불리는 도수 높은 포도주를 생산하는 회사와 정부 사이에 일어난 열띤 공방에서도 드러났다. 20도에 이르는 이 독한 포도주를 담는 병의 모양이 약 4도밖에 안 되는 와인쿨러 병과 비슷했다. 겉포장도 비슷해서 상점에서도 시스코와 와인쿨러를 같은 진열대에 올려놓았다. 그래서 이 독한 술이 십대에게 과음과 폭력을 유발하는 요인이 된 것으로 보고되었다. '액체 코카인'이라는 별칭도 생겼다. 제조사에서는 시스코와 와인쿨러를 분명히 구분할 수 있도록 새롭게 디자인한 병에 시스코라는 상표를 반드시 붙이겠다는 발표로 분규를 일단락했다. 시스코에는 '성숙하고 남성적이며 … 와인쿨러와도 분명히 다른' 이라는 문구가 명시되었다.

술병의 색깔도 마찬가지이다. 어떤 확고한 기능상의 이유보다는 전통에 따라 내려온 진화의 결과로 생각할 수 있다. 초록색과 갈색의 병은 색이 없는 투명한 병 속의 포도주가 햇빛에 상한다는 사실을 경험으로 알게 된 후 진화한 것이 틀림없다. 그렇다고 실패를 인지하면 꼭 형태의 변화가 생긴다고 말하려는 것은 아니다. 소테른 같은 포도주는 여전히 투명한 유리병에 담겨 판매되고 있다.

형태나 색깔이 어떻든 술병은 반드시 내용물을 보호하기 위해 철저히 밀봉되어야 한다. 코르크야말로 타고난 밀봉장치이다. 그러나 포도주를 보존하는 데는 매우 효과적이지만 병을 열 때는 골칫거리로 변한다. 곰팡내 나는 코르크 때문에 포도주가 상하거나 무른 코르크 탓에 포도주가 오염되고, 코르크가 잘 안 빠져 병을 못 열기도 한다. 또 아무리 적절한 코르크를 사용했더라도 이를 빼내려면 보조장치가 필요하다. 물론 압축된 샴페인 병의 버섯 모양으로 생긴 코르크는 타래송곳으로 몇 번 비틀어 돌린 후에 엄지손가락으로 잘 달래면 빼낼 수 있다. 코르크를 빼내는 타래송곳과 유사한 도구도 캔따개처럼 기존 도구의 결함을 개선해 새로 만든 갖가지 모델이 많이 나와 있다. 두세 가지는 결함이 거의 없는 수준이지만 가장 믿을 만한 타래송곳을 사용한다고 해도, 막상 품질이 나쁜 코르크를 만나면 문제가 생긴다. 일부 포도주 제조사는 요즘 같은 플라스틱 시대에 진짜 코르크는 쓸데없는 낭비이며 유리병 자체도 불편하고 비싸기만 하다고 슬그머니 불만을 털어놓을 것이다. 그러나 특히 포도주 업계는 전통이 대단한 위력을 발휘한다. 단지 싸구려 포도주만 비틀어 돌려 여는 뚜껑이 달린 병이나 편리한 꼭지가 달린 자루에 담을 수 있다.

맥주를 병에 담는 데도 물론 나름의 전통과 선입관이 있었다. 포도주와 마찬가지로 신성불가침의 영역으로 보일 수도 있으나 병뚜껑을 따는 것은 코르크를 뽑아내는 것과 관련 기능이 다르다. 마치 전통의 뿌리를 잊지 않겠다는 듯 얼마 전까지만 해도 코르크가 끼워져 있는 금속 병뚜껑을 사용하기도 했다. 병목의 가장자리를 덮고 있는 뚜껑이 만들어내는 주름의 힘을 받아 코르크가 병의 주둥이를 단단히 밀봉했다. 이러한 밀봉 작업은 비교적 기계화가 쉬웠지만, 내용물을 마시기 위해 뚜껑을 따려면 독특한 기술이 필요했다. 언젠가 병따개 없이 맥주병을 마주했을 때, 비로소 특화된 도구 없이 병뚜껑을 따는 일이 얼마나 어려운지를 실감하게 된다. 나는 한 번도 이로 병뚜껑을 딸 만큼 목이 마르지도 않았고 또 그럴 용기도 없었지만, 방 한쪽에 있는 문틈과 문고리와 서랍 손잡이를 임시 따개로 이용하는 방법은 찾아낼 수 있었다. 시간이 좀 걸리기는 하지만, 손톱줄이나 포크 갈퀴를 사용해 뚜껑 주위의 주름을 하나씩 펴서 헐겁게 만든 후 엄지손가락으로 툭 밀어서 따는 방법도 효과가 있다. 이 모든 행위의 공통점은 지렛대라는 기계적 원리를 응용하고 있다는 것이다. 실제로 모든 병따개는 이 원리를 이용하여 만들었다고 해도 과언이 아니다.

음료를 담기 편리한 일회용 캔의 등장

캔따개가 통조림 캔보다 다소 늦게 발전한 것처럼, 특화된 병따개도 병뚜껑 자체가 개발된 후에야 등장했다. 캔과 마찬가지로 병을 따는 일에도 밀봉만큼의 신경을 쓰지 않았다. 20세기 초만 해도 병따개 특허보다 병뚜껑과 병뚜껑 제조기계에 대한 특허가 훨씬 많았다. 1900년대 10년간 나온 병뚜껑 장치 관련 특허는 병따개 특허보다 열 배가량 많았다. 병에 술을 담아 팔아야 하는 이들에게 당장 급한 목표는 분명 병 안에 있는 음료가 신선한 상태로 소비자의 손에 들어가는 것이었다. 그러나 고객이 맥주병을 따지 못하면 아무런 소용이 없을 것이다.

병을 여는 데 특수한 따개가 꼭 있어야 하는 불편함 때문에 오늘날 맥주병에서 흔히 보는 뚜껑을 돌려서 병을 여는 방식이 개발되었다. 기술적으로 확실히 개선되고 사용하기에도 분명 편리하지만, 새로 개발된 형태가 보편적으로 널리 받아들여질지 여부는 전통과 선입관에 의해 좌우된다. 따개가 필요한 불편함 때문에 맥주 회사는 소비자가 실망하지 않도록 담배에 성냥을 끼워주듯 종종 따개를 무상으로 공급해야 했는데, 만일 따개가 필요 없어진다면 판매비용이 줄어들 테고 이것은 분명한 장점이었다. 저가 맥주를 공급하려면 당연히 비용절감이 가장 중요하다. 값싼 맥주를 내놓으면 판매량이 엄청나게 늘어날 것이므로, 남보다 먼저 새로운 기술을 적용하려고 발벗고 앞장서기 시작했다. 이것은 비틀어 여는 뚜껑은 품질이 다소 낮은 주류에만 사용하는 것으로 인식되었고, 고급맥주와 수입맥주에는 이 뚜껑을 피하는 경향이 생겼다.

음료수도 오래전부터 맥주와 비슷한 방식으로 병에 담았다. 음료수를 파는 상점이나 자판기에는 대부분 고정 따개가 비치되었다. 맥주와 달리 음료수는 보통 사서 바로 마시기 때문이다. 그러나 병의 또 다른 단점, 즉 병을 모아 다시 음료수를 채우려면 물류 부담과 비용이 만만치 않다는 사실이 음료수 용기의 진화에 큰 영향을 미쳤다. 병을 재활용하려면 내용물을 잘 보관할 뿐만 아니라 사람이나 기계가 거칠게 반복적으로 다루고 운반하며 세척하는 과정에 생기는 손상을 잘 견디도록 튼튼하고 견고해야만 했다. 유리병에 흠이나 금, 긁힌 자국이라도 생기면 창유리와 마찬가지로 약해질 수 있기 때문에 병을 특별히 무겁게 만들 필요가 있었다. 1922년에 몽고메리 워드사가 가정용으로 내놓은 700밀리리터들이 병은 무게가 900그램이나 되었다.

캔처럼 일회용 음료 용기를 쓰는 것은 맥주나 탄산수 회사 입장에서도 물론 훨씬 더 좋은 방법이었다. 만일 소비자가 그 물건을 기꺼이 사려고 한다면 말이다. 소비자나 상인은 따로 빈병을 모아둘 공간을 마련하지 않아도 되고, 운반과 위생적인 측면에서도 유리했다. 너대니얼 와이어스가 발명한 플라스틱 소다 병은 음료수의 유리병을 대체할 수 있는 방안이었다. 뚜껑을 돌려서 여는 플라스틱 병은 유리병 주름뚜껑의 단점을 개선한 것으로 병따개가 필요 없어서 편리했다. 병 무게가 줄어서 상점까지 운반할 때나 사서 들고 다니기에도 편했고, 깨지거나 병균이 들어갈 염려도 없었다. 혁명의 속도로 혁신적인 개선 작업이 이루어지지만, 신기술이 나올 때마다 종종 여전히 어딘가에는 결함이나 단점이 있기 마련이다. 플라스틱 병에도 단점이 있었다. 플라스틱 병은 유리병보다 더 가벼웠기 때문에 기존 용량보다 더 크게 만들어 생산원가를 낮추었다. 그러나 병이 커지자 음료수를 따르기가 쉽지 않았고, 병을 다 비우기도 전에 탄산이 새나오기 일쑤였다. 그리고 현재 가장 큰 문제는 이미 사용한 플라스틱 병을 처리하는 방법이다. 실제로 모든 일회용 타입의 용기나 포장재가 안고 있는 공통의 고민거리이기도 하다.

맥주나 탄산수를 담는 유리병을 대체할 다른 용기로 일회용 캔이 개발되었다. 그러나 처음에는 음료수 캔도 음식용 통조림 캔과 크게 다르지 않았다. 특히 주석으로 도금된 강철판 세 조각을 사용했는데 한 조각의 사각형 철판을 휘어서 속이 빈 원통을 만든 다음 이음매를 용접해 붙이고 두 장의 원형 판을 위와 아래에 덮어 붙였다. 물론 따개도 있어야 했다. 그러나 내용물이 액체이므로 따를 만큼의 구멍만 있으면 충분했다. 황소머리 따개로 맥주 캔 주변을 뺑 돌아가면서 따면 맥주가 사방으로 흘러내릴 테고, 뚜껑을 따고 난 자리에 생긴 톱니처럼 들쭉날쭉한 가장자리에 살을 베일 위험은 말할 필요조차 없을 것이다. 그래서 '처치키church key'로 알려진 특화된 음료수용 캔따개가 개발되었다. 압축된 캔을 최소의 충격으로 뚫어서 쐐기 모양의 구멍을 낼 수 있는 따개이다. 이상적으로는 캔 한복판까지 파이 조각처럼 큼직하게 쐐기구멍을 낸다면 그 길쭉한 구멍으로 공기가 들어가 부드럽게 액체가 흘러나올 것이다. 그러나 초기의 맥주캔은 비교적 두꺼운 강철 뚜껑을 사용했기 때문에, 캔의 가장자리 부근에 쐐기 모양의 칼자국 같은 아주 작은 구멍을 뚫을 수밖에 없었다. 즉 기계적인 원리를 적용해 따개의 형태가 결정된 셈이었다.

처치키는 캔뚜껑의 가장자리 밑에 받침점을 거는 간단한 지레라고 생각하면 된다. 캔 밖으로 뻗어 나온 고리는 지렛대의 한쪽 팔이 되고, 캔의 뚜껑 위로 뻗어 있는 뾰족한 절단용 날이 다른 쪽 팔이 된다. 모든 지렛대가 그렇듯 고리의 길이가 길어지면 끝에 가해지는 힘이 커진다. 그러나 같은 원리로 지점에서 절단용 날 끝까지의 거리가 늘어나면 뚫는 힘은 줄어든다. 그래서 처치키를 너무 길게 하지 않으면서(비용은 사용하는 재료 양에 비례한다), 모양이 일그러지지 않고 캔의 뚜껑을 뚫는 방법으로서, 캔의 가장자리 가까이에 비교적 작은 구멍을 뚫는 절충된 따개가 개발되었다. 구멍으로 맥주를 마시는 것은 빨대로 마시는 것보다는 거부감이 덜했지만, 컵에 맥주를 따르려면 시간이 더디고 꼴깍꼴깍 소리까지 났다. 그래서 대개 뚜껑의 맞은편에 숨구멍을 뚫어놓았다(주부는 습관적으로 캔의 뚜껑에 두 개의 구멍을 뚫었다. 캔에 담긴 농축 우유를 마실 때는 구식 캔따개 끝으로 뚜껑을 두 번 찔러 그 구멍으로 따라서 마시는 것이 오래된 습관이었다).

특화된 통조림 캔은 강철 음료수 캔을 대체할 용기로서 선구자 역할을 했다. 정어리는 포장하고 뜯어내는 데 항상 문제가 생기는 음식이었다. 통째로 식탁에 올려놓아야 하는데, 포크로 찍거나 통조림 캔의 울퉁불퉁한 가장자리에 걸리기라도 하면 쉽게 부스러지고 살점이 뚝뚝 떨어졌다. 그래서 정어리는 통조림 캔이 평탄하게 놓이도록 포장했다. 또한 캔 밑바닥에 납땜으로 붙인 특수한 열쇠를 달았다. 그것을 잡아당겨 돌돌 말아나가면 윗부분이 말끔하고 완전하게 떨어져 나와, 가능한 한 단단히 포장된 생선을 통째로 꺼내 먹을 수 있었다. 오늘날에도 독일의 빌켄스사는 정어리용 특수 포크를 만드는데 갈퀴들이 넓은 간격으로 달려 있어 정어리를 들어 올릴 때 살점이 부서지는 것을 최소화하고 갈퀴 끝의 폭을 넓혀 생선을 찔러도 조각이 떨어지는 일이 없도록 하고 있다.

정어리 통조림 캔에 적용된 아이디어는 커피나 땅콩, 테니스공 깡통에도 응용될 정도로 다양하게 오랫동안 활용되었다. 이제 이 깡통에는 더 이상 밑바닥에 열쇠를 붙여놓을 필요가 없으며, 오히려 뚜껑에 당김 고리가 붙어 있다. 고리를 잡아당기면 바깥둘레에 그어놓은 금을 따라 틈이 갈라지면서 뚜껑이 열리도록 설계되었다. 그리고 뚜껑이 열리는 과정에 모양이 우그러지지 않도록 절취선과 강화된 테두리를 적절하게 잘 디자인해야 비로소 따개 없이 미리 정해놓은 방식으로 뚜껑을 열 수 있어, 내용물이나 손을 다치게 하는 거친 가장자리가 남지 않는다.

양철캔에 대한 재미있는 추억

우락부락하게 생긴 큰 사내가 맥주 캔을 이마에 대고 짓이기는 텔레비전 광고가 있었다. 나는 이 광고를 볼 때마다 머리가 아프다. 오늘날의 맥주 캔은 꽤 물러서 이마에 대고 짓이겨도 캔의 옆구리만 우그러질 뿐 이마에는 상처를 입히지 않는다는 것을 알고 있지만, 양철캔에 대한 어린 시절 기억이 현재의 합리적 이성을 무너뜨린다. 공학적 예측을 확인하기 위해 내가 이마에 캔을 짓이기는 행동을 한다면 엄청난 용기가 있어야 할 것이다.

물리적인 대상에 대한 본능적인 반응은 대부분 어릴 때 형성된다. 주변에 있는 모든 것을 가까이에서 관찰하고 실험해볼 시간도 많고, 거부감도 더 적기 때문일 것이다. 음료수 캔의 강도에 대한 나의 반응은 아마도 일곱 살쯤에 확립된 것 같다. 그때만 해도 텔레비전이 아이들의 오후를 완전히 빼앗아버리기 전이었으므로, 친구들과 나는 장난거리를 찾아 어디든 쏘다녔다. 거리에서 빈 깡통이라도 찾으면 어두워질 때까지 신 나게 놀 수 있었다. 캔이 보이면 발로 캔 옆구리를 콱 밟았고, 그 순간 캔의 뚜껑과 밑바닥이 신발을 휘감아 꽉 조였다. 캔은 투박한 농부의 신발처럼 우리 발에 잘 맞는 덧신이 되어 콘크리트 보도를 따라 걸으면 엄청난 소리를 냈다. 우리는 신이 나서 저마다 다른 빈 캔을 더 찾아내 덧신으로 만든 후 소리를 내면서 누가 더 오래 신는지 시합을 하기도 했다.

양철캔을 발에 잘 맞게 짓밟기란 결코 쉽지 않았다. 일곱 살짜리 아이의 발에 캔은 너무 단단했다. 방향을 잘못 잡아 옆구리가 아닌 잘 찌그러지지 않는 가장자리라도 밟으면, 통증이 며칠은 갔다. 뚜껑과 밑바닥이 발 주위를 동시에 휘감을 때, 이 임시 덧신이 발을 너무 꽉 조이지 않게 하려면 더 섬세한 솜씨를 발휘해야 했다. 단단한 구두창은 괜찮지만, 우리는 가끔 두꺼운 천으로 만든 스니커즈를 신기도 했다. 이때 소리 나는 깡통신발을 계속 신고 놀려면, 단단한 양철캔에 다치는 위험을 감수해야 했다.

어린 시절 이후에는 음료 용기로서의 캔에 별로 관심이 없었다. 물론 여섯 개들이 캔 맥주는 사서 마셨지만 캔은 캔일 뿐이었다. 우리는 이제 어린아이가 아니었고 농담으로라도 캔을 이마로 짓이기겠다고 말하는 친구는 아무도 없었다. 만일 누군가가 그런 짓을 했을 때 벌어질 일에 대해 질문한다면, 아마도 큰 상처가 나거나 뇌 전두엽 절제술이라도 받아야 하지 않겠느냐고 대답했을 것이다.

가볍고 경제적인 알루미늄캔의 등장

텔레비전 광고가 잘 보여주듯, 음료수 캔의 진화는 구세대가 이해하는 정도를 훨씬 뛰어넘고 있었다. 도대체 무슨 일이 있어났기에 1950년대에는 머리에 상처를 낼 만큼 단단했던 놀이기구가 1990년대에 와서는 쉽게 접히는 고무처럼 변했을까? 모든 기술적인 변화처럼 음료수 캔의 진화도 공학과 사회적 요인들이 맞물려 상당한 상호작용을 이루었다. 사회적 요인에는 경제적 요인과 환경적 요인이 적잖은 부분을 차지했다.

1950년대 후반까지도 나는 음료수 캔을 불평하는 말을 들어본 적이 별로 없었다. 쓰레기가 점점 늘어나면서 일부 말썽의 소지는 있었으나, 사실 편리함에 비해서는 별로 주목받을 일이 아니었다. 세로로 길쭉한 모양을 뺀다면, 맥주 캔은 흔한 통조림 캔과 별반 다르지 않았다. 다만 캔을 딸 때 캔따개 대신에 처치키를 사용했다. 그러나 양조업계에서는 캔을 만드는 강철에 도금하는 재료인 양철의 단가가 계속 오르고 있었기 때문에 걱정이 많았다. 1950년대 초반부터 연구개발에 주력한 카이저알루미늄사는 1958년 가볍고 경제적인 알루미늄캔을 생산해냈다. 같은 시기 아돌프쿠어스사와 베어트리스푸즈사도 독자적인 연구개발계획 노선에 합류했다. 1959년 초 양조 회사는 200밀리리터의 가볍고 회수가 가능한 캔을 직접 제작해 맥주를 담은 최초의 쿠어스 맥주를 판매하기 시작했다(이보다 4년 늦게 햄스와 버드와이저는 각각, 레이놀즈메탈사와 알코아사로부터 알루미늄캔을 구매해 그들 최초의 경량 캔 맥주를 팔았다).

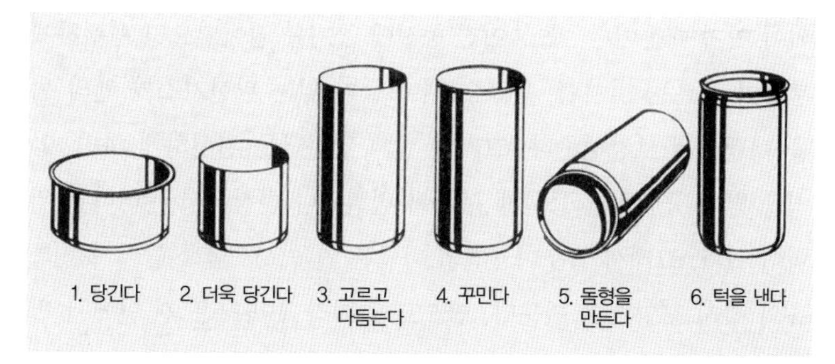

이음매 없는 알루미늄캔을 만들려면 몇 단계의 공정을 거쳐야 한다. 1. 납작한 원형의 금속판을 참치캔 모양의 틀에 밀어 넣는다. 2. 다시 잡아당겨 더 길게 늘인다. 3. 최종 높이에 맞게 쥔다. 4. 내용물을 광고하는 문구를 넣는다. 5. 밑바닥이 내용물의 압력을 견딜 수 있도록 돔형을 만들어준다. 6. 내용물을 채운 후 뚜껑이 들어갈 자리에 삥 둘러가며 주름을 넣어 턱이 지게 만든다.

새로 나온 캔은 원재료뿐 아니라 만드는 방법도 가히 혁명적이었다. 비교적 무거운 옛날 캔은 세 조각으로 이루어진 반면에, 알루미늄캔은 단 하나의 금속판으로 만들어졌다. 먼저 금속판을 참치통조림 캔과 비슷한 컵 모양의 틀에 밀어 넣은 후, 그것을 길게 늘여서 밑바닥과 긴 옆구리를 만든다. 그리고 마지막으로 캔 속에 음료를 채운 후에 뚜껑을 붙였다. 이 기본 공정은 오늘날의 알루미늄캔의 제조 방식에서도 사용되고 있다. 물론 지난 30년간 많은 개선 작업이 추가로 이루어졌는데, 특히 금속판의 양을 줄이는 데 큰 발전이 있었다. 전에는 알루미늄 450그램으로 20개의 캔을 만들기도 어려웠는데, 지금은 거의 30개까지 만들 수 있다. 캔의 벽 두께도 잡지 표지와 거의 비슷한 0.13밀리미터보다 얇다.

캔의 벽 두께를 그렇게 얇게 할 수 있었던 이유는 내용물이 압축되어 있기 때문이다. 축 늘어진 풍선에 공기를 집어넣으면 팽팽하게 부풀어 오르는 것처럼, 음료수 캔에 들어 있는 탄산가스가 캔의 벽을 탱탱하게 보강해준다. 그러나 캔의 밑바닥을 편평하게 하면, 압력을 받아 풍선처럼 둥글게 부풀어 진열대나 찬장에서 굴러다닐 위험이 있다. 그래서 알루미늄캔의 바닥은 안쪽으로 움푹 들어가는 특유의 접시 모양으로 만든다. 안으로 들어간 밑바닥은 캔 안에서 발생한 압력을 버텨낸다. 샴페인 병에서 너벅선 밑바닥이 하는 역할과도 매우 비슷하다. 반면 캔의 뚜껑은 돔 모양으로 만들기가 어려워, 다른 부분에 비해 두꺼운 금속판을 사용할 수밖에 없다(두꺼워진 뚜껑에 들어가는 금속재료를 줄이기 위해, 뚜껑을 턱이 지게 만들어 뚜껑 표면의 직경을 줄였다. 이런 식으로 약 6밀리미터만 줄여도 금속재료는 20퍼센트를 줄일 수 있다).

환경오염의 주범인 알루미늄캔

최초의 알루미늄캔은 여러 종류의 강철로 만든 이전 캔보다는 뚜껑을 따기가 쉬웠지만, 아직은 별도의 따개가 필요했다. 특히 야외에서 처치키가 없어 캔을 따지 못할 때면 더 아쉽게 느껴졌다. 1959년 오하이오주 데이턴에 살던 에멀 프레이즈Ermal Fraze도 바로 이러한 상황에 맞닥뜨리자 자동차 범퍼를 이용해 캔의 뚜껑을 따야 했다. 엄청나게 많은 거품이 쏟아져 나오는 것을 보며 프레이즈는 이렇게 다짐했다. "더 좋은 방법이 분명히 있을 거야." 다음 날 밤, 커피를 너무 많이 마셔 도저히 잠을 이룰 수 없었던 그는 지하 작업실에서 지렛대 따개를 캔에다 붙이는 아이디어로 이런저런 실험을 하기 시작했다. 바삐 움직이면 피곤함이 몰려와 바로 잠들 수 있으리라고 생각했으나 그렇지 않았다. 프레이즈는 그 순간을 다음과 같이 회고했다. "나는 꼬박 하룻밤을 지새웠다. 어쩌다 보니 그렇게 되었다. 모든 것이 그곳에 있었다. 어떻게 해야 할지 알았고, 상품화할 가치가 충분하다는 것도 알았다." 공구제작회사Dayton Reliable Tool and Manufacturing Company의 사장이었기 때문에 가능한 판단이었다. 그는 고리를 잡아당겨 뚜껑을 따는 캔을 개발하는 데 필수인 금속을 다루는 기술에도 상당한 경험이 있었으므로, 1963년 획기적인 특허를 따낼 수 있었다. "뚜껑을 쉽게 딸 수 있는 캔은 나 혼자 발명한 것이 아니다. 1800년대부터 많은 사람들이 연구했으며 내가 개발한 것은 캔의 뚜껑에 따개고리를 붙이는 방법뿐이었다."

결과적으로 지렛대 역할을 하는 고리를 미리 그어놓은 금을 따라 생긴 이른바 따개띠에 붙여놓았고 이 띠가 떨어지면서 캔의 밀봉된 부분을 뜯어낼 수 있었다. 먼저 구멍의 뚜껑이 열리고 다음에 조금 더 잡아당기면 금의 외곽선을 따라 금속 띠를 캔에서 완전히 떼어낼 수 있는 것이다. 구멍은 캔의 가장자리로부터 상당히 떨어져(또는 중앙 너머까지) 캔의 가운데까지 뻗어 있어서 맥주를 따르거나 마시려고 캔을 기울일 때, 공기가 들어가 꼴깍꼴깍 하는 소리가 나지 않고 내용물이 쉽게 흘러나왔다. 잡아당겨 뚜껑을 따는 캔은 편리해서 처치키를 쓸 필요가 없었을 뿐 아니라, 뚜껑 반대편에 두 곳의 삼각형 구멍을 내는 대신에 고리를 잡아당기는 편한 동작으로 뚜껑을 쉽게

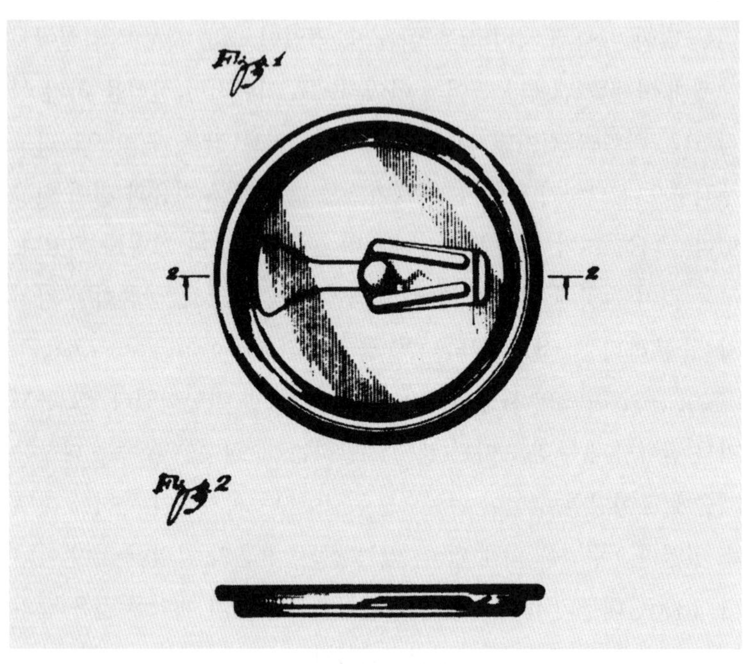

1960년대 초 에멀 프레이즈는 뚜껑을 딸 수 있는 캔과 제작에 관련된 다양한 특허를 신청했다. 여기에는 극복해야 할 문제가 많았다. 따기 쉬우면서도 따개고리가 떨어지거나 너무 빨리 열리지 않도록 제작하기란 매우 까다로웠기 때문이다. 그는 1963년 '따개띠로 막은 뚜껑 장식 디자인'으로 특허를 받았다.

열었다.

떼기 쉬우면서도 캔의 압력을 견딜 만큼 따개띠가 단단하게 붙어 있기 위해서는, 공학적으로 꽤나 까다로운 금속가공기술이 필요하다. 초기에 나온 일부 따개고리는 소비자가 따개띠를 막 떼려는 순간, 급하게 구멍을 밀고 나오는 탄산의 높은 압력 때문에 고리가 너무 빨리 떨어지기도 했다. 그래서 프레이즈와 다른 발명가들은 처음에 나오는 가스가 따개고리 자체에서 멀리 떨어지도록 유도하는 방안을 고안했다. 1960년대 중반 내내 따개고리를 잡아당기는 장치를 개선하는 특허가 수없이 쏟아졌으며, 그 고비가 지나자 환경오염이라는 복병이 나타났다.

1970년대 중반에 이르자 캔의 따개고리는 환경운동가들로부터 비판의 대상이 되었다. 그 당시 나는 도로에서 신호를 기다리면서, 길가에 버려진 따개고리를 헤아려보려 한 기억이 난다. 그러나 너무 많아서 신호를 받을 때까지 다 헤아리지 못했다. 유원지나 해변에도 이 날카로운 따개고리들이 가득 차 있었다. 크기가 작아서 환경미화원과 해변청소원이 쓰는 갈퀴 사이로 쉽게 빠져버리기 때문에 청소도 쉽지 않았다(〈뉴욕타임스〉는 기네스북에 오르기 위해 한 소년이 27,000개의 따개고리를 수집했다고 보도했다). 어린아이는 말할 것도 없고 동물과 물고기도 따개고리를 삼켰다. 수영하러 온 많은 사람들이 발을 다치기도 했다. 그냥 버리기를 꺼리던 어떤 사람들은 캔을 딴 후에 따개고리를 캔 안으로 밀어 넣기도 했는데, 잘못 마시다 따개고리까지 목으로 넘어가 수술을 받는 경우도 생겼다. 이런 예상치 못한 부작용으로 따개고리를 떼어낸 후 버리지 않아도 되는 방법에 대한 특허신청이 또 한차례 쏟아졌다.

캔에서 떨어진 따개고리가 일으키는 환경오염을 해결할 몇 가지 멋진 방안이 나왔다. 선두주자는 쿠어스사로 캔을 딸 때 두 단계 과정을 거치는 방식을 개발했다. 먼저 금을 그어놓은 금속의 튀어나온 단추를 눌러 압력봉인이 떨어지도록 했다. 그다음 두 번째 큰 단추를 캔 안으로 눌러 마시는 구멍이 나타나게 했다. 그러나 이 두 단계 방식은 인기를 얻지 못했다. 캔을 따기 위해 비교적 큰 힘으로 밀어 넣어야 한다는 점과 날카로운 구멍의 가장자리를 통해 단추를 눌러야 하는 등의 결함을 발명가들은 결코 그냥 지나치지 않았다. 그들은 특허출원 신청서의 선행기술에 대한 설명에서 음료수 캔을 '쉽게 따면서도 생태환경을 보존하는 목적'을 달성하는 데 기존 기술이 지닌 결점을 나열하고 거론했다. 1970년대 중반에 이르자 혼란스러울 정도로 많은 특허가 나왔지만, 대부분 기존 따개고리의 탈락을 막도록 당기는 동작을 일부 변형한 흔한 아이디어에 지나지 않았다.

1975년에 오하이오주 케터링의 오마 브라운Omar Brown이 '따개띠가 분리되지 않는 캔' 으로 특허를 따냈다. 그러나 특허권은 실질적으로 이 계통의 대부로 통하는 에멀 프레이즈에게 양도되었다. 브라운은 따개띠를 캔뚜껑에 그냥 올려놓는 것과 관련된 성가신 문제를 다음과 같이 설명했다.

> 사람들은 대부분 캔에 입을 대고 내용물을 마시기 때문에, 따개띠를 캔에서 완전히 떼어내지 않으면 그 부분이 마시는 사람의 코에 닿을 가능성이 크다. 만일 따개띠의 가장자리가 날카로우면 코를 베일 수도 있고, 주둥이 주변의 가장자리가 날카로우면 입술에 상처를 입을 수도 있다.

브라운의 해결 방안에는 캔의 주둥이를 우묵하게 만들어 입술이 날카로운 가장자리에 닿지 않도록 한 것과 뜯어 올린 따개띠를 뚜껑에 납작하게 붙여 마실 때 코에 닿지 않도록 하는 방법이 포함되었다. 오하이오주의 또 다른 발명가 프랜시스 실버Francis Silver(그도 역시 특허를 에멀 프레이즈에게 양도했다)는 따개띠를 뚜껑과 따개고리 사

따개고리가 환경과 안전에 해로운 심각한 문제로 인식되자, 캔 제조 회사들은 대안을 찾아 나섰다. 쿠어스사는 '친환경 포장'을 내놓고 접착제를 몇 방울 떨어트려 여섯 개를 한 묶음으로 연결해 팔았다. 캔을 딸 때는 먼저 작은 단추를 눌러 압력을 빼내고, 그다음 더 큰 단추를 안쪽으로 밀어 넣어 마시는 구멍을 냈다. 이 희한한 디자인은 곧 오늘날 우리에게 익숙한 캔뚜껑 모양으로 진화했다.

이에 접히도록 만들어 마시는 사람을 보호했다. 그러나 어떤 해결 방안도 모든 것을 만족시키지는 못했고, 각각 나름대로 명백한 단점이 있었다. 그중에서도 특히 너무 날카롭고 끈적끈적한 금속이 무리를 지어 열린 뚜껑에 그대로 남아 매달려 있는 것이 문제였다. 오늘날 거의 모든 음료수 캔에서 볼 수 있는 분리되지 않는 따개띠 방식은 1980년도쯤 쿠어스사에서 처음 만든 누르는 단추를 변형한 것으로 뚜껑에 붙여놓은 따개고리에 의한 지렛대 원리로 작동되었으며, 뚜껑 안으로 밀려들어간 따개띠 패널이 그대로 붙어 있었으므로 실질적으로 쓰레기 문제나 고리를 삼키거나 날카로운 금속 조각에 코를 베이는 문제를 없앤 셈이었다.

알루미늄캔과 강철캔의 재활용

따개고리가 야기한 환경오염과 그보다 더한 문제들이 분명하게 드러나기 전부터, 음료수 회사는 알루미늄캔을 사용하기 시작했다. 강철캔이 만족스럽지 못했던 것이다. 처치키를 사용해 뚜껑을 따는 것은 탄산수에 사용된 적이 없었다. 잡아당기는 고리가 나오면서 따개를 따로 준비할 필요가 없어지자, 처음에는 맥주용으로 개발된 알루미늄캔이 음료수 캔으로도 사용되었다. 1965년 로열크라운(지금은 RC로 더 잘 알려져 있음)콜라사가 맨 처음으로 가벼운 알루미늄캔을 도입했고, 이어서 1967년에 코카콜라와 펩시콜라도 그 뒤를 따랐다. 새로운 캔은 밑바닥과 옆구리에 이음매가 없었으므로, 옛날의 양철캔보다 훨씬 더 섬세한 방법으로 광고문안을 장식할 수 있었다. 그래서 알루미늄캔은 콜라 전쟁의 중심에서 열광적인 환영을 받았다. 알루미늄캔의 또 다른 장점은 운송비용이 낮고, 간결하고 부피가 작으며, 더 안전하게 쌓아둘 수 있고, 빈 캔의 처리로 골치 썩을 일이 없다는 것이었다.

그러나 한 번 사용한 캔을 재활용하지 못하고 마구 버려야 한다는 점에 논란이 일기 시작했다. 1970년대 초반 미국에서만 연간 300억 개씩 빈 캔이 쏟아져 나왔다. 주 의회 여당에서는 캔을 금지하는 법안까지 검토했다. 여전히 많이 쓰이는 양철을 입힌 강철캔은 최소한 매립지에 묻어 썩힐 수 있었으나, 알루미늄캔은 그럴 수가 없었다. 쿠어스사는 처음부터 이러한 문제점을 인지한 것으로 보인다. 그들은 환경보호 차원에서, 또한 신기술을 오랫동안 유지하기 위해 알루미늄캔의 재활용을 꼭 책임지고 해결해야 했다.

환경운동가는 물론 입법자들까지 합세해 점점 더 감시를 강화하자, 업계는 재활용 실적 기록을 유지 및 관리하기 시작했다. 1975년에는 네 개에 한 개꼴로 재활용했고, 1990년에 이르러서는 재활용 비율이 60퍼센트를 웃돌았다. 1995년까지 재활용 비율을 75퍼센트로 유지하겠다는 것이 알루미늄협회, 캔제조업회, 폐품재활용산업회의 공동 목표였다. 환경보호 차원에서 의미 있는 일일 뿐 아니라 사업 측면에서도 타당성이 높았다. 재활용된 캔은 알루미늄 공급 전반의 보완책으로 꼭 필요했으며, 빈 캔을 수집하는 기반시설도 이제 매우 효율적으로 발전하여 사용된 캔이 다시 새 캔이 되기까지 불과 6주도 채 안 걸렸다.

1990년 미국에서 만드는 모든 맥주와 탄산음료 캔의 약 97퍼센트는 알루미늄이었고, 미국 맥주의 70퍼센트와 미국 탄산음료의 50퍼센트가 알루미늄캔으로 생산되었다. 대조적으로 모든 음식통조림(매년 300억 개)의 95퍼센트는 아직도 양철캔을 사용한다. 탄산가스의 압력이 없는 음식물은 모양을 유지하기 위해 알루미늄의 두께가 더 두꺼워져야 하는데, 그러면 경제성이 떨어진다. 그러나 미래에는 아마도 더 많은 종류의 음식을 담는 알루미늄캔을 볼 수 있을지도 모르겠다. 업계에서는 통조림에 액화질소를 주입해 압력을 불어넣는 방법과 캔의 벽에 주름을 넣어 빗살 저항을 생기게 하는 등 캔의 강화기술을 개발하는 중이다.

강철캔 업계도 결점에 대처하기 위해 연구와 개발에 몰두하고 있다. 뚜껑을 쉽게 따는 데 필수인 알루미늄 뚜껑을 사용해야 하고 또 그에 잘 맞게 캔의 다른 부분도 제작해야 하므로, 강철 음료수 캔의 경제성은 떨어질 수밖에 없었다. 자성을 이용해 강철 성분을 분리하면 되니 재활용에는 이점이 있지만, 알루미늄이 섞여 있으면 캔을 수거하기가 복잡하다. 만일 알루미늄 뚜껑만큼 쉽게 딸 수 있으면서 밖으로 드러난 가장자리를 부드럽게 만들 수 있다면, 아마도 앞에서 열거한 부정적 요소들을 없애버린 새로운 따개고리를 단 강철캔을 내놓을 수 있을 것이다. 강철캔재활용협회는 양철을 입힌 강철캔의 재활용을 활성화하기 위해 1988년에 설립되었다. 이 협회는 통조림 캔 업계의 호황을 되찾아 협회를 지지하는 업계를 보호할 수 있으리라고 희망한다. 강철캔 제조 회사들은 대안의 일환으로 전자레인지에 쓸 수 있는 플라스틱캔도 개발하고 있다.

이미 딴 캔을 다시 닫아 보관하는 방법

최근 몇십 년 사이에 거의 1조 개의 캔이 생산되었으며, 그에 상응하는 내용물도 소비되었다. 캔의 기능을 개선하기 위해 수천 가지는 아니어도 최소한 수백 가지가 넘는 특허가 이루어졌지만, 그렇다고 형태가 꼭 완벽해진 것은 아니었다. 최신 캔의 흡입구는 타원형인데, 캔의 가장자리까지 이어지지도 않고 따개고리가 달린 한복판까지 뻗어 있지도 않다. 그래서 내용물을 따르거나 마시는 일이 약간 까다롭다. 캔을 지나치게 기울여 따르면 공기가 원활하게 들어가지 못하고, 마지막 남은 한 방울까지 완전하게 비워내려면 캔을 거꾸로 세워야만 하기 때문이다. 그러나 사람들은 현재 사용하는 기술에 적응하려는 경향이 있다. 그래서 병에 든 음료수를 마실 때 음료의 높이에 맞는 각도로 병을 기울여 마시는 것처럼, 캔음료를 마실 때도 같은 방식을 사용했다. 그러나 캔을 충분히 기울여 음료를 완전히 다 마시려면 고개를 한참 뒤로 젖혀야 한다.

발명가들의 관심은 인체의 해부학적인 불편함에만 국한되지 않는다. 사람들에게 익숙한 음료수 캔이 지닌 기능상의 결점은 한 번에 내용물을 모두 마시지 못했을 경우, 나머지를 신선하게 보존하기 위해 다시 닫아놓는 방법이 없다는 점이다. 커피나 땅콩, 테니스공을 담는 통은 보통 플라스틱 뚜껑이 있어 한 번 열었던 뚜껑을 닫았다가 다시 사용하는데, 음료수 캔은 대체로 그렇지 못하다. 맥주나 음료수를 파는 사람이나 사 마시는 사람이 특별히 단점으로 생각하지 않더라도, 상당히 많은 발명가들은 이 점을 진짜 결함으로 여기고 관심을 보였다. 그중 한 사람이 1987년에 '땄다가 다시 닫을 수 있는 캔'으로 미국 특허를 받아낸 콜로라도주 스팀보트 빌리지의 로버트 웰스Robert Wells였다. 그는 본인이 관찰한 기존 음료수 캔의 문제점을 다음과 같이 요약했다.

뚜껑을 돌려 여는 병은 용기를 다시 닫기가 비교적 단순하지만, 일반적인 음료수 캔을 다시 닫아 사용하는 것은 전혀 다른 문제이다. 보통 캔에 달려 있는 따개띠 부분은 캔을 따는 과정에서 변형되거나 캔의 벽 아래 안쪽으로 밀려나 자리를 잡는다. 그래서 벽에 있는 배출구를 다시 닫기 위해 활용할 수가 없다. 선행기술에서는 이 문제를 극복하기 위해, 열려 있는 캔에 딱 맞게 임시로 구멍을 막을 수 있는 별도의 마개를 구입해 사용해왔다. 그러나 이 분리 마개는 크기가 작아서 규격이 맞지 않거나 쉽게 어디론가 사라져버리기 일쑤였다. 막상 열려 있는 음료수 캔을 닫고자 찾을 때는 보이지 않아 불편을 겪는다. 더구나 제조사들마다 구멍이 다르기 때문에 소비자가 여러 종류의 캔에 두루 효과적으로 사용할 수 있는 마개를 제작해 공급하기란 매우 어려웠다.

믿을 수 없을 만큼 단순하기 짝이 없는 캔 따는(그리고 닫는) 방식과 관련된 특허가 대부분 그렇듯이, 웰스의 특허출원 신청서도 다소 설명이 길다. 캔뚜껑의 배출구를 막을 수 있는 위치로 밀어 넣거나 돌려 넣을 수 있는 다양한 장치를 보여주는데, 권리주장이 열다섯 종류에 도면이 마흔일곱 개나 된다. 그의 아이디어는 대부분 50밀리리터 음료 용기에 적용하기에는 지나치게 복잡해 비현실적이다. 그래서 이러한 개선사항이 매우 합리적으로 필요하다고 해도, 다시 닫는 장치가 캔에 널리 사용될 가능성은 희박해 보인다.

대부분 딴 지 오래된 캔의 맥주나 음료수에서 김이 빠진 경험이 있을 것이다. 그러나 사람들은 캔을 다시 닫아 보존하는 까다로운 장치를 다루는 번거로움을 겪느니, 차라리 그냥 바로 마셔버리고 마는 길을 택할지도 모른다. 어쩌면 주저 없이 김이 빠진 남은 내용물을 버릴 수도 있다. 사람들은 보통 완벽하지 않은 인공물을 복잡하게 개선하려고 하기보다는 차라리 사용 방식을 바꿔 상황에 적절하게 적응하려고 하며, 또 그런 능력이 있다. 반면에 발명가들은 인공물의 결점을 개선하는 방법을 찾는 데 집중함으로써, 적어도 결함을 없애는 시도를 할 때는 쓰임새가 더 복잡해지는 것조차 서슴지 않는다. 만일 소비자가 복잡한 방식을 받아들인다면, 소비자는 그것을 더 쉽게 사용하는 방법을 찾아내고 또 다른 발명가는 더 단순화하는 방법을 찾아내는 도전이 계속된다.

따는 캔의 또 다른 결함은 뚜껑에 바짝 달라붙어 있는 따개고리이다. 관절염을 앓는 손가락으로는 지렛대 고정점 밑에 바짝 붙어 있는 고리를 잡아당겨 캔을 따기가 쉽지 않다. 펜이나 연필을 꺼내 캔의 지렛대 밑에 있는 고리에 쐐기를 박아 들어 올려야만 손톱이 상하는 위험을 면할 수 있을지도 모른다. 캘리포니아 출신의 발명가 로버트 드마스Robert DeMars와 스펜서 맥케이Spencer Mackay도 이 결함을 깨닫고 있었다. 1990년 두 사람은 음료 용기를 열고 다시 밀봉하는 장치를 발명해 특허를 받았다. 그들은 이 장치를 통해 한 번 땄던 캔 안의 음료에서 김이 빠져나가는 것을 막을 수 있으며, 그 안에 있던 에너지를 보존할 수 있다고 주장했다. 드마스와 맥케이는 캔을 다시 밀봉할 수 있는 선행기술이 존재한다는 것을 인정하지만 그런 것들이 "시장에서 중요하게 받아들여지지 않았다"는 점을 지적하며 그들 발명품의 장점을 옹호하기 위해 다음과 같이 설명한다.

시장의 호응도가 낮았던 이유는 장치가 복잡하고 본질적으로 비싼 구조로 되어 있어 소비자가 부담해야 할 비용이 상당했기 때문이라고 생각한다. 또 이 장치들은 노인이나 관절염 또는 다른 질병에 걸린 사람이 다루기에는 어려울 수도 있다.

이들의 장치가 독창적이라고 할 수 있는 부분은 캔뚜껑 위에 솟아오른 작은 언덕 또는 '돌기'이다. 캔을 따려면 따개고리를 이 언덕 위에서 돌려 고리의 한쪽 끝을 들어 올린다. 따개고리의 다른 쪽 끝을 금이 그어진 캔의 배출구 속으로 밀어 넣어 봉인을 뜯어내면서 배출구가 열리고, 따개고리의 끝이 캔의 뚜껑 위로 충분히 솟아오르기 때문에 손가락이 굳었거나 딱딱해도 고리를 잡아 캔을 딸 수 있다. 캔을 다시 닫으려면 드러난 고리 밑으로부터 보호 덮개를 벗겨내고 밑의 접착 면을 드러내 아래로 겹치게 해서 제자리로 돌려 넣고 언덕에서 아까와 같이 배출구에 쐐기를 박으면 된다. 특허출원 신청서에는 이 절차를 설명하기 위해 다섯 가지 그림이 등장한다. 그래서 다른 방식들처럼 복잡해 보일 수도 있다. 그러나 다시 배출구를 막는 방식만 제외하면 '돌기'가 있는 이러한 캔은 정상적으로 손을 쓸 수 없는 사람에게 큰 도움이 된다.

물론 독립적인 발명가들은 캔을 따는 현재의 방식에서 불편한 점을 찾아내 혁신적인 개선안을 계속 개발할 것이다. 그러나 캔을 제작하고 내용물을 넣는 업체들은 당연히 가장 효율적이고 경쟁력 있는 방법으로 내용물을 보존하는 주된 목적을 이루기 위해 계속 역량을 집중할 것이다. 최근에는 강철과 알루미늄을 비교해 원료의 확보, 제작 방법, 광고문구 인쇄 등의 장단점과 관련되어 이루어지는 기술적인 논의들이 궁극적으로 음료 캔의 형태에 영향을 미칠 디자인과 용도에 대한 결정을 주도한다. 사용자가 느끼는 편의성과 쓸모에 대한 고려는 발명가의 마음속에서는 그렇지 않겠지만 기업 차원에서는 뒷전으로 밀려나는 경향이 있다.

소비자들은 보통 구하기 쉬운 일반 캔에 적응하려는 경향을 보이기 때문에, 기업에서는 사업상 더 나은 것을 발굴해 도입해야 한다는 긴박감을 느끼지 못한다. 그러나 그런 개선이 경쟁사에 비해 상품의 브랜드 가치를 제고해 마케팅에 이점을 가져다준다면, 변화를 시도할 가치는 충분하다. 반면 형태나 기능 면에서 지나치게 과격한 변화를 주어 대중이 외면한다면, 혁신의 도입은 위험부담이 큰 경쟁이 될 수도 있다. 그러나 결국 쓰레기로 버려지는 캔이 문제가 된 경우처럼, 환경운동가나 소비자들의 우려가 하나의 결함으로 분명한 모습을 드러낸다면, 제조사들이 당장의 목표인 보존과 분배의 문제에만 집중하지 않고, 궁극적으로 사용자의 문제도 중요하게 생각할 분명한 동기를 제공할 것이다. 때로 제조사들의 관심과 우려는 소비자들에게 이해하기 힘들고 이기적인 것으로 보일 수도 있다. 그러나 가격이든 기능이든, 심지어 우리에게 가장 익숙하고 흔한 인공물의 형태가 진화하는 과정인 디자인, 공동디자인, 리디자인에서도 사실 다른 어떤 관점보다 결함에 대한 깨달음이 큰 움직임을 결정한다.

THE
EVOLUTION
OF
USEFUL THINGS

조금만 바꿔도 큰돈이 벌린다

12

BIG BUCKS FROM SMALL CHANGE

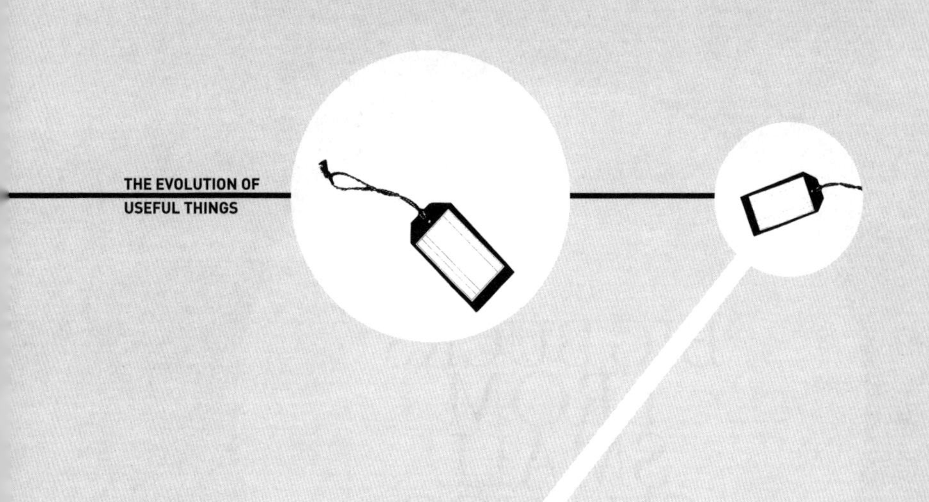
THE EVOLUTION OF
USEFUL THINGS

아리스토텔레스와 오디세우스의 침대

지금으로부터 2300년도 더 전에 일련의 '기계적 문제들'과 답안이 담긴 책이 편찬되었다. 대다수 고전학자들이 아리스토텔레스 개인보다는 소요학파의 업적으로 돌린 《기계론Mechanica》은 보통 유명 철학자의 다른 소소한 저작물들과 함께 거론되지만, 학문적인 관심은 받지 못했다. 그러나 여기에 실린 서른다섯 가지 질문을 보면 물질적 성취, 만족, 편의, 안전 및 경제성을 추구하는 여느 문명권이 그랬듯 고대 그리스에서도 맞닥뜨리는 공학적 사안들에 상당한 관심이 있었음을 알 수 있다. 《기계론》의 첫 문장은 공학의 개념이 당시나 지금이나 기본적으로 크게 다르지 않다는 것을 보여준다. 아리스토텔레스는 "주목할 만한 일들은 자연과 조화를 이루어 일어난다. 다만 그 원인을 모를 뿐이다"라고 소개의 글을 시작했으나, 곧바로 "다른 일들은 자연에 맞부딪쳐 일어난다. 즉 인류가 자신의 이익을 위해 솜씨를 부려 만들어내는 것이다"라고 주장한다. 아리스토텔레스가 말하는 '솜씨'는 요즘의 '공학'을 뜻한다. 1828년의 영국토목공학협회 강령에 있는 공식 정의는 군사적인 것을 제외한 모든 기술을 포괄하려는 의도가 엿보인다.

> 토목공학은 자연에 존재하는 위대한 힘의 원천을 인간의 편의를 위해 활용하도록 인도하고 관리하는 기술이며 …

이 정의는 《기계론》에 나오는 내용을 아주 훌륭하게 반영하고 있으며, 지난 수세기에 걸쳐 모든 문명이 끊임없이 공학을 추구해왔다는 사실을 강조한다. 실제로 미국토목공학회가 채택한 공식 정의에도 이러한 목표와의 연속성이 반복된다.

> 토목공학은 환경을 창조하고 개선하며 보호하고 공동체의 삶을 비롯해 산업과 교통에 필요한 시설, 인류가 사용할 구조물을 제공함에 있어, 점진적인 인류의 복지를 위해 연구와 경험 및 업무수행을 통해 얻은 수학과 물리학 지식을 현명하게 판단하고 응용해 자연에서 나오는 재료와 힘을 경제적으로 활용하는 방법을 개발하는 활동이다.

이들 토목공학회가 지나치게 모든 분야를 포함하려 했다는 비난을 받을 수도 있겠지만, '인류의 이득을 위해 솜씨'를 사용해야 한다는 아리스토텔레스의 정신 속에 깃든 근본 뿌리는 다르지 않다. 산업혁명의 격랑 속에서 공학은 더 다양화된 전문 분야로 쪼개졌지만,

문명화를 위해 자연자원을 활용하려는 아이디어와 완벽하게 이해하든 아니든 물리적 현상을 이용하려는 아이디어는, 주도하는 주체가 토목, 전기, 기계 또는 본질적으로 유사한 이름을 단 어떤 학회든 상관없이 모든 공학의 가장 큰 목표로 남아 있다. 그러나 아무리 품질을 강조해도 예나 지금이나 공학에서 인공물의 형태에 크게 영향을 미치는 경제성을 고려하지 않을 수는 없다. 《기계론》에 있는 질문 가운데는 공학적으로 만들어진 물건의 형태를 고려하면서 적정성을 따질 수 있는 특별한 요소가 있다. 바로 25번 문항이다.

> 왜 침대 길이를 폭의 두 배가 되도록 맞추는가? 즉 길이는 180센티미터가 넘는데 폭은 90센티미터로 만드는가? 또한 왜 대각선으로 밧줄을 매지 않는가?

첫 번째 질문은 아마도 일반 체격에 맞는 규격이기 때문일 거라고 대수롭지 않게 답변할 수 있다. 그러나 두 번째 질문은 형태의 진화에 대해 엄청나게 흥미롭고 미묘한 양상을 보여준다. 아리스토텔레스의 답변은 이러했다.

> 침대를 만들 때 밧줄을 대각선으로 엮지 않고 서로 나란히 엮은 것은 목재가 받는 하중의 영향을 조금이라도 줄이기 위해서이다. 목재는 자연스럽게 결을 따라 쪼갤 때 가장 쉽게 갈라지며, 또 이렇게 잡아당길 때 하중의 영향을 가장 많이 받는다. 더구나 밧줄로 무게를 지탱해야 하기 때문에 대각선 방향보다는 열십자로 당겨놓은 밧줄에 무게를 받아야 영

향을 훨씬 줄일 수 있다. 이 방법은 밧줄도 덜 들어간다.

무게를 지탱하는 목재와 밧줄을 다루는 이 답변은 사실 단지 주장에 지나지 않는다. 아리스토텔레스가 인용한 답변의 근거를 상세하게 설명하지 않았기 때문이다. 이런 식의 설명은 각도에 따라 작용되는 힘에 대한 당시의 해석 방법으로는 타당했지만, 더 적절하게 명확히 해야 했다. 역사적인 사례를 봐도 과학적인 설명이 없는 상황에서도 기술과 공학의 발전은 있었고, 또 자주 이루어졌다. '매트리스를 받치는 밧줄을 끼우는 구멍이 뚫린 목재 틀'이라는 개념을 발명하는 데 분명 침대에 대한 이론은 필요하지 않았다. 거의 3000년 전의 인물인 호머도 이 아이디어를 알고 있었다. 《오디세이》에서 아내 페넬로페에게 돌아온 오디세우스는 정체를 의심받자, 올리브나무에 구멍을 뚫고 가죽끈을 꿰어 신부의 침대 틀을 만드는 방법을 보여줌으로써 의심에서 벗어난다. 올리브나무 뿌리에 고정한 독특한 형태의 침대는, 오랜 기간 고통을 받아온 부부가 안고 있던 의미심장한 감정 상태를 잘 대변한다. 부부에게 그 침대는 신성한 것이었다. 침대를 만들 줄 아는 지식이야말로 오디세우스의 신분을 확인해주는 확실한 증표였다.

고대의 영웅이 아닌 전통을 잇는 장인이 만들어낸 일반 침대는 손도 못 대게 할 만큼 그렇게 신성한 물건은 아니었다. 비용, 안락함, 안전성, 내구성이 일반 침대의 진화를 이끌었다. 만일 밧줄이나 목재가 너무 처지거나 부러지면 더욱 세게 잡아당기거나 규격을 더 키웠다. 침대를 이루는 가죽끈이나 밧줄을 엮는 방법은 효율과 기능의 문제의식을 바탕으로 진화되었다. 문제의식은 수리하려고 가져온 침대에서 발견된 약점이나, 고객들이 수리가 필요 없는 침대를 만들도록 장인들을 경쟁시키면서 약점을 수정하는 일에 특별히 민감하게 반응하며 형성되었다. 밧줄을 엮는 방법이 열십자일 때 장점과 대각선일 때 장점이 무엇이든《기계론》에서 분명히 알 수 있는 것은 재료비와 인건비의 경제성이 예나 지금이나 매우 중요했다는 점이다. 오디세우스의 올리브나무가 땅에 뿌리를 내린 것처럼 침대의 기본 형태는 고대 장인의 전통에 뿌리를 두고 있다는 전제하에 인공물의 초기비용과 유지비용이 항상 인공물의 진화 과정에서 매우 강력한 결정요소였다는 사실은 의심의 여지가 없다.

지금도 사용되는 미국식 밧줄 침대를 다룬 최근의 논문에서는 밧줄을 엮는 두 가지 서로 다른 공법을 논의한다. 하나는 아리스토텔레스가 설명한 것처럼 밧줄을 구멍에 끼워 엮는 공법이고, 다른 하나는 걸이못 위로 밧줄을 지나가게 엮는 공법이다. 양쪽 공법 모두 목재의 결을 가로질러 밧줄을 배치해 목재가 갈라지는 현상이 최소화되도록 엮었다. 시간이 흐르면 밧줄이 느슨해지기 마련이므로, 필요할 때 밧줄을 즉시 잡아당길 수 있게 특수 스패너를 준비해두었다. 당연히 때때로 침대밧줄은 끊어졌고, 주로 멋있고 단단한 침대에서 막 단잠에 들려는 사람들을 방해하기 일쑤였다. 이럴 때는 구멍에 밧줄을 끼우기보다는 끊어진 밧줄을 다시 이어서 손쉽게 걸이못 위로 엮는 공법이 편했다.

침대밧줄을 엮는 방식이 경제성(재료 또는 시간도 마찬가지)을 비교하면서 대안들의 실패에 대응해 진화해온 과정은, 실패가 일반 인공물의 진화에 어떤 영향을 끼쳤는가를 잘 보여주는 또 다른 사례이다. 진화를 촉진하거나 방해하는 힘은 가장 흔한 대상물에서 가장 분명하게 나타난다. 음료 용기를 선택할 때 강철을 알루미늄으로 대체한 것은 다른 무엇보다도 제작공정의 경제성과 긴밀하게 관련되었다. 하루에도 몇백만 개씩 생산해내는 캔에서 얇디얇은 100만 분의 1밀리미터를 줄이고 줄여 절약한 몇 센트의 돈이 쌓이고 쌓여 만들어내는 경제성이 주요한 관건이었다.

재료를 바꾸거나 변형하고 조립하는 공정을 대체하며 실제로 나타나거나 감지되는 경제성 때문에 형태가 크고 작게, 더 낫거나 못한 수준으로 바뀐 대량생산품의 사례는 셀 수 없이 많다. 디자인과 리디자인은 항상 비교하는 행위이다. 필연적으로 저것과 비교해 이것을 선택한다. 의사결정권자는 대개 저것과 이것을 비교하면서 도입한 일련의 기준에서 가장 최소로 벗어나는 디자인을 선택한다. 제도판과 일반 대중이 볼 수 없는 곳에서 진화가 이루어지는 더 큰 공학적 구조물이나 시스템의 경우 이러한 현상이 더 분명하게 나타나지 않을 수도 있다. 예컨대 19세기에 미국을 횡단하는 철도를 연장할 당시 변화무쌍한 지형 위로 줄곧 긴 철로를 깔아야만 했는데, 황무지를 통과하는 노선에는 기관차가 차량을 끌고 올라갈 수 있는 경사도를 결정하고 여러 곳의 수로와 계곡을 통과하기 위해 다리를 놓아야 했다. 바꾸어 말하면 철도는 이처럼 자연경관에 영향을 미쳤다. 유럽 대륙 철도와는 다른 미국식 철도의 특징적인 형태, 즉 기울기의 차이, 철 대신 목재를 사용한 점 등은 철도 엔지니어들의 철학이 서로 달랐기에 나온 결과였다. 철도를 놓을 위치를 결정하는 일

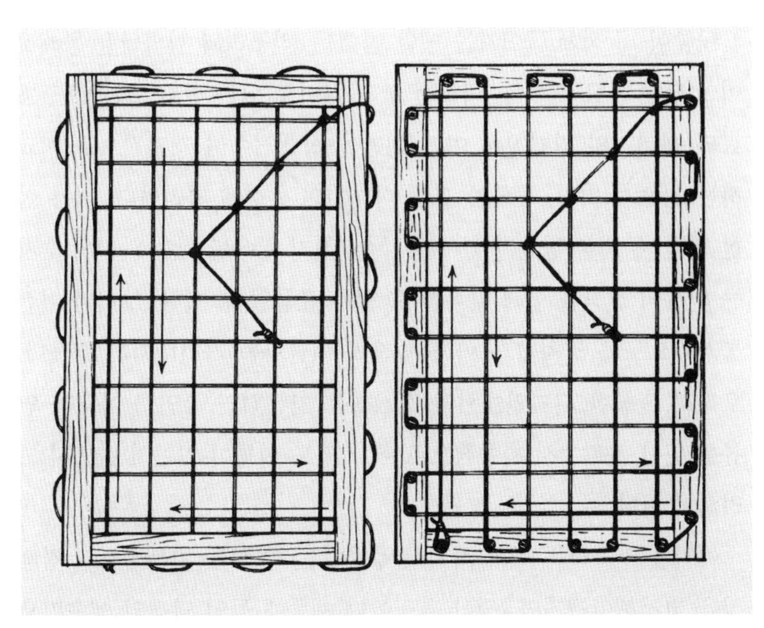

초기 미국식 침대는 밧줄을 엮는 두 가지 방식이 있었다. 하나는 틀에 있는 구멍을 통과해 밧줄을 엮는 공법(왼쪽)이고, 다른 하나는 밧줄이 걸이못 위로 지나도록 엮는 공법(오른쪽)이었다. 두 가지 방식에 사용된 밧줄 수량에는 별 차이가 없었지만, 침대를 엮는 데 걸리는 시간은 달랐다. 경제성과 효율의 문제는 언제나 공학적 디자인의 본질과 인공물의 형태에 영향을 미쳤다.

의 중요성은 이 분야의 고전인 A. M. 웰링턴A. M. Wellington의 《철도 부설의 기술Art of Railway Location》에 간결한 문맥으로 잘 정리되어 있다.

> 공학을 건축술로 여기지 않거나 그렇게 정의하지 않는다 해도 무방하다. 몇 가지 중요한 의미에서는 오히려 건축술이 아닐 수도 있다. 퉁명스럽지만 공학은 서툰 기술자가 2달러로 그럭저럭 해낼 수 있는 일을 1달러만 들여서 잘해내는 기술이라고 할 수 있다.

밧줄이 더 적게 들어가는 옛날 침대든, 옆구리와 밑바닥을 통째로 이어 만든 음료 캔이든, 다리를 놓지 않아도 되는 철도 노선이든, 재료와 에너지의 경제성은 여러 대안을 상대적이며 객관적으로 비교하는 지표가 되며, 공학과 모든 디자인의 중심에 자리한다. 사용 안 한 밧줄, 두꺼울 필요가 없어진 금속, 짓지 않아도 되는 다리의 숫자는 비용의 절감을 쉽게 알아볼 수 있는 표상일 수 있다. 그러나 이런 통계만으로는 얼치기 사이에서 진짜 예술가를 가려내기가 힘들다. 오히려 훌륭한 디자인에서의 경제성은 자본적인 측면뿐 아니라 인류를 위한 차원에서 최종적으로 어느 정도 이득이 있는지 반드시 고려해야 한다.

이익을 추구하는 쪽과 가치를 추구하는 쪽 모두 기본적으로 경제성을 고려해야겠지만, 생산 과정이나 제품에 들인 달러의 액수만으로 단순하게 측정할 수는 없다. 수량과 관계없는 '품질'이라는 요인은 더 비싼 물건이 더 이익을 내기도 하며 더 잘 팔릴 수도 있다는 사실을 시사한다. 이를테면 자동차 차체에 더 두꺼운 금속을 사용하면 어떤 장점이 있는지에 대해서는, 차체에 흠집이 생기는 것을 막는 효과부터 그저 과시욕을 만족시킬 수 있는 것까지 다양한 관점에서 논의되고 있다. 제조사들은 이런 점을 판매전략으로 활용하거나 비싼 가격을 합리화하는 방편으로 악용할 수도 있다. 한편 구매자는 외관을 오래 유지하며 신분을 높게 과시할 수 있는 상징으로서, 차에는 더 비싼 금액을 지불해도 된다고 쉽게 합리화할 수도 있다.

소비자가 상품을 선택할 때 고려하는 것들

실제로 똑같은 두 개의 제품에 다른 가격이 매겨져 있다 해도, 가격을 유일한 기준으로 삼아 제품을 선택하는 경우는 드물다. 슈퍼마켓에 있는 식품들을 생각해보자. 같은 물건인데도 상점마다 가격이 다 다르다. 그러나 A상점에 있는 식품 모두가 B상점보다 더 비싼 것은 아니다. 이상적으로는 누군가가 순수하게 가격만을 기준으로 물건을 사기로 결심했다면, 모든 구매품목의 가격을 비교해 하나는 A상점에서 사고 다른 것은 B상점에서 사는 편이 더 좋은 쇼핑 방법일 것이다. 이것이 바로 슈퍼마켓들이 사용하는 방법이다. 한 꾸러미의 식료품을 사면 다른 상점에서 사는 것과 비교해 얼마가 절약된다고 선전한다. 그러한 문구들이 진실일 수도 있다. 그러나 실제로 절약되는 금액은 예상과는 반대일지도 모른다. 그렇게 시시콜콜 따져서 쇼핑하려면 분명히 많은 시간을 들여야 한다. 그리고 상품을 모두 사기까지 적어도 세 번은 두 상점에 드나들어야 한다. 경쟁에서 이기려고 이런 광고 수단을 이용하는 상점에서는 이러한 시간투자가 충분히 가치 있을 수 있다. 그러나 구매자가 투입한 시간의 가치는 과연 얼마나 될까?

드물기는 하지만 가격표를 붙이는 작업이 전산화되기 전에는 같은 제품이 든 상자인데도 다른 가격을 붙여 판매대에 진열하는 경우가 가끔 있었다. 아마도 점원이 기존 제품에 새로운 가격표를 붙이는 일을 게을리했거나, 점주가 더 낮은 도매가로 산 제품에 나중에 발생한 가격인상을 반영하지 않기로 했기 때문일 수도 있다. 다른 모든 조건이 똑같다면, 소비자는 바보가 아닌 이상 낮은 가격이 붙은 상자를 고를 것이다. 그러나 모든 조건이 같은 경우는 드물다. 신선도는 둘째치고 이전 상품이 새것만큼 매력적이지 못할 수도 있고 새것만큼 편리하지 않을 수도 있다. 물건을 사는 사람이 상품을 고르는 기준은 꽤 복합적이며 사람마다 분명히 다르다. 사람마다 중요하게 여기는 우선순위(궁극적으로는 경제성으로 귀결되지만)가 다르고, 제조업자나 유통업자의 입장에서는 이를 근거로 판매전략을 펼쳐야 하며 물론 그렇게 해야만 경쟁에서 살아남을 수 있다. 단순히 자본주의 사회에서만 적용되는 원칙은 아니다. 거의 구분이 되지 않는 비슷한 제품을 사야 하는 사회주의체제 국가에서도, 사람들은 어느 줄에 서야 할지를 고민한다.

식품구매 역학은 인공물 중에서 선택이 이루어지는 일반적인 패러다임을 보여준다. 제품이나 상표를 고를 때 가격은 중요한 고려대상이지만 유일한 결정요인은 아니다. 물건을 고르기 위해 우리는 슈퍼마켓 진열장에 있는 제품을 살펴보고 '새롭고, 개선된' 요소의 설명을 찬찬히 읽어봐야 한다. 새로 나온 비누를 팔거나 발명품을 특허심사관에게 인정받으려 할 때도, 관건은 선행기술과 비교하는 일이다. 새로운 제품이 가격을 제외한 다른 모든 점에서 옛것과 동일한 경우는 드물다. 낮은 가격으로 제품을 팔 수 있으려면 옛것에 대해 새로운 재료, 성분, 제조 방법 등을 어떻게든 효과적으로 바꾸거나 보탰다는 뜻이기 때문이다. 아마도 생산라인의 속도를 높여야 비용을 아낄 수 있을 것이다. 생산에서 절감된 비용을 추가로 광고에 쓰지 않는다면 말이다. 새로운 공장에서 종종(항상 그런 것은 아니지만) 새로운 재료를 사용해 새로운(개선된) 제조공정을 도입하는 경우가 아니면, 제품에 대한 수요가 매우 많아서 새 공장을 건립해야만 하는 경우에도 광고는 거의 할 필요가 없다. 크게 성공을 거둔 상품일지라도, 성공을 가져온 품질을 모든 제품에 똑같이 계속 유지하는 상품이 과연 있겠는가? 떠올리기 쉽지 않을 것이다. 후속 모델은 앞선 모델의 단점을 극복하거나, 경제성을 잘못 판단해 오히려 또 다른 새로운 단점이 생기는 특성이 있다.

특허출원의 어려움과 에덜슨의 책상

발명가라면 멀지 않은 장래에 새로 발명한 신제품의 폭발적인 수요 때문에 새 공장을 지어야만 하는 순간이 오기를 꿈꿀 것이다. 그러나 특허를 따기 위한 초기 단계에서는 과거와의 경쟁에 몰두할 수밖에 없다. 발명가 네이선 에덜슨Nathan Edelson은 몬태나주에 살면서 시제품과 컴퓨터 워크스테이션을 결합하는 디자인을 했다. 어느 날 그는 자동으로 조절이 가능한 자신의 '액티브' 책상 아이디어와 관련한 분야에서 어떤 특허가 나왔는지 특허에 대한 배경관계를 확인하기 위해 워싱턴 특허사무소를 방문했다. 그곳에서 본인 아이디어와 비슷한 특허가 이미 많다는 사실을 알았지만, 기존 특허에 비해 확실히 장점이 있다는 사실을 발견하고는 기뻤다고 말한다.

기존 특허자료를 조사하면서 중요한 것은, 어떤 이유에서건 원래의 목표를 이루지 못하고 실패한 '선행기술'을 찾아내는 일이다. 일반적으로 발명이 지니는 잠재적인 이득을 정당한 것으로 인정받을 수 있으며, 또한 발명품의 목표를 달성하기 위해 선행기술에 대해 중대한 개선과 새로운 아이디어가 추가되어야 한다는 사실을 제시할 수 있기 때문이다. … 나의 액티브 책상 특허의 경우 운이 좋았다. 발명의 주요 '목표'는 사용자가 고정된 자세로 오랫동안 작업하면서 근육과 뼈에 부담을 주는 일을 막기 위해, 책상의 높이를 빠르고 쉽게 재배치하도록 하는 것이다. 앞선 특허들을 조사한 결과 많은 다른 발명가들이 조절이 가능한 책상을 개발했지만, 하나같이 느리고 복잡하며 또 비쌌다. 내 책상은 이러한 결점이 전혀 없는 방식으로 조절된다.

에덜슨이 발명한 조절책상이 선행기술보다 더 빠르고 간편하게 작동되며, 제조사에 더 경제적이라는 판단에 특허심사관이 동의할지 여부는 심사절차가 진행되면서 판명될 것이었다. 그러나 그는 자신의 조절책상이 '또 다른 기발하고 쓸모가 많은 특징을 제안한다'고 믿었기 때문에 '가치 있는 새로운 특허를 따낼 가능성이 크다'고 낙관했다.

발명가의 마음속은 늘 특허가 지니는 잠재적인 가치에 대한 생각들로 가득 차 있다. 또 비용에 대한 생각으로 복잡하다. 특허청을 방문하고 워싱턴에 있는 특허대리인을 고용해 선행기술에 대한 기록을 조사하는 데는 물론이고, 특허심사비 및 다른 부대비용 등 경비가 많이 든다. 개인은 500달러가 넘고, 대형 회사는 개인보다 두 배를 지불한다. 조절책상이든 다른 경우든, 앞선 특허자료를 조사하는 일은 매우 힘들다. 1990년 한 해 동안 미국에서만도 인공물과 제작 공정에 대한 점진적인 개선으로 특허를 받은 것이 500만 건으로 증가했기 때문이다. 특허자료를 전산화하려는 움직임도 있다. 그러나 약 7만 종류의 부류와 하위 계열을 뒤적여 조사해야만 하는 어려움이 따른다. 이제 컴퓨터를 이용해 미국 특허정보를 얻어낼 수도 있지만, 1990년 후반만 해도 단 일주일 동안 발급된 특허를 수록하는 데 두 개의 디스크가 필요했다. 1980년대 일본에서는 발급된 모든 특허에 대해 요약분만 발췌 수록하는 데 아홉 장의 디스크가 필요했다. 미국특허청은 모든 특허를 광디스크에 기록하려고 추진 중이지만 진도는 더디다. 설령 전산화된다고 해도 단 한 종류의 하위 부류에 속한 자료를 수록한 것이 1,000장의 디스크를 꽉 채울 정도이므로 특허자료를 찾기란 성가신 일이 될 것이다.

네이선 에덜슨이 '액티브 책상'으로 특허를 받는다고 해도, 그것 자체만으로는 그의 특허와 유사한 기능을 가진, 즉 조절이 가능한 책상을 만들지 못하도록 막을 수는 없을 것이다. 발명가들과 기업들이 애를 써 특허자료를 조사하고 특허신청서의 세부 내용을 꼼꼼히 챙기는 것은 특허권을 침해받았을 때 소송을 제기할 법적권리를 얻기 위해서이다. 일부 발명가들은 단순히 경험 삼아 특허권이 있다는 성취감을 즐기기 위해 특허출원을 하기도 하지만, 대부분 지적 가치보다는 잠재적인 경제상의 이득 때문에 특허권을 딴다.

만일 에덜슨의 책상이 언젠가 사무실 책상으로 널리 사용된다면, 더 싼 값으로 파는 많은 모방품이 나오리라는 것은 의심할 여지도 없다. 그렇게 싼 값으로 모방품을 내놓을 수 있는 이유는 조사개발과 제작공정에 큰 비용을 들일 필요가 없기 때문이다. 이 책상은 기울기 정도나 아주 미세하게 다를 뿐 일반 사람들 눈에는 크게 차이가 없어 에덜슨의 책상과 비슷해 보일지도 모른다.

한편 이제 에덜슨은 새로운 공장 설립을 끝냈지만, 발명품을 파는 데 어려움을 겪을 수도 있다. 액티브 책상을 발명하고 시장에 좋은 제품으로 내놓기 위해 모든 노력과 시간을 쏟아부었으나, 아마도 힘들고 험난한 상황을 맞아 추가 자금과 디자인 변경이 필요해져 모든 자금을 쏟아부어 빈털터리가 될지도 모른다. 그러나 법정에서 한두 가지 특허권이 침해받았다고 주장한다면, 적어도 노력한 대가의 일부는 보상받을 수도 있다. 반면에 만일 에덜슨의 것보다 더 싼 책상을 만들기 위해 노력한 경쟁자가 에덜슨이 성공시키지 못한 부분에서 더 기능이 우수하고 참신한 디자인을 만들어낸다면, 에덜슨은 싸움에서 지고 새로운 형태의 책상이 시장을 지배할 것이다.

간헐 와이퍼의 특허권 분쟁으로 번 돈

1990년대 후반, 특허를 받은 발명이 지니는 잠재 가치가 세상을 떠들썩하게 한 일이 있었다. 수년 전에 자동차 와이퍼에 대한 새로운 아이디어로 한 제조사와 접촉했던 발명가가 그 회사와 협상해 1,000만 달러를 받아낸 것이다.

웨인주립대학 교수 로버트 컨스Robert Kearns는 기존 와이퍼가 가랑비나 보슬비처럼 비가 조금 내릴 때는 효과적이지 못하다는 점에 주목했다. 겨우 몇 방울의 빗물을 씻어내려고 와이퍼를 작동시키면 움직일 때마다 유리창을 긁어대고 줄무늬까지 남겼다. 그것이 신경 쓰이고 보기 싫은 운전자는 몇 번이고 와이퍼를 켰다가 끄는 일을 반복해야 했다. 일부 운전자는 와이퍼가 긁어대고 미끄러지는 동작에서 나오는 신경 거슬리는 소리를 싫어했으며, 어떤 사람들은 와이퍼의 날이 쓸데없이 닳는다고 싫어했다.

컨스는 기존 물건이 모든 조건에서 효율적으로 작동하는 데 실패하고 있음을 주목했고, 문제를 해결하는 방법도 찾아냈다. 그는 와이퍼가 유리창 위를 쓸고 지나가는 속도와 횟수를 조정했다. 즉 와이퍼의 날이 부드럽게 작동할 수 있을 정도로 빗물이 충분히 모일 때까지 대기하다가 너무 많이 모여 안전하게 앞을 보는 데 지장이 생기기 전에 차창을 닦아내는 방법을 발명했다. 컨스는 직접 만든 장치를 부착한 포드 차를 몰고 디트로이트에 있는 포드사를 찾아갔다. 엔지니어들은 그가 개선한 장치의 장점을 금방 알아채고 질문들을 쏟아냈다. 컨스는 그러한 관심을 발명품을 산다는 뜻으로 받아들였고, 응분의 보상이 있을 것으로 기대했다.

그러나 포드사에서는 아무런 보상도 없이 자사의 차에 간헐 와이퍼를 설치하기 시작했다. 포드사는 이 아이디어가, 컨스가 특허를 받기 전에 착상한 것이기 때문에 결코 특허권을 침해한 것이 아니라고 주장했다. 그러나 12년간의 법정소송 끝에 포드사는 특허권자에게 합의보상금을 지불하기로 동의했다. 그동안 간헐 와이퍼를 부착해 생산한 2,000만 대의 포드, 링컨, 머큐리에 대해 한 대당 33센트의 특허 사용료와 소송비용 일체를 보상하는 조건이었다.

이처럼 더 복잡해진 와이퍼는 분명 자동차를 더 저렴한 비용으로 생산하게끔 기여하지는 못했지만, 자동차의 작동이 전반적으로 더 안전하고 효율적이도록 과거에 사용하던 연속작동 와이퍼의 실패를 제거했다는 확실한 장점을 안겼다. 이슬비가 뿌리는 빗속을 운전할 때 시각과 청각이 경험하는 모든 환경이 바뀌었다. 넓은 의미에서는 자동차 자체와 운전에도 더욱 효율적이었다. 또 와이퍼 날처럼 와이퍼 자체의 수명도 길어져서 확실한 이점이 되었다.

적당히 좋은 것이 최고보다 나을 때도 있다

13

WHEN GOOD IS BETTER THAN BEST

THE EVOLUTION OF
USEFUL THINGS

맥도날드 햄버거의 혁신적인 포장 방식

투자가가 원유나 다른 상품의 향후 가격을 예측하듯이 기업가, 벤처 자본가, 기업에서도 새로운 디자인을 예측한다. 기름 값의 변동이 수요와 공급이라는 비교적 단순한 법칙의 차원을 넘어 다분히 문화적이고 정치적인 요인에 의해 움직이는 것처럼, 새롭거나 개량된 인공물이 시장에서 받아들여지거나 외면당하는 것도 형태와 기능이 얼마나 잘 맞아떨어지느냐 하는 차원 이상의 다분히 다른 요인들로 결정된다. 시장에서의 승패를 예측하면서 지나치게 좁은 시각으로 기술적 지표에만 의존해 조언한다면 디자인 투자가에게 손해를 끼치기 쉽다. 많은 사례연구 결과는 어떠한 디자인도 신성불가침의 권리는 없으며, 형태는 미래의 상황에 따라 변한다는 사실을 경고한다. 알루미늄캔이나 플라스틱 병에서 확실하게 알 수 있듯이, 소비자에게 맞는 제품의 특성뿐 아니라 포장 방식도 시대에 따라 변한다.

1970년대 초 맥도날드사가 빅맥을 포장하는 방식은 종이받침으로 돌돌 말아 두른 후에 종이와 포일로 싸서, 다시 붉은 색의 상자에 집어넣는 것이었다. 어떤 특정 기능을 위해 조직적으로 발전된 형태라기보다는, 카운터 뒤쪽에서 공을 들여 만든 햄버거가 고객의 입에 들어갈 때까지, 적어도 한 입 베어 물기 전까지는 결코 차거나 눅눅하다는 인상을 주지 않도록 개발된 것이었다.

종이받침은 2층으로 쌓인 빅맥이 포장지 안에서는 물론 운반 과정에서도 옆으로 기울거나 눌리지 않도록 방지해주고, 종이는 빅맥에서 나오는 기름기를 흡수한다. 포일은 햄버거가 식거나 마르지 않도록 할 뿐 아니라 종이에 묻은 기름기를 덮어주어, 빅맥을 사는 사람들의 입맛을 잃게 할 어떠한 추한 모양새도 나타나지 않도록 가려준다. 마지막으로 상자는 포장이 풀리지 않도록 유지하며, 또 빅맥의 특제 소스를 함께 넣을 수 있는 공간을 제공한다. 매우 효과적인 방식이기는 하지만 공들여 포장하고, 또 먹기 위해 하나씩 푸는 데 시간이 걸렸다. 이러한 포장 방식으로는 패스트푸드 식당 이미지에 잘 어울린다는 메시지를 전달할 수가 없었다.

1975년 맥도날드는 새로운 포장 방식을 선보였다. 과거의 단점을 모두 제거한 듯한 방식으로서, 폴리스티렌으로 만든 '대합조개껍데기' 모양의 용기 안에 빅맥을 하나씩 포장해 집어넣었다. 원유에서 추출한 기포제품을 이용해 만든 혁신적인 방안으로, 한 동작으로 쉽게 포장하고 꺼낼 수 있었다. 열린 대합조개껍데기 뚜껑이 감자튀김을 담는 편리한 접시 역할까지 하여 일석이조의 효과를 제공했다. 더구나 상자의 모양이 맥도날드의 특징인 망사르드 지붕(프랑스 건축가 망사르가 고안한 지붕으로 경사가 완만하다가 급하게 꺾인 지붕을 말한다—옮긴이)을 떠올리게 해서, 맥도날드 패스트푸드 체인점을 완벽하게 상징하는 것처럼 보였다.

새로운 포장 방식은 전적으로 새로운 아이디어라고 할 수는 없었다. 흔하게 볼 수 있는 계란 담는 골판지 상자와 똑같았기 때문이다. 그러나 패스트푸드에 적용한 것은 매우 뛰어난 발상이었다. 이는 온도와 습도를 유지하고 기름기를 흡수하며 색깔도 다양해 눈에 잘 띄게 빅맥 포장재로서의 역할을 충실히 해냈다. 더 나아가 1970년대 중반은 포장에 종이를 너무 많이 낭비한다는 우려가 높아졌던 때라, 그런 측면에서도 대합조개껍데기는 혁신적인 시도였다.

환경 파괴범으로 인식된 대합조개껍데기 포장

빅맥 포장은 모범적인 성공 사례로 디자이너들의 찬사를 받았고, 다른 맥도날드 제품들도 비슷하게 포장되어 팔려 나갔다. 대합조개껍데기 포장에 적절하게 색깔을 입히고 도안을 넣어 치즈가 들어 있는 햄버거와 보통 햄버거를 구별하기도 했다. 시간이 흐르면서 이 디자인은 다른 조개껍데기 하나를 더 덮어 붙인 납작하게 입을 벌린 모양으로 진화했다. 이 포장 방식은 '맥디엘티'라는 새로운 샌드위치 마케팅에 빼놓을 수 없는 분리 포장을 가능하게 했다. 고객이 샌드위치를 먹기 위해 재료들을 섞기 전까지는, 이중으로 된 폴리스티렌 조개껍데기의 한쪽에는 햄버거를 담아 따뜻하게 유지하고, 다른 한

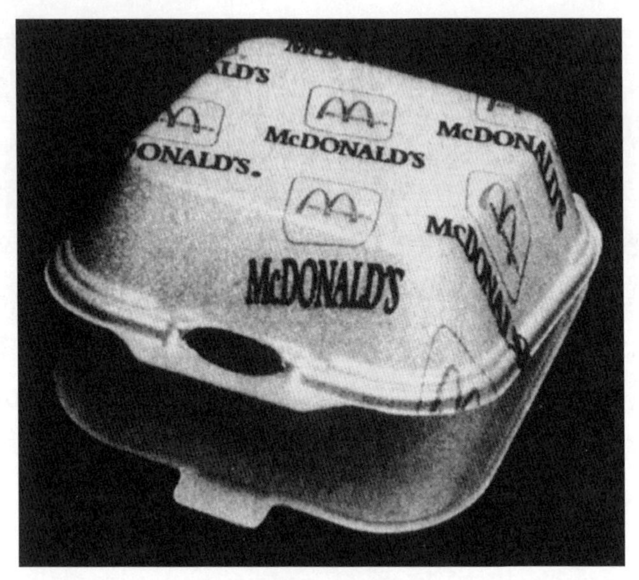

맥도날드의 대합조개껍데기는 처음 도입되었을 때만 해도 햄버거를 포장하는 데 아주 이상적이었다. 안에 담긴 내용물의 온도와 습도를 유지했을 뿐 아니라 잘못 흘러나온 기름까지도 빨아들였다. 더구나 햄버거를 상자에 담고 간단하게 뚜껑만 닫으면 포장이 끝났고 열기도 매우 쉬웠다. 그러나 이 포장 방식은 안타깝게도 환경 파괴의 주범으로 밝혀졌으며, 맥도날드는 예전의 종이 포장으로 돌아가야 했다.

쪽에는 양상추와 토마토를 따로 담아 차갑게 유지했던 것이다.

새로운 맥치킨 샌드위치가 나오자 변형된 대합조개껍데기 포장에 담아서 팔았다. 이전에는 플라스틱 상자를 도입하면서 요란스러운 선전에 몰두하느라 간과했던 디자인의 결점을 개선한 포장이었다. 그 결점은 조개껍데기 포장의 속이 너무 깊어 빅맥이나 쿼터파운더를 꺼내기가 불편했다는 것이다. 또한 조개껍데기를 햄버거보다 훨씬 더 크게 만들면 음식이 상대적으로 빈약해 보이고, 작게 만들면 너무 꽉 차서 밑으로 손가락을 넣어 샌드위치를 꺼내기가 어려웠다.

그래서 포장을 뒤집어 열기도 했다. 새로운 상자는 밑바닥을 바닥만 좁게 해서, 상자를 열면 손가락으로 샌드위치의 한쪽을 쉽게 집어 들 수 있었다. 이로써 불편함을 확실히 제거했지만, 다른 맥도날드 샌드위치에는 도입되지 않았다. 아마도 너무 익숙한 '전통적'인 디자인에 함부로 손대는 것을 망설였기 때문일 것이다. 그러나 얼마나 익숙했든, 특정한 기능적인 관점에서는 성공적인 디자인들이 머지않아 다른 기능과 관련해서 새로운 결함을 드러내기도 한다.

조개껍데기 포장은 세상에 나온 지 10년도 되지 않아서 과대포장의 상징이며 환경을 파괴하는 위험한 물건이라고 비난받기 시작했다. 플라스틱 기포 용기를 만드는 데 사용되는 화학약품인 클로로플루오르카본CFCs이 오존층을 파괴하는 물질로 지목된 것이다. 맥도날드는 클로로플루오르카본을 넣지 않은 플라스틱 포장재를 사용하기 시작했으며, 1988년에 이르러서는 대체 작업을 완료했다. 1990년 맥도날드는 환경단체와 환경청이 이러한 결정을 지지하고 있음을 선언하면서 회사 차원에서 환경 친화적인 물질을 포장재로 사용하고 있음을 광고했다. 오존층을 보호하기 위한 맥도날드의 노력에 환경단체가 동의했을지는 모르지만, 아직 해결해야 할 다른 문제가 남아 있었다.

종이 포장으로 복귀한 맥도날드의 선택

폴리스티렌 조개껍데기 포장은 샌드위치를 포장한 후 먹을 때까지 비교적 짧은 시간 동안 사용되지만, 쓰고 난 포장재는 거의 영구적으로 부식되지 않아 점점 늘어나는 쓰레기 처리문제와 환경문제를 야기했다. 미생물에 의해 분해되지 않고 쓰레기 매립지의 부피를 부풀렸기 때문에 환경운동가들의 지탄을 받았다. 1980년대 후반에는 환경운동가들의 지속적인 비판이 잇따르자 플라스틱 용기를 재활용할 가능성을 모색했다. 그러나 이내 경제적으로 타당하지 못하다는 반론에 직면했다. 폴리스티렌 조개껍데기 포장이 가장 확실한 환경파괴의 주범으로 여겨졌지만, 다른 공정으로 제작된 폴리스티렌 샐러드 접시와 뚜껑, 폴리에틸렌을 입힌 종이컵, 폴리프로필렌 빨대와 다른 패스트푸드 포장과 부속재를 섞어놓은 것들도 재활용을 위해 분리하기가 매우 어려웠다. 더구나 쓰레기를 치우는 문제는 더 복잡했다. 압축하는 것도 번거롭고, 씻어내지 않고 무더기로 보관하면 악취를 풍기며 자리도 많이 차지했다. 결국 1990년 맥도날드는 그해 말까지 플라스틱 포장재를 폐기하고 종이 포장으로 바꾸겠다고 선언하기에 이르렀다.

맥도날드의 플라스틱 조개껍데기는 아모코 정유사의 자회사인 아모코폼프로덕트사 매출의 약 10퍼센트에 달했으며, 매년 미국에서 생산되는 450킬로톤이나 되는 기포 포장 용기의 7~8퍼센트 가량을 차지했다. 맥도날드가 하루아침에 갑자기 정책을 바꿀 수 있었던 것은, 환경단체의 비난이 점점 커지자 회사 내에서 상당 기간 동안 플라스틱 포장과 종이 포장의 장단점을 면밀하게 검토했기 때문이었다. 포장재 변경을 공표하면서 맥도날드 사장은 환경보호기금 이사장과 함께 포즈를 취했다. 책상 위에는 기포상자가 빽빽하게 들어차 있었고, 대체할 종이 포장재는 훨씬 더 적었다. 그렇다고 환경운동가들이 만장일치로 맥도날드의 결정을 환영한 것은 아니었다. 환경활동재단은 "폴리스티렌 생산 과정은 환경을 오염시키며 스티렌 단량체는 발암물질로 의심된다"면서 다행스럽다는 의사를 표명했지만, 국립오듀본협회의 한 과학자는 종이도 역시 공해물질이라면서 맥도날드의 발표에 미적지근한 반응을 보였다.

맥도날드의 포장재 변경 선언은 다르게도 이용되었다. 경쟁사인 버거킹이 맥도날드의 발표를 본떠 신문에 전면광고를 내고 버거킹은 맥도날드가 새롭게 환경보호에 관심을 보이는 것을 환영한다고 발표했다. 그러나 이어서 "환경을 보호하는 우리 모임에 들어온 것을 환영합니다. 만일 맥도날드가 일찍이 1955년부터 우리와 함께 환경보호에 관심을 보였더라면 훨씬 더 좋은 환경을 만들지 않았을까요?"라고 비꼬기도 했다. 1955년은 버거킹이 종이 포장을 주로 사용해 새롭게 사업을 시작한 해이다. 예외로 남아 있던 폴리스티렌 커피컵은 1990년 하반기에야 두꺼운 종이컵으로 바뀌었다.

이러한 모든 결정은 확실히 기술적인 고려보다는 정치적인 이유에 더욱 기인한다. 인공물 진화의 배경에 복합적인 역학관계가 작동하고 있음을 가리키는 증거이다. 기술은 거스를 수 없는 방법으로 사회에 영향을 미친다는 것이 전통적인 견해이다. 랠프 월도 에머슨Ralph Waldo Emerson의 시에 나오는 "물건이 안장 위에 올라앉아 인간을 타고 가네"라는 구절이 이를 잘 대변한다. 그러나 인공물이 지나친 부담을 안기거나 우리를 잘못된 방향으로 끌어간다고 느끼면 바로 잡아 우리 세계에서 추방할 능력이 있음을 인정하는 데까지 비유를 더 확장시켜야 한다. 플라스틱 포장에서 햄버거까지 서로 밀고 당기면서 모든 물건의 형태를 결정하는 영향력은 매우 다양하게 존재한다. 그럼에도 불구하고 형태를 결정하는 영향력의 세계를 꿰뚫는 일관된 원칙은 흔들림 없이 살아 있다. 실패라는 개념과 더불어 존재한다는 것이다. 햄버거를 산뜻하고 따뜻하게 유지하는 기술적인 기능이든, 건강하고 깨끗한 환경을 조성하는 사회적 기능이든 마찬가지이다. 단 하나라도 이뤄내지 못하면 포장은 다시 디자인될 수밖에 없다. 그러나 햄버거 포장의 실패가 판명되기까지 무려 15년의 세월이 걸렸듯이, 1년도 안 돼 실패를 예측했을지언정 15년 후에도 반드시 실패하리라고는 장담할 수 없다.

잘 알다시피, 우리의 정치적 기억력은 4년도 채 못 가는 것 같다. 모든 객관적인 사실에 의존할 것처럼 굴어도 기술적 기억력은 짧기만 하고 본질보다는 슬로건을 따르며, 사실에 바탕을 둔 증명보다는 내세우는 약속에 더 영향을 받는다. 빅맥과 맥디엘티를 포장하면서 종이 포장이 해내지 못한 것을 기포 조개껍데기 포장이 해냈다고 여긴 것은 다소 객관적인 판단이었다. 맥도날드사는 환경보호 차원에서 내린 결정을 발표하면서, 사장이 직접 새 용기로는 기포 포장처럼 온기를 보존할 수 없다고 시인했다. 어느 보고서는 "1970년대 초, 종이 포장을 마지막으로 사용한 시기와 비교하면 조리 방법이 많이 개선되었기 때문에 종이 포장의 단점을 보완할 수 있을 것이다"라고 주장하면서 "조리법의 기술발전이 종이 포장의 결점을 따라잡았다"고 설명했다. 진실 여부는 확실히 소비자들이 맛으로 판가름할 수밖에 없을 것이다. 두 칸으로 나뉜 기포 포장에 의존해온 맥디엘티의 경우, 종이 포장으로 바꾸는 과제는 '매우 어려운 문제'일 수밖에 없었다. 실제로 맥디엘티는 새로운 포장 방식이 개발될 때까지 판매되지 못했다.

동서양의 환경에 따라 진화한 외발수레의 형태

디자인을 할 때는 많은 어려움이 따르기 마련이다. 해결 방안은 디자이너들이 과거의 문제점을 얼마나 잘 이해하느냐에 못지않게 얼마나 분명하게 미래를 내다보느냐에 달려 있다. 바퀴 달린 차량의 운전자들은 본능적으로 앞을 바라보면서 전진한다. 최초의 수레 또한 밀지 않고 앞에서 사람들이 끌어 움직였다. 그래야 쟁기를 끄는 방식처럼 장애물이 없는 길을 찾아 이동이 가능하다. 말에게 수레를 끌게 해보았거나 트레일러가 달린 차를 운전해본 사람이라면 그 장점을 쉽게 이해할 수 있다. 시간이 흐르면서 사람 대신 짐승이 수레를 끌게 되었고, 짐마차와 비슷하게 생긴 수레만이 오직 사람의 힘을 이용해 뒤에서 밀면서 가는 구조로 바뀌었다.

중국에서는 오랫동안 수로가 발달했기 때문에, 도로나 바퀴 달린 운송수단이 서양처럼 다양하게 발전하지 못했다. 그러나 약 1800년 전에 처음 사용된 외발수레는 상당히 독창적인 형태로 발전했다. 수레의 거의 한가운데에 직경이 90~120센티미터나 되는 큰 바퀴가 달려 있다. 바퀴의 윗부분은 목재 틀로 둘러싸여 있어서 많은 짐을 싣고 조심스럽게 끈으로 묶으면 양옆은 물론 앞뒤 균형이 잘 잡힌

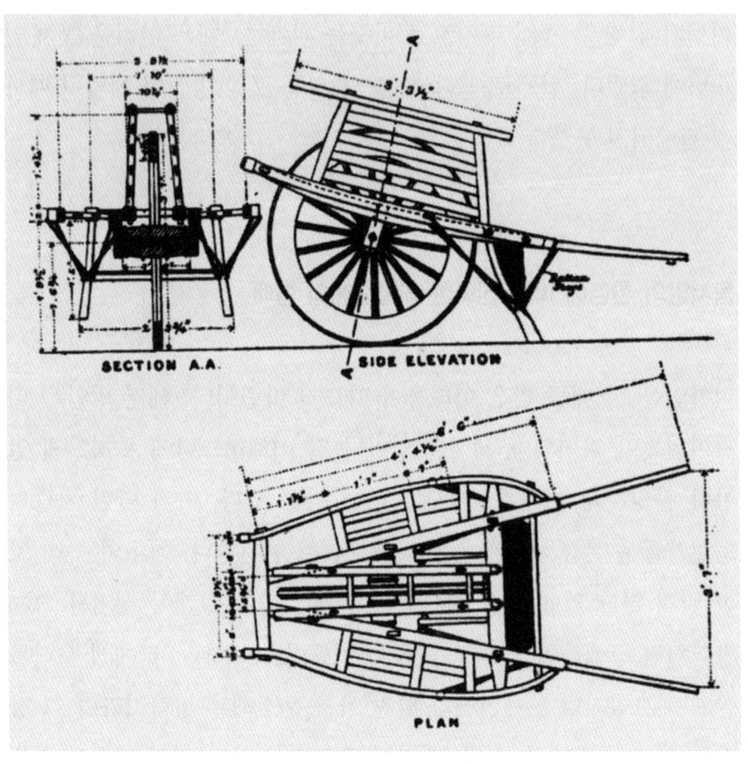

중국의 외발수레는 무겁고 부피가 큰 짐을 실은 후 틀에 묶어서, 중앙에 자리 잡은 바퀴를 중심으로 거의 완벽한 균형이 이루어지는 구조이다. 짐을 실은 상태에서 균형이 잘 잡히고 손잡이에 하중이 크게 집중되지 않아, 미는 사람은 수레를 조정하는 데만 집중할 수 있다.

다. 짐 때문에 수레를 미는 사람의 시야가 가려지지 않게 수레를 잘 인도하는 데만 집중할 수 있는 구조였다.

이 수레는 논에서는 효율이 떨어지는 두 바퀴 수레에서 변형되어 진화한 것으로 알려져 있다. 바퀴가 지나다니는 길은 논과 논 사이에 경계를 이루는, 물이 없고 좁게 툭 튀어나온 논두렁이었다. 바퀴

서양의 외발수레는 두 사람이 들어 움직이는, 바퀴가 없는 운반통에서 진화한 것으로 보인다. 디드로의 《백과전서》에 나오는 이 그림은 운반통의 모습을 잘 보여준다. 그러나 유일한 단점은 두 사람이 동시에 들고 움직여야 한다는 것인데, 한쪽 손잡이 사이에 외바퀴를 달아 단점을 해결했다.

두 개가 지나다니기에는 어려워도 외바퀴는 가능했다. 그러나 외발수레라도 앞에서 끄는 구조라면 자칫 논두렁에서 미끄러지기 쉬웠기 때문에 계속해서 어깨 너머로 뒤를 돌아봐야 했다. 그래서 뒤에서 밀면서 앞에 나 있는 길을 계속 살피며 가는 것이 최선의 방법이었다.

서양식 외발수레는 똑같이 외발 바퀴를 달고 있다는 것 외에는, 중국의 것과 닮은 부분이 거의 없었다. 두 사람이 들고 움직이는 바퀴 없는 들것처럼 생긴 운반통에서 독자적으로 개발된 것으로 보인다. 좁은 통로와 임시 다리가 많은 광산과 건설현장에서는 두 사람이 앞뒤에서 손잡이를 잡고 옮길 수 있는 운반통이 필수였다. 운반통은 짧은 거리의 짐을 나를 때는 완벽하게 효율적이었지만, 혼자서는 들어 움직일 수 없다는 게 큰 단점이었다. 그래서 한쪽 손잡이 사이에 바퀴를 달아 혼자서도 전보다 쉽게 짐을 나를 수 있게 했다. 두 사람이 움직이는 운반통은 앞의 사람이 길을 안내했기 때문에 최초의 서양 외발수레는 미는 방식이 아닌 끄는 방식이었을지도 모른다. 그러나 좁은 널빤지 위로 수레를 끌어야 하는 불편함은 논두렁 사이를 움직이면서 겪은 단점처럼 명확하게 드러났을 것이다. 외발수레는 다소 구부정해 어색하지만 인도하는 사람이 길을 최대한 잘 볼 수 있는 미는 방식으로 자연스럽게 진화한 것으로 보인다.

미래예측의 중요성과 미래지향적인 디자인

앞을 내다본다는 것이 디자인의 핵심이었고, 인공물은 실로 스스로 험난한 길을 걸으며 형태를 갖춰갔다. 말이 필요 없는 운송수단이 처음 개발되었을 때는, 적어도 자전거 틀에 오토바이 부품을 달 때만큼이나 수많은 선택의 여지가 있었다. 최초로 자동차를 디자인한 사람들은 가장 혁신적인 동기를 부여한 동력에 자연스럽게 관심을 집중했다. 그러다 보니 핸들을 어떻게 조작할 것인가에는 별로 관심이 없었으며, 차체도 기본적으로 짐마차 수준이었다. 마차의 고삐 역할을 자동차에서는 운전자가 손으로 당기는 레버가 담당했다.

자동차 환경에 맞춰 도로가 건설되는 등 말을 대체한 자동차가 확고하게 자리를 잡아가자, 디자이너들은 제작 방식과 기능 부여의 세부사항에 온통 관심을 쏟았다. 핀부터 권총까지 모든 물건을 기계로 대량생산하거나 기계처럼 조립하는 미국의 제조 시스템 때문에, 헨리 포드Henry Ford도 자연스럽게 그런 방식으로 자동차를 만들어야겠다고 생각했다. 자동차를 디자인한다는 것은 자동차와 국가가 지향하는 미래의 길을 분명하게 예측하는 문제와 결부되었다. 물론 모든 혁신가는 미래의 길을 정확하게 내다본다고 자부하지만, 디자인을 하다 보면 모든 길은 갈라지기 마련이고 또 갈라져서 다시 덤불 속으로 들어가기도 한다. 사람들이 어떤 길을 더 많이 찾을 것인가는 디자이너가 택한 스타일과 적합성에 달려 있다. 시인들 못지않게, 디자이너가 과거를 되돌아보면서 비통하게 후회할 수도 있는 지점이다. 만일 선택할 길이 분명하지 않다면, 그 위를 달릴 차량의 모습은 더욱 흐릿해질 수밖에 없다.

비행기의 유선형 구조는 공기를 통과해 효율적으로 비행하는 데 번번이 실패하면서 자연스럽게 이루어졌다. 처음 라이트 형제가 고안한 최초의 비행기 디자인은 외형이 아니라 당시에 가장 중요한 문제였던 기체를 어떻게 조종할 것인가에 집중되었다. 조종에 능숙해질수록 속도는 올라갔으나 이에 따라 상자 형태의 기체에 가해지는 공기저항도 커졌다. 보잉사와 더글러스사는 1930년대에 이르러서야, 20세기에 들어와 가장 공기저항을 덜 받는 형태로 알려진 눈물방울 구조를 비행기에 적용하기 시작했다. 미래공학의 상징이었던 비행기는 인공물 전반에 걸쳐 스타일을 결정하는 데 큰 영향력을 행사했다. 속도를 내서 움직일 필요가 전혀 없는 물건조차 기능과는 상관없이 유선형으로 만들어졌다. 스테이플러, 연필깎이, 토스터가 새로운 디자인의 모델로 찬사를 받았다.

미국 자동차의 유선형화는 1920년대부터 조금씩 미묘하게 나타나기 시작했지만, 포드사의 네모진 모양이 아직은 자동차 외관의 표준이었다. 1935년 시카고 만국박람회에서 리처드 벅민스터 풀러Richard Buckminster Fuller가 다이맥시언 자동차를 소개하며 선보인 파격적인 유선형은 분명 '미래지향적'이었지만, 현실 속 자동차로 진지하게 받아들여지지는 않았다. 사람들이 수용할 만한 수준의 유선형으로 만들어진 1934년형 크라이슬러 에어플로는 현대식 디자인으로 차체, 펜더 및 차창을 둥글고 부드럽게 다듬었지만 상업적인 성공을 거두지는 못했다. 원자폭탄이 미래를 좌우하던 전쟁 직후인 1947년에 스튜드베이커사에서 진정한 의미의 유선형 자동차를 선보였다. 레이먼드 로위가 외관의 디자인을 맡았다. 로위는 구상 수준의 스케치를 성공적으로 현실화할 수 있었던 것은 스튜드베이커사의 사장이 기업가로서의 역할을 충실히 수행해주었기 때문이라면서 그의 공을 분명하게 인정했다. 제트기와 원자폭탄으로 상징되는 미래가 도래하면서 자동차는 더 이상 뿌리를 찾아 옛날로 돌아갈 필요가 없어졌다. 1948년도 캐딜락은 고리 부분에 로켓 지느러미 모양의 날개를 달아 장식하기 시작했다. 1950년대를 지나면서 지느러미는 새로운 스타일의 차라는 의미 외에 기능상으로는 아무 쓸모도 없었지만, 매년 엄청난 비율로 늘어났다.

1957년에 발사된 인공위성 스푸트니크 1호가 지구 궤도에 오르면서 우주경쟁 및 새로운 디자인 미학이 시작되었다. 인공위성을 쏘아 올리는 로켓에는 지느러미가 필요했지만, 실질적으로 마찰저항이

아그리콜라가 16세기에 쓴 광산학 연구서에 나오는 두 대의 외발수레는 이후에 작성된 《백과전서》에 등장한 2인용 운반통과 매우 비슷하다. 외발수레는 혼자서 움직일 수 있다는 분명한 장점이 있는 반면, 높은 곳에 짐을 부려야 할 때는 운반통이 더 편리했다. 이런 상대적인 장점과 단점 때문에 인공물은 사라져 없어지기보다는 다양하게 발전해나갔다.

없는 대기권의 진공 상태에서 궤도를 돌아야 하는 인공위성 자체는 유선형이나 균형을 잡기 위한 지느러미가 필요 없었다. 스푸트니크는 물론 놀랍고 갑작스러운 것이었다. 그래서 자동차 디자이너들은 새 모델에 즉시 그것을 적용하지는 못했지만 시간이 흐르면서 자동차의 외관은 점차 미래의 형태로서 달과 우주를 지향했다. 달 착륙선은 라이트 형제의 비행기만큼이나 가치 있고 새로운 착상이었다. 지구의 대기권을 뚫고 돌아오는 우주선에게 유선형은 오히려 단점이 되었다. 행성 간 우주비행선의 디자인은 다시 네모난 모양을 선호하기 시작했다.

우주왕복선은 운송수단으로서만이 아니라 디자인 영감으로도 각

광을 받았다. 1980년대에 등장한 밴 차량의 윤곽에서는 우주선의 머리와 닮은 점이 뚜렷했다. 그리고 포드사의 에어로스타 같은 차종의 이름도 어떤 이미지를 연상하게 하려는 것인지 쉽게 알 수 있다. 자동차도 햄버거와 비슷한 판매전략을 펼쳤다. 디자인을 아무리 잘해도 한 가지 형태만으로 많은 기능을 만족시키기 불가능한 상황에서는 제품 자체나 포장에서 고객이 지향하는 미래의 꿈과, 또 혐오하는 대상이 무엇인지를 잘 예측하는 것이야말로 상업적인 성공과 실패를 판가름하는 중요한 지표가 될 수 있다.

루이 14세 호텔 욕실 문에 자물쇠가 없는 이유

디자인은 필연적으로 미래지향적이지만, 그렇다고 모든 디자인이 유행의 풍조에 휘둘린다는 뜻은 아니다. 최선의 디자인은 항상 유행보다는 본질, 일시적인 눈속임보다는 영속적인 개념을 추구한다. 디자인 문제는 기존의 물건이나 시스템 공정이 기대한 기능을 발휘하는 데 실패하거나 실패할 수도 있으리라고 예상한 상황에서 발생한다.

랠프 캐플런Ralph Caplan의 저서이자 아주 흥미진진한 상황을 묘사한 것으로 유명한 《디자인으로By Design》는 '루이 14세 호텔 욕실 문에 자물쇠가 없는 이유'라는 부제가 달려 있다. 캐플런은 욕실 문을 '제품과 상황 사이에 일어나는 순환 과정의 사례' 및 '제품과 상황의 완벽한 융합과 최선의 디자인 과정 시범'으로서 교훈 삼아 기술한다. 또 엔지니어보다 산업디자이너에 더 적합한 용어를 주로 사용했다.

캐플런이 주목한 '욕실 문제'는 디자이너들이, 제품이 사용될 미래의 상황과 환경에서, 또 실패할 수도 있는 상황에서 어떻게 항상 앞을 내다봐야만 하는지를 설명하는 참으로 훌륭한 모델이다.

불에 타 없어지기 전까지만 해도, 퀘벡주 해변에 자리한 루이 14세 호텔은 개인용 욕실로 유명했다. 그러나 개인 욕실이라고 하기에는 불안정했다. 욕실이 두 객실 사이에 있어 두 객실에서 자유롭게 문을 열고 들어올 수 있었기 때문이다. 이러한 배치는 일반 가정집에서 흔히 볼 수 있는 구조였다. 이때 디자인의 기본 목표는 누가 욕실을 사용하든 사생활을 보호해야 한다는 것이다. 물론 목표를 달성하는 방법은 여러 가지이다. 먼저 가장 확실하고 흔한 방법은 문에 자물쇠를 달아 다른 사람이 들어오는 것을 막는 것이다. 그러나 가끔 욕실 사용을 끝낸 사람이 두 번째 자물쇠를 깜빡하고 풀어놓지 않아서, 다음 사람이 바로 들어가지 못해 불편을 겪었다. 형제나 자매라면 소리를 지르거나, 다른 침실로 돌아가 다른 문을 열고 들어가거나, 아니면 조금 불편해도 다른 욕실을 쓰면 된다. 가족끼리라면 자물쇠를 모두 없애고 노크를 하는 방식으로 문제를 해결할 수 있다.

그러나 서로 전혀 모르는 손님들이 함께 사용하는 욕실이라면 문제를 해결하기가 더 어렵다. 나는 한때 세인트루이스의 워싱턴대학 길 건너편에 있는 훌륭한 고택에 묵은 일이 있었다. 그 집은 두 객실이 한 욕실을 공동으로 사용했다. 손님들은 방에 귀중품을 두고 나오는 경우가 있었기 때문에 침실은 거실과 욕실에서 열 수 없도록 잠가놓아야 했다. 또한 욕실의 양쪽 문도 사생활 보호를 위해 잠가야 했다. 그러나 이러한 배치로 인해 사람이 욕실에 없는데도 잠겨

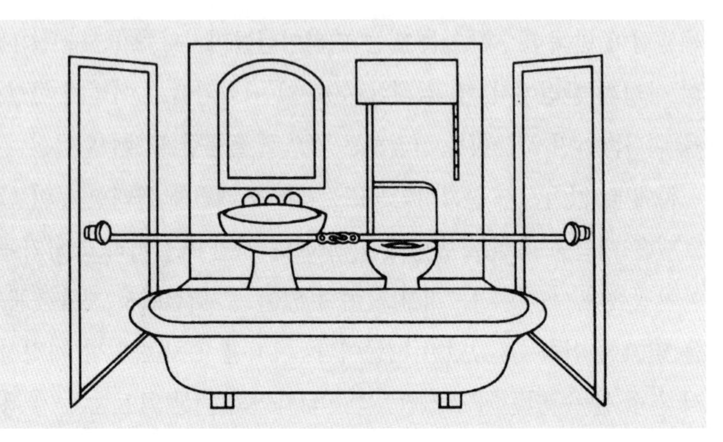

루이 14세 호텔 욕실 그림은 사생활을 지키기 위해 문고리에 달린 가죽끈을 서로 묶어놓은 상태를 잘 보여준다. 끈을 풀지 않으면 욕실을 나갈 수도, 밖에서 문을 열 수도 없어 사생활 보호가 가능했다.

있어서 들어갈 수가 없었고, 가정부를 찾느라 애를 먹기 일쑤였다. 이러한 상황을 피하는 한 가지 해결 방법은 욕실 문 옆에 있는 화장대에 예쁘고 눈에 잘 띄는 알림장을 놓아두고, 욕실을 나오면서 반드시 다른 손님 쪽 문의 자물쇠를 열어놓는 것을 잊지 않도록 알려주는 것이었다. 그러나 그마저도 원활하지가 않아 괴로웠던 손님이 나만은 아니었을 것이다.

마침내 호텔에서는 참신한 해결 방식을 내놓았다. 침실에서 욕실 쪽으로 통하는 문에는 물론 모두 자물쇠를 달았다. 그렇지 않으면 욕실을 이용해 낯선 사람이 침실로 들어올 수도 있기 때문이다. 그러나 욕실 안에는 자물쇠를 일절 달지 않았다. 사생활 보호를 위해서는 양쪽 문고리에 부착된 1미터 길이의 가죽끈 두 개의 끝을 욕실 중간까지 당겨 서로 걸어놓는 방식을 쓰게 했다. 가죽끈이 팽팽하게 당겨져 안에서 활동하기에는 다소 불편했지만, 욕실을 사용하는 동안 다른 사람이 어느 쪽 문으로도 들어올 수 없게 잘 막아주었다. 자연히 욕실에서 나가기 위해 한쪽 문을 열려면 끈을 고리에서 풀어야 했기 때문에, 양쪽 문은 동시에 열 수 있는 상태가 되었다.

편리한 플라스틱 쓰레기봉투의 부작용

사생활 보호를 위해 욕실 문을 잠그는 방법이든 보존을 위해 식품을 캔에 넣는 방법이든, 당장 발등에 떨어진 디자인 문제에만 몰두하다 보면, 그 해결 방안 자체가 미래에 더 많은 어려움을 야기할 가능성도 있다. 사방에서 온통 플라스틱을 쓰기 전에는 대개 금속으로 만든 쓰레기통을 사용했으며, 대형 수거함에 대고 쓰레기통을 엎어서 안을 비워냈다. 그러다 보니 쓰레기통 바닥에 음식 찌꺼기가 남아 악취가 나고, 가끔 끈적끈적한 액체가 흘러나와 바닥이 더럽혀지기도 했다. 시간이 흐르면서 쓰레기통은 더욱 더러워진다. 수년간 쓰레기통을 비우는 과정에서 부딪치고 찌그러지고 긁히고 닳아버린 모양의 금속 용기를 물로 씻으면 오히려 녹이 슬고 추하게 변했다. 거의 모든 곳에 비닐 주머니가 비치되자, 보기 싫고 비위생적인 상황에서 벗어났을 뿐 아니라, 관리인과 미화원이 더욱 효율적으로 쓰레기통을 비울 수 있었다. 쓰레기통 안에 있는 비닐 주머니에 쓰레기가 가득 차면, 통째로 들어내고 새것으로 바꾸기만 하면 되었다. 공공장소에 놓인 대형 쓰레기통도 비슷한 방식으로 처리하면 되었기 때문에, 쓰레기를 버리는 사람이나 수거하는 사람 모두에게 이득이었다. 쓰레기를 버릴 때는 깨끗한 쓰레기통이 여기저기 많아서 편리했고, 수거하는 사람도 더 쉽고 간편하게 거둬들였다.

그러나 비닐 주머니는 물건을 쓰고 버리는 모든 사람의 행동양식을 바꾸었다. 결과적으로 얼마 지나지 않아 위생과 외관 수준 전반에서 예상하지 못한 퇴보가 나타났다. 비닐 주머니는 찢어지거나 뜯어지지 않는 한 새는 일이 없어서, 별 생각 없이 아무 쓰레기나 마구 버리는 경향이 생겼기 때문이다. 사람들은 반밖에 안 먹은 요구르트병, 반쯤 남은 탄산수는 물론이고 옛날 같으면 깨끗하게 씻어냈을 점심시간에 남긴 음식물까지도 아무 생각 없이 함부로 던져 넣었다. 곰팡이가 슬거나 파리가 몰려들기 전에 누군가가 모두 수거하리라는 믿음이 생겼기 때문일 것이다. 쓰레기통을 비우는 사람도 거꾸로 뒤집는 옛 방식을 그대로 사용했다. 비닐 주머니도 늘 새것으로 바꾸지 않았다. 아마도 새 주머니를 아끼려 했거나, 쓰레기통에 새 주머니를 갈아 끼우는 데 소모하는 시간을 아껴 다른 일을 하거나, 그냥 놀았을 수도 있다. 결국 찌꺼기가 비닐 주머니 바닥에 모여 사무실의 위생 상태는 예전보다 더 나빠지고 냄새까지 진동하게 된다.

공공장소에 있는 쓰레기통이라고 사정이 더 나을 것도 없었다. 패스트푸드와 포장 음식이 늘어나면서 음식 쓰레기도 증가했다. 음식이 모두 입맛에 맞을 리는 없으니 사람들은 음식을 마구 버리고, 비닐 주머니는 축축한 음식 찌꺼기들로 가득 차기 일쑤였다. 다람쥐가 쓰레기통을 뒤지다가 컴컴한 통 안에서 소리를 내 행인을 놀라게 하거나 비닐 주머니에 구멍을 내기도 했다. 특히 긴 연휴를 보내고 나면 쓰레기들이 비닐 주머니 밖으로 터져 넘쳐흘렀다.

가득 차고 더러워진 비닐 주머니를 들어내고 새 주머니로 바꾸어도, 쓰레기통부터 수거 차량이 주차했던 곳까지 길바닥에 끈적끈적한 오물이 나뒹구는 모습을 볼 수 있다. 쓰레기 주머니는 대부분 가볍고 부피가 크기 때문에, 트럭이 허용하는 하중 범위 안에서 더 많은 주머니를 싣기 위해 차에 설치된 압축장비로 부피를 줄인다. 그러나 비닐 주머니를 압축하는 작업은 마치 포도송이를 압축하는 것과 비슷해서 액체들이 밖으로 뿜어져 나온다. 그리고 중력의 법칙에 따라 낮은 곳으로 흘러내린다. 환경미화원들은 이런 현상을 잘 알았기 때문에 새나오는 액체가 바로 하수관으로 흘러가도록 가능하면 우수관 위에 주차한다. 그러나 비가 오지 않는 마른 날씨가 계속되면 구정물이 고여 더러운 죽탕으로 변한다. 그리고 며칠이 지나면 오후 내내 지독한 냄새가 퍼져 도저히 견디기가 힘들어진다.

표면상으로는 우리 삶의 질을 높이기 위해 디자인된 비닐 쓰레기봉투가 이처럼 우리의 행동양식과 환경을 바꿔놓았다. 쓰레기를 처리하는 동안 악취를 풍기고 비위생적인 것은 제쳐두고라도, 쓰레기봉투 자체는 사적이든 공적이든 엄청나게 많은 곳에서 부작용을 낳고 있다. 쓰레기봉투의 모양을 유지하면서 내용물을 잘 담으려면 쓰레기통의 벽에 바짝 붙여야 하는데, 미관상 보기 좋게 처리하기가 참 어렵다. 쓰레기봉투가 쓰레기통보다 더 크면 쓰레기봉투에 주름을 잡아 접어 넣어야 하는데 그러면 남은 비닐이 말려 쓰레기통 위로 올라오거나 쓰레기통 옆으로 반쯤 삐어 내려온다. 마치 다리 중간까지 둘둘 말아 올린 스타킹을 신은 할머니를 떠올리게 한다. 그런데도 아직 모든 쓰레기통에 비닐 주머니를 씌우는 것 같다. 빠르게 형성된 관습의 힘에 밀려 필요성에 대해 따져보지도 않은 결과이다. 내가 자주 들르는 도서관은 음식물 반입이 엄격하게 금지되어 있어 종이 외에는 아무것도 버리지 않는데도, 모든 쓰레기통에 비닐 주머니가 씌워져 있다. 널리 성공을 거뒀다가 종국에는 실패로 귀결된 디자인 사례가 바로 비닐 주머니이다. 이제는 혁신적인 개선이 필요하다.

패스트푸드 포장부터 쓰레기통까지 모든 물건을 디자인할 때는 당장의 용도뿐 아니라 미래의 상황을 고려해야 한다. 사람과 물건이 공존하는 세상에 나타난 인공물은 사람과 다른 물건에 영향을 끼친다. 그렇게 이루어진 변화가 악의적인 것이 될지, 좋은 것이 될지 처음에는 항상 분명하지 않다. 그러나 디자이너가 당장의 쓰임새를 넘어 미래의 용도까지 내다볼 수 있다면 분명 어느 정도는 영향의 결과를 예상할 수 있을 것이다. 미래에 성공적으로 대처하는 최상의 디자인이라고 해서, 꼭 미래지향적이라는 뜻은 아니다. 과거의 문제 또는 잠재된 문제를 해결한다면서 꼭 필요하지도 않은 새로운 재료나 장치를 도입하는 경우가 많다. 이처럼 무비판적으로 환경이 바뀌면 또 다른 새롭고 더 복잡한 문제가 생길 수도 있다. 그래서 디자이너는 외관이나 단기간의 목표에만 연연하지 말고, 본질적이고 장기적인 영향까지도 사려 깊게 관찰할 필요가 있다. 기업에 비유한다면, 분기별로 나타나는 문제점에만 연연하지 말고 회사가 미래에 어떻게 기록될 것인가를 깊이 생각해야 한다.

개선의 여지는 항상 있다

14

ALWAYS ROOM FOR IMPROVEMENT

THE EVOLUTION OF
USEFUL THINGS

새로운 전화기 시스템에 적응하기

희극 작가이자 사회비평가인 러셀 베이커Russell Baker는 '엔지니어의 질주'라는 제목의 칼럼에서 사무실에 들여놓은 새 전화기 시스템이 복잡하고 까다롭다고 투덜댔다. 사용법을 알려고 설명회에 나가 들어야 하는 번거로움은 둘째치고, 통화연결 기능이 너무 지나치게 기술 의존적으로 느껴졌기 때문이다. 그는 세계 방방곡곡을 여행하면서까지 모든 전화를 받고 싶지 않았다. 베이커는 새 전화기 시스템이야말로 "사람들이 홀로 조용하게 지내도록 내버려두지 않으려는 엔지니어들이 만들어낸 또 다른 삭막한 공포의 사례"라고 정의하면서 글을 맺었다.

모든 기술 변화는 비난과 칭찬을 받을 잠재력이 있다. 어느 비평가는 '충분히 괜찮다'고 평한 물건을 다른 비평가는 총체적으로 결점이 많다고 평할 수도 있다. 심지어 같은 비평가가 때와 상황에 따라 상반된 비평을 쏟아낼 때도 있다. 예컨대 마감시간이 촉박한 상황에서 기사의 세부 정보를 확인하기 위해 누군가를 추적하는 사건 기자라면, 통화전송 기능이 매우 훌륭하다고 칭찬할지도 모른다.

20세기 후반에 새로운 전화기 시스템을 두고 투덜거린 사람은 러셀 베이커만이 아니다. 도널드 노먼은《일상용품의 디자인》에서 "새로운 전화기 시스템은 이해할 수 없는 디자인의 대표적 사례로 증명되었다"고 썼다. 이 정교한 버튼식 전화기는 '사람들의 삶에서 스트레스를 줄이기보다는 오히려 늘리는' 현대식 기기에 대한 노먼의 연구에서 사실상 본보기 역할을 하고 있다. 그는 어디를 가든 그 시스템이 '특히 나쁜 본보기'였다고 확신했다. 책상 위에 설치된 새로운 도구에 적응하려고 애써본 사람이라면, 그가 들려주는 일화에 모두 공감할 것이다.

우리 학교에도 꽤 까다로운 새 전화기 시스템이 도입되었는데, 나의 첫 반응은 베이커나 노먼과 비슷했다. 친숙한 오래된 검정색 회전식 다이얼 수화기를 더 이상 사용하지 못한다고 생각하니 그리운 마음이 들었다. 원래 전화기에는 차츰 익숙해진 코드번호가 붙어 있는 외줄의 지선과 상호교환 단추가 달려 있었다. 시간이 흐르면서 나는 먼저 일말의 향수를 정리해 걷어내야 했고, 옛 전화기에서 겪은 실망스러웠던 일을 기억해냈다. 그리고 새 전화기 덕분에 개선된 몇 가지 결점을 떠올렸다. 옛날 전화기는 여러 개의 수화기와 연결되었는데, 그중 외부에 전화를 걸도록 연결된 수화기는 세 대밖에 없었고, 장거리 통화가 연결된 선은 단 하나밖에 없었다. 전화를 걸 때 모든 선에 불이 들어온 경우 하나라도 꺼질 때까지 기다려야 했고 그런 일이 잦았다. 또 동료들 가운데 누군가가 수화기를 들기 전에, 내가 먼저 수화기를 들고 다이얼 소리를 들어야 전화를 걸 수 있었다. 만일 길고 긴 전화번호를 틀리게 기억해서 다이얼을 잘못 돌리거나 상대편이 통화 중이기라도 하면, 전화 거는 순서를 다른 사람에게 빼앗기기 일쑤였다.

새 전화기 시스템이 도입되면서, 나는 더 이상 전화를 걸기 위해 기다릴 필요가 없었다. 또 긴 전화번호를 모두 반복해 누르는 대신 단추 하나면 자동으로 걸리는 재발신 기능, 또 상대편이 통화 중이면 대기하다가 통화가 끝났을 때 다른 단추 하나만 누르면 자동으로 전화가 걸리는 기능 등 편리함을 배우게 되었다. 통화전송 기능은 물론 내 전화기에도 있었다. 나는 8월에 해변에서 휴가를 즐기면서까지 통화를 전송하고 싶지 않았기 때문에, 아직 그 기능을 사용하지 않고 있다. 내가 그 기능을 사용하는 것은 전화로 응답할 수 없는 상황이거나, 그러고 싶지 않은 상황에서 과 조교에게 꼭 필요한 연락을 보내거나 업무를 처리해야 할 때뿐이다. 새 전화기는 음성녹음 기능도 있어 전화가 걸려왔을 때 단추를 누르면 벨 울림이 중단되면서 내가 편리할 때 듣거나 답변할 수 있도록 메시지를 녹음하는 자동응답 시스템이 작동되었다. 베이커의 새 전화기가 더 기능이 많을 수도 있지만, 그 기능들을 원하는 만큼 이용하거나 무시하는 것은 개인의 자유이다.

처음에는 나도 새로운 전화기 시스템에 겁을 먹었다. 버튼도 낯선데다 수많은 선택 기능에 압도되었다. 또 한 무리의 동료들과 함께 전화 회사의 판매원을 둘러싸고 사용설명을 들어야 했던 점에 분개했다. 판매원은 본인만이 잘 알고 있는 특수용어로 기능에 대해 너무 빨리 설명했기 때문에 알아듣기가 힘들었고, 체면을 구길까 봐 질문도 마음대로 하지 못했다. 나처럼 수많은 동료들도 사무실에서 따로 시간을 내서 까다롭고 잘 이해되지 않는 사용설명서를 하나하나 체크하면서 전화기의 기능과 작동 방법을 익히기 위해 긴 시간을 소비했을 것이다. 우리 중의 누군가가 전화기에 숨겨진 소위 특수기능이라도 찾아내면 점심시간에 슬쩍 흘리면서 그 기능을 활용할 줄 아는 사람이 자신뿐이라며 만족스러워하기도 했다. 우리는 저마다 아직도 사용법을 이해 못해 제대로 전화기를 활용하지 못하는 유일한 사람이라고 자책하고 실망하며 두려움을 느끼기도 했다.

진화하는 기술에 대한 양가감정은 결코 새로운 것이 아니다. 버튼식 전화기가 처음 도입되었을 때, 나도 비웃었던 기억이 난다. 순진하게도 나는 버튼식 전화기의 유일한 목표가 사람들이 전화 거는 시간을 단축하는 것이라고 여겼고, 전화를 걸기 위해 일곱 자리 숫자 다이얼을 돌리는 시간조차 없는 사람이 과연 있을까 생각했던 것이다. 그때는 시간이 더디 흘렀고 전화번호는 훨씬 더 짧게 느껴지던 풋내기 시절이었다. 숫자 몇 개만 돌리면 다른 주에 있는 전화기가 울린다는 사실만으로도 경외감에 흥분하던 때였다. 적어도 관절염이 생겨서 방해받기 전까지는 다이얼을 돌리는 것이 괜찮았다. 부자연스럽기는 하지만 그렇게 기분 나쁘지도 않은 다이얼을 돌리는 동작에 손가락도 익숙해졌다. 그래서 다이얼을 다른 방식으로 돌리거나 더 빨리 돌릴 필요가 있으리라고는 생각도 못했다. 그러나 버튼식 전화기를 사용한 후로는 집에 있는 구식 전화기를 쓰면서 다이얼을 돌리기가 어렵고 때로는 솔직히 성가시다는 생각까지 들었다. '9' 자를 돌리면 다이얼이 270도를 돌아 제자리로 돌아와 다른 숫자를 돌릴 수 있을 때까지 손가락이 기다리는 시간은 마치 영원처럼 길게 느껴진다.

그토록 분명하게 증명된 기술적 장점이 처음에는 왜 우리에게 거부감을 주었을까? 되돌아보면 얼마쯤은 우리 손이 생명이 없는 인공물의 형태에 익숙해지는 동안 친숙함이 길러낸 타성의 문제였던 것 같다. 새로운 기능의 새로운 형태는 마치 침입자 같이 낯설고 위협적이기도 했다. 결국 구식 다이얼 전화기와 같은 기술적인 인공물이 문화 우상의 수준으로까지 위상이 높았던 것이다. 우리는 아무 생각 없이 구식 전화를 사용하거나 남들이 사용하는 모습을 보아 넘길 수 있었었다. 그만큼 전화기는 특별히 사람들의 관심을 끌지 못했다. 그러나 만일 영화에 등장한 배우가 겨우 여섯 자리밖에 안 되는 전화번호로 전화를 걸면서 같은 숫자에 손가락을 넣어 여섯 번을 반복해 돌린다면, 박진감은 떨어질 것이다. 처음부터 대본에 나와 의도된 장면이라면 몰라도 말이다. 버튼식 전화기가 등장하자 이 모든 문제가 해결된 것 같았다. 새 전화기가 선사한 이런 혜택을 깨닫기까지는 한참의 시간이 걸렸다. 버튼식 전화기에서 들리는 전자음이 익숙해지고 때로는 마치 좋아하는 노래의 한 소절처럼 들리기도 했다. 버튼을 하나씩 탁탁 끊어 스타카토로 누르면서 즐거워했으며, 누르는 속도가 빠르면 빠를수록 신이 났다. 전화번호도 보기 좋게 새기게끔 신경을 썼으며, 손가락은 키패드 위에서 이리저리 옮겨 다니며 자판을 찍는 독특한 패턴 때문에 몇 개의 전화번호를 기억할 수도 있었다. 내가 사용하는 자동현금인출기의 비밀번호는 번호판 위에서 세로로 배치되었는데, 이처럼 시각적이고 물리적인 기억을 돕는 수단이 없었다면 그 기계에서 현금을 인출하거나 메시지를 받는 데 애를 먹었을 것이다.

소비자가 사용하기에 쉬운 디자인

새로운 시스템이라고 해서 완벽하게 작동되는 것은 물론 아니다. 사실 그렇게 완벽한 물건이 이 세상에 있기는 한가? 인공물의 진화와 보조 도구들, 컴퓨터 용어로 하면 하드웨어와 소프트웨어는 일반적으로 '좋은', '더 좋은', '가장 좋은'으로 표현할 수 있는 이정표들이 있는 길을 따라 앞으로 나아간다. 그러나 마지막 '가장 좋은'에서는 마치 항상 다음 언덕 너머에 있어 손에 잡히지 않는 지상낙원 같은 느낌을 자주 받는다. 그곳에 가는 여정은 우회로, 도중하차, 막다른 길, 유턴 및 사고가 섞여 있는 험난한 길이다. 특히 기술이 복잡하고 목표가 높을 때는 완벽하게 만족스러운 성능을 발휘하고 인정을 받기까지, 찢기고 부서진 의구심과 수정 작업으로 자주 얼룩지게 될 것이다. 새로운 기술을 만들어낸 디자이너나 사용자들도 처음에는 완전히 이해하지 못할 수도 있다. 그래서 발전으로 향하는 길은 늘 방해를 받고 끔찍한 교통 혼잡에 휘말릴 수 있다.

베이커가 전화기에 대해 지적한 몇 가지 불만 사항이, 요즘 나오는 많은 전자 장치에도 똑같이 터져 나오고 있다. 상거래 잡지 〈디자인 뉴스Design News〉의 사설은 더 좋게 디자인할 수도 있었을 것 같은데 실제로는 미진한 시중 제품의 문제점 몇 가지를 거론했다. 이 사설은 실제로 디자이너나 엔지니어로 구성된 많은 독자의 '마음을 움직였고', 그들은 직접 만든 '소비자를 분노하게 만드는 제품' 목록을 보내왔다. 대개 '지나치게 단단하고' 그래서 '뜯어내기 어려운' 포장에 대한 지적이 많았다. 물론 이것은 약탈자가 잡아온 먹잇감을 찢어 먹으려 하거나, 섬에 사는 원주민이 떨어진 코코넛을 깨고 내용물을 먹으려 애를 쓰던 때처럼 이미 태곳적부터 겪어온 문제이다. 우리는 따개도 없는 양철캔이 오랫동안 판매되었다는 사실을 알고 있다. 또 오늘날 플라스틱 포장에 단단히 담긴 제품을 꺼내는 일은 많은 사람에게 짜증을 자아내고 시간이 걸리는 일일 수 있다. 비행기에서 나눠주는 땅콩봉지를 뜯기 위해 안간힘을 쓰던 경험에서도 알 수 있다. 포장을 너무 견고하게 만들어 소비자가 불평까지 할 정도라면 진실로 변명할 여지도 없다.

전자제품에 달린 제어장치도 일종의 포장이라고 할 수 있다. 제어장치를 완벽하게 알지 못하면 제품을 사용할 수 없기 때문이다. 〈디자인 뉴스〉의 독자 가운데는 '디지털시계, 손목시계, 비디오에 있는 무수히 많은 세팅기술'이 '가장 일반적인 불평사항'이었다. 이 점은 분명히 이해가 간다. 새로운 전자장치를 제대로 사용하기 위해 이리저리 만져보기도 하고, 줄과 선을 연결했다가 떼어내는 시행착오를 겪어보지 않은 사람이 과연 있을까? 나는 솔직히 새로 산 시계가 시간이 잘 맞고, 새 비디오가 잘 녹화되고 재생되는 몇 가지 기능만 익히고 나면 더 이상 새로운 기능을 알아보려고도 하지 않았다. 더 많은 기능을 담고 있는 포장을 제대로 활용하지 못한 셈이다.

전자기기를 완전히 알지 못하는 좌절감에도 불구하고 우리는 떼를 지어 구입했다. 1990년에는 미국 가정의 4분의 3이 전자레인지를 보유했고, 60퍼센트 이상이 비디오를 구비했다. 없는 사람들은 비웃음거리가 되거나 선전광고의 표적이 되었다. 전자제품 회사들도 불완전한 제품이 지니는 문제점을 인정했다. 예컨대 골드스타(LG전자의 전신—옮긴이)는 '사용자 친화적인' 특성을 강조하는 캠페인을 벌이면서 "소비자 대부분은 시중의 까다로운 전자제품을 사용할 수 없거나 어려워하는 것으로 알고 있다"고 시인했다. 그들은 자사 제품이 '일반 생활인을 염두에 두고 배려한 디자인'이라고 느껴지기를 바랐다. 복잡한 제품이 점점 더 많이 등장하는 업계와 대조적인 방식으로, 골드스타는 사용하기에 쉬운 '덜 복잡한 제품'들로 소비자를 끌어들여 유명 경쟁사의 제품과 차별화를 시도했다.

소비자가 전자제품의 기본 성능은 물론이고 특수한 기능까지도 의심하는 법은 없었다. 디지털시계는 시간과 날짜, 일정을 알려주는 알람 기능이 있다. 비디오는 프로그램의 녹화, 재생은 물론이고 텔레비전을 시청하는 사이에 다른 프로그램을 녹화할 수 있으며 외식하는 동안 대신 방송을 녹화해주기도 한다. 이런 목표들은 디자인의 과제로 인식되어 해결 방안을 모색했고 발전된 인공물이 만들어져 카탈로그에 수록되거나 상점 진열대에 전시되었다. 전시된 많은 종류의 제품들, 특히 전자제품의 제어장치에서 볼 수 있는 다양성은, 형태가 기능에 따라 결정된다는 주장을 부정하는 또 다른 증거이다. 알다시피 사람들이 기대하는 기능을 완벽하게 수행하지 못한 실패가 '완벽함'을 향해 발전해나가는 원동력으로 작동하는 것이다. 물론 서로 모순되는 상대적인 목표이기도 하다. 그러는 사이 우리는 이미 나온 완벽하지 못한 물건들에 적응해 살고 있기 때문이다. 인공물은 사용자와 떨어져 따로 존재할 수 없으며, 이는 진화 과정에서도 마찬가지이다.

디자이너들이 왜 처음부터 제대로 된 물건을 만들어내지 못하는지 그 이유는 어느 정도 이해되지만 변명의 여지는 없는 듯하다. 제품이 어떻게 작동되는지에 신경을 덜 썼든, 전자제품의 복잡한 내부 구성회로에 몰두하느라 외관을 등한시했든, 소비자와 사려 깊은 비판가인 도널드 노먼의 지적은 일치한다. 물건이 처음에 약속했던 수준에 못 미치는 경우가 많다는 것이다. 또 노먼은 차세대 경쟁의 선두주자는 '사용이 가능한 디자인'이어야 한다면서, 경고라벨과 장황한 사용설명서는 실패의 증표이며, 애초에 적절하게 디자인했더라면 피할 수 있는 문제를 덕지덕지 땜질하려는 시도라고 단언한다. 물론 그의 주장은 옳다. 그렇다면 왜 디자이너들은 대부분 그렇게 근시안적이었을까?

실패의 맥락에서 판단해야 한다

클립에서 전자레인지, 현수교까지 디자인 과제가 주어지면, 각 물건들이 의도하는 주 기능을 제대로 수행하도록 만들어야 한다. 물론 디자이너는 이 목표에 집중할 것이며, 다른 사람이 미처 필요성을 느끼지 못했거나 원하지 않은 시각으로도 디자인을 관찰하고 또 디자인과 친숙해진다. 예컨대 초기 클립 디자이너들은 처음에 마음속으로 철선을 휘는 방법을 생각했을 것이며, 종이 위에 그 구상을 그려내고, 기계로 철선을 휘는 작업을 했을 것이다. 그러면서 철선을 너무 급한 곡률로 휘려 하면 균열이 발생하는 일부 철선과 또 탄력성을 잃지 않는 다른 철선의 상태와 특성을 알게 된다. 시간이 흐르면서 그들은 스스로 설정한 목표에 맞도록 제대로 된 철선을 옳은 형태로 휘는 방법을 알아낸다. 그리고 곧 한 묶음의 철선을 여러 종류의 형태로 휘는 방법까지도 알아내게 된다.

그리고 계속된 권리주장에서 알 수 있듯 클립이 지니는 장점과 단점은 서로 상대적일 뿐이다. 디자이너와 디자인 과정에 파트너로 참여하는 기업가, 제조 회사, 판매책임자들은 후보들 가운데 제작해 판매할 물건을 골라낼 것이다. 최종 제품을 어떻게 잘 사용하게 할 것인가 하는 목표가 중요하다는 것을 잊은 적은 없겠지만, 디자인 과정에 참여했던 사람들은 구상한 물건에 필연적으로 금방 친숙해지고 애정이 있기 때문에 쉽게 다룬다. 그러나 그 물건을 처음 대하는 사람은 도저히 그럴 수가 없다. 꽤 단순해 보이는 새로운 스타일의 클립으로 종이 묶음을 고정할 때조차, 처음 사용하는 사람보다는 클립을 디자인한 사람이 훨씬 더 쉽게 일을 처리할 수 있을 것이다.

제품이 사용자에게 친숙하도록 변형하는 것을 과업으로 삼고 있는 엔지니어에게 신제품 개발을 위촉하려는 노력이 행해지고 있지만, 그 노력이 성공을 거두려면 실패를 내다볼 수 있는 안목이 있어야 한다. 가령 엔지니어들이 모든 사용자를 오른손잡이라고 암묵적으로 가정하고 작업을 진행한다면 인구의 10퍼센트를 차지하는 왼손잡이에게는 외면 당할 것이다. 성공 여부는 전적으로 실패의 예상과 제거에 달려 있다. 실험실이 아닌 실생활에서 실제로 사용되고 오용되기 전까지는, 제품이 지니는 모든 용도와 부작용을 예상하기란 실제로 불가능하다. 그래서 완벽은커녕 완벽에 가까운 신제품조차 드물 수밖에 없다. 완벽하지는 않지만 나름대로 쓸모가 있기 때문에 우리는 물건을 사서 적응하며 사용하는 것이다.

몇몇 새로운 인공물이나 기술 시스템이 사람들에게 받아들여져 살아남든 또는 거부당해 사라지는 운명이 되든, 진화는 보편적으로 상대적이고 상호 비교하는 과정을 거친다. 러셀 베이커가 그대로 충분히 잘 지내는 사람들을 내버려두지 않고 새로운 물건을 만들어 혼란스럽게 하는 책임을 엔지니어들에게 돌리고 비난할 때 '충분히 잘 지낸다'는 말의 의미는 항상 그렇듯 상황에 따라 다르다. 어떤 관점에서는 선사시대 사람들의 삶이 충분히 잘 지내는 삶이었을 것이다. 그때그때 존재했던 인공물과 기술은 시대의 본질을 정의하는 데 큰 역할을 했다. 선사시대의 도구와 방식은 당시를 살아가는 데 적절했다. 문명의 발전을 위해 기술 발전이 필요했다는 주장은 좋게 말하면 동어의 반복이고 나쁘게 말하면 '필요는 발명의 어머니'라는 신화와 유사하다.

무엇이 기술 진화를 궁극적으로 명령하느냐고 묻는 것은 마치 무엇이 자연의 진화를 명령하느냐는 질문처럼 본질적으로 모순된다. 그렇다고 모종의 원동력이 존재하지 않는다는 말은 아니다. 오히려 진화 과정에 생명과 생활의 과정이 긴밀하게 뒤엉켜 있다는 점을 알리고 싶을 따름이다. 기술과 그에 딸린 인공물은 인류의 생존에 수반되는 것으로 우리는 우리 자신의 본질처럼 결점 많고 불완전한 그들의 특성을 이해해야 한다. 그러한 이해는 아이가 부모로부터 태어나듯이 한 물건이 다른 물건에서 파생되어 나오는 소우주적인 미세한 시간의 단위에서 가장 바람직하게 이루어질 수 있다. 유명한 것과 가려진 것, 위대한 것과 하찮은 것, 받아들여진 것과 거부된 것 사이에 존재하는 딜레마를 해소하고 동시에 공통된 맥락에서 그들이 이루어낸 다양한 업적과 창생을 설명해야 비로소 가장 현명하게 이해할 수 있다.

이 책의 사례연구에서 분명하게 설명한 바와 같이 다양한 실패의 유형은 진화하는 인공물의 형태와 인공물 속에 어쩔 수 없이 서로 얽히고설켜 있는 기술의 짜임새를 이해하는 개념적인 토대를 제공한다. 다른 사람들이 완벽하게 잘 작동되고 있다고 생각하거나 적어도 쓸 만하다고 생각하는 물건에 대해 발명가, 디자이너, 엔지니어들이 개선하도록 밀어붙일 수 있었던 원동력은 선행기술의 실패를 분명히 인지하는 데서 비롯한다. 실패와 개선 작업을 판단하는 여러 기준이 전적으로 객관적이라고 말할 수는 없다. 마지막 분석단계에서는 기능부터 미관까지, 경제성에서 윤리성까지, 상당히 많은 분야의 기준과 관련되기 때문이다. 그렇지만 성공보다는 아마도 훨씬 계량하기가 쉽다고는 하지만 주관적인 관점이 항상 포함되는 실패의 맥락에서 그 기준들을 판단해야 한다. 규율적인 논의가 지니는 한계에서는 주관적인 범위도 객관적인 범위 안으로 좁혀질 수 있다. 그러나 개인과 집단이 지니는 다양성을 한자리에 모아놓고 성공과 실패의 기준을 논의한다면 합의는 어려울 수밖에 없다.

인공물이 단순하고, 그것을 판단하기 위한 기준의 개수가 적을수록 형태는 덜 불안정하고 논란의 대상에서 빨리 벗어날 수 있다. 예컨대 클립은 워낙 작고 만만하기 때문에 비평가와 칼럼니스트로부터 반감보다는 호감과 사랑을 쉽게 받고, 거의 모든 사람이 놀라운 물건으로 받아들인다. 발명가가 아니라면 누군들 다르게 생각했겠는가. 그렇지만 이처럼 기술적으로 낮은 등급의 인공물을 자세히 관찰해보면, 매우 정교하게 만든 물건의 진화하는 방식의 본질도 찾아낼 수 있다. 반면에 원자력발전소처럼 복합적인 시스템에서는 매 단계마다 수많은 세부 사항이 각각의 기준에 맞는지 꼼꼼히 판정해야 한다. 이런 과정은 거의 최종 단계라고 할 수준까지 계속 이어지지만, 사실 각각의 단계를 보면 기술 측면에서는 대부분 초보라고 할 수 있다. 그러나 누가 신경을 쓰겠는가. 전화기는 복합성과 영향력에서 중간쯤에 있다. 기술 수준에 관계없이, 만일 똑같은 진화의 원리가 이 인공물과 또 사이에 있는 인공물들을 지배한다면, 그 가운데 하나만 잘 이해해도 모두를 이해하는 데 도움이 될 것이다.

큰 저울이 작은 저울보다 정확한 이유

모든 기술은 적어도 사회적 측면에서는 더 나은 것을 지향하고 있을까? 아니라는 답변이 금방 나올 것이다. 남을 이용하듯 기술을 악용한 사람이 항상 있었기 때문이다. 마술사들이 오래전부터 관중을 속이기 위해 속임수와 기구를 이용해왔듯이 몰염치한 상인과 작자들은 기술을 이용해 그 객관성을 믿는 사람들을 희생양으로 잇속을 채워왔다. 정육점 주인이 저울에 엄지손가락을 올려 고기 무게를 속이는 행위도 아마 그런 속임수의 가장 나쁜 사례 중 하나일 것이다.

2300여년 전에 《기계론》을 쓴 아리스토텔레스는 왜 큰 저울이 작은 저울보다 더 정확한지를 물었다. 그는 원운동의 특성에 관해 자세한 기하학적 설명으로 답변을 하고 나서 속임수를 쓰는 데 더 유리하기 때문에 불량한 상인은 큰 저울보다 작은 저울을 좋아한다고 지적했다. "자줏빛 물감을 파는 장사치들이 저울을 속이기 위해 저울의 중심에서 약간 벗어난 곳에 줄을 매달거나, 저울의 한쪽 팔에 납을 부어넣거나, 또는 목재를 달아 그쪽으로 기울어지게 하는 방식으로 미리 저울에 손을 썼던 것입니다." 상인이 원하는 쪽으로 아주 조금만 기울게 조작해도 저울의 팔이 길면 그 영향이 크게 나타나는 반면, 작은 저울에 장치한 미세한 조작은 찾아내기 어려웠다. 그래서 속임수를 쓰기 위해 작은 저울을 선호했다는 것이다.

그러나 이처럼 인간이 기술을 이상한 방식으로 악용한다고 해서 기술 자체를 나쁜 것으로 탓할 수는 없다. 범죄인이 있다고 인류 전체를 탓할 수는 없듯이 말이다. 디자이너와 엔지니어가, 상인과 다른 엔지니어에게 고용되거나 아니면 나쁜 상인이나 더 질이 나쁜 악덕 장사치에게 이용당해 실수를 할 수도 있고 판단착오를 할 수도 있다는 점을 부인하려는 것은 아니다. 우리가 실수를 저지를 수 있는 것처럼 그들도 그럴 수 있다. 우리 모두는 자신만만하게 행동하지만 그것이 잘못된 행동일 수도 있다. 그리고 그런 일이 일어났을 때 가장 좋은 방법은 잘못을 가능한 한 빨리 인지하고 멈춘 후에 옳은 길을 모색하는 것이다. 그러나 우리는 실수를 인정하고 고치려 노력하기보다는 잘못된 길을 그냥 계속 가려는 성향이 있다. 특히 다른 사람들과 함께 행동하는 경우에는 더욱 그렇다. 디자이너나 엔지니어도 결국 사람인 이상, 똑같이 잘못을 저지를 가능성이 있다. 특히 근시안적인 기술에만 집착해 디자인 문제를 여러 관점에서 접근하며 해결하는 방식에 집중하지 못하거나, 방해를 받는 일이 생길 때 더욱 잘못을 저지를 확률이 높다. 기술적으로 박식하고 이해할 줄 아는 대중이야말로 이처럼 잘못된 방향으로 들어선 디자인을 점검할 수 있는 최고의 감시자이다.

완벽하지 못한 인공물을 비난하면서도 결국 적응하게 되는 인간의 능력이야말로 아마도 우리가 사용하는 그 많은 물건의 형태를 최종적으로 확립하는 결정적인 요소일 것이다. 새로운 전화기 시스템에 그렇게 불평하던 러셀 베이커도 결국에는 적응했을 것이다. 어쩌면 한때 불편하고 이해하기 힘들었던 그 전화기가 지니는 몇 가지 기능에 대해서는 고마워했을 것이다(글로 쓰지는 않았지만). 기술이 냉혹하게 앞으로만 전진하기 때문에 뒤쫓아 가지 않으면 곧 시대에 뒤떨어지리라는 생각은 잘못된 것이다. 오히려 압도적으로 많은 대다수 인공물의 진화는 형태와 기능 면에서 모두 근본적으로 더 나은 쪽을 향해 선의로 이루어진다.

우리가 인공물과 기술적 환경에 잘 적응할 수 있다는 사실이야말로 변화에 저항하는 요인이 된다. 특히 자라면서 여러 방식으로 익숙해진 물건과 사용 습관이 점점 늘어나기 때문에 더욱 그렇다. 가령 구식 전화기에는 통화전송 기능이나 음성녹음 기능이 없지만, 설령 통화를 하지 못했다 해도 당연하게 받아들이고 아니면 통화를 놓치지 않도록 다른 방도를 찾았을 것이다. 전화기에 크게 의존하는 기자나 또 다른 누군가는 전화를 받을 수 없는 상황에서 동료, 비서, 조수 또는 자동응답 기능 등이 대신 전화를 받을 수 있도록 조치를 취했다. 그러나 새로운 물건을 사용하게 되자, 재빨리 장점을 알아챘다. 새로운 전화기 시스템에 있는 자동 기능 덕분에 집에서 홀로 작업하는 프리랜서들도 전화기 하나만 있으면, 사무실 근무자와 똑같은 편의를 만끽할 수 있었다. 그러나 대부분 최신 기술을 가장 먼저 수용하는 층은 낡은 물건에 익숙해져 있을 만큼 나이가 많지 않으며, 새로운 기술을 구입할 경제적 능력도 충분한 젊지만 경제적 능력이 있는 세대이다.

우리의 취향이 세상을 관조하는 나이든 세대와 일치하든, 상승하는 현 세대와 함께하든, 삶에 영향을 미치고 삶의 모양을 형성해주는 인공물의 형태는 누군가가 현재 사용하는 인공물의 단점을 감지한 결과로 이루어진다. 그들은 기술적으로 비평하는 시각에서 인공물을 특별하게 관찰할 수 있는 엔지니어, 디자이너 또는 발명가일 가능성이 가장 크다. 만일 그 비평이 더 개선된 물건의 원형을 만들어낼 수단을 갖고 있거나, 회사 차원의 후원자가 참여하거나, 기업가에게 그 물건을 만들 수 있는 소통하는 능력이나 설득하는 힘이 있다면, 우리는 옛것과 새것 사이에서 선택할 수 있을 것이다. 그러나 때로는 선택의 기회를 빼앗기는 경우도 있다. 제조사들 스스로 실패와 개선에 대한 기준이 있으며, 그 기준에는 손익개념이 포함되기 때문이다. 그래서 소비자에게 필요해 보이는 것이 막상 제조사에게는 이익이 없는 것으로 여겨질 수도 있다. 물건을 더 가볍고, 얇고, 저렴하게 만들겠다는 결정은 꼭 어떤 단점을 개선하겠다는 의미에서 나온 것이 아닐 수도 있다.

형태의 진화는 단점에 대한 인지에서 비롯된다. 그것은 비교하는 언어를 통해 퍼져나간다. '더 가벼운', '더 얇은', '더 값이 싼'이라는 말들은 개선된 현상을 비교하는 주장이다. 그리고 새로운 제품에 그런 수식어를 붙일 수 있느냐의 여부가 직접적으로 형태에 영향을 미친다. 경쟁은 본질적으로 최고의 것이 되기 위한 투쟁이다. '가장 가벼운', '가장 얇은', '가장 값이 싼'이라는 주장이 가끔은 궁극적인 목표가 된다. 모든 디자인 문제가 그렇듯이, 만일 목표가 여러 가지일 때는 대부분 양립이 힘들다. 그래서 가장 가볍고 가장 얇은 크리스털 잔은 가장 비싸기 마련이다. 그러나 인공물 형태의 한계는 역시 실패에 의해 정의된다. 너무나 가볍고 얇은 크리스털 잔은 사용할 수도 없는 물건이 될지도 모르기 때문이다.

나는 언젠가 우리 집에서 열린 만찬 모임에서 어느 부인이 아이에게 물을 마시게 하다가 좋은 오레포르스 크리스털 잔을 깨뜨리는 것을 보았다. 아이는 젤리 잔이나 두꺼운 플라스틱 컵을 이에 물고 노는 습관이 있었는지 잔을 입에 물고 흔들어댔다. 갑자기 일어난 사고에 아이가 놀라면서 부서진 잔 조각이 턱에서 떨어져 내렸다. 아이 입에 상처는 생기지 않았으나 부인은 기분이 상했고 우리 부부는 크리스털 세트의 한 부분을 잃었다. 부인은 물론 부서진 잔을 변상하겠다고 했다. 그래서 우리는 새로운 잔을 주문했다. 잔이 도착했을 때, 아내는 새 잔이 부서진 잔보다 더 두껍다는 것을 즉각 알아차렸다. 그래서 나머지 세트까지 교체했는데, 비싸기는 해도 결혼선물로 받은 원래 잔만큼 가볍거나 얇지 않았다. 기존 제품은 오레포르스에서 잔을 가장 얇게 만들던 때에 산 것이었다. 그래서 지나치게 부서지기 쉽게 만든 것에 대한 불평과 함께 제품을 바꿔달라는 요청이 쇄도하기도 했다. 당연히 잔은 더 가볍고 얇게 만들 수 있다. 그러나 이 경우 어른도 매우 조심해서 사용해야 하며, 씻을 때도 긴장을 늦춰서는 안 될 것이다. 크리스털 잔은 너무 가볍고 얇아서 딱딱한 식탁에 조금만 삐딱하게 놓아도 자칫 쨍하고 금이 가기 쉬웠다. 크리스털 잔을 얇게 만들면, 빛이 잔과 안에 있는 내용물에 반사되어 더욱 섬세한 아름다움을 발하기도 한다. 그러나 다른 잔이 사람들이 먹고 마시는 것을 즐기도록 도와주는 동안, 크리스털 잔은 깰까 조마조마해서 아주 조심스럽게 찬장 안에 모셔두는 일이 많았을 것이다.

불만이야말로 발전을 위한 최초의 조건

디자인의 세계는 우리가 만질 수 있는 물건뿐 아니라, 물건을 생산하고 유통하는 기관과 시스템도 포함한다. 만일 이 사실을 이해한다면, 생산되고 변형된 모든 인공물과 기술적 시스템이 실제로 존재하는 것은, 기대한 만큼 성능을 발휘하지 못하고 발생한 실패와 또는 잠재된 실패의 선례에 대한 반응이라고 설명할 수 있을 것이다. 그러나 머릿속으로 생각하는 결함은 고사하고 실제로 나타난 결함이라고 해도, 진짜로 문제가 되는 것은 정확한 정의와 경중이라고 할 수 있다. 한 사람에게는 유용한 개선일지라도 다른 사람에게는 오히려 개악일 수도 있다. 발명가나 특허심사관 등, 극소수 사람만이 새롭고 유용하다고 인정한 물건에 발급된 특허가 무수하게 많다. 이 물건들은 단지 소수의 생각, 도면, 견본 형태 안에서 독특한 사례로서만 존재해왔다. 그러나 이런 제품들조차 가장 성공한 제품들과 마찬가지로 기존 제품의 결함에 대한 자각에서 단점에 대한 반응으로 발명되었다는 점에서는 결코 뒤지지 않는다.

제이콥 래비노는 도둑방지 자물쇠 디자인과 관련해 기존의 자물쇠가 지닌 결함을 개선한 발명 일화를 들려주었다. 그가 생각해낸 더욱 안전한 자물쇠란 매우 얇은 띠의 금속판으로 만든 열쇠였다. 특수한 모양으로 휘어서 만든 열쇠를 집어넣고 돌려야만 자물쇠의 날름쇠가 정확한 위치로 옮겨져 자물쇠를 열 수 있었다. 머리핀 같은 도구로는 열 수가 없다. 핀은 너무 두꺼워 날름쇠를 밀어내 자물쇠가 열리는 위치를 벗어나게 하기 때문이다. 래비노는 자물쇠와 열쇠로 두 가지 특허를 따냈지만, 열쇠의 모양이 '괴상해서' 제작해 판매하지는 못했다. 그는 '더 좋게 만들되 아무것도 바꾸지 말라'는 기업가의 모토를 떠올리며 레이먼드 로위가 공언한 '가장 앞서 나가면서도 받아들여질 수 있어야 한다'는 원칙을 다시금 깨달았다.

시장의 관성은 참으로 대단해서 물건의 형태가 너무 빨리 그리고 극단적으로 변하는 것을 막아낸다. 그러나 변하지 않는 영원한 형태는 없으며 시정되지 않는 결함도 있을 수 없다. 제작사, 발명가, 소비자 중에 누군가는 경쟁 중이거나 구상단계에 있는 어떤 물건에서 가볍거나 무겁거나, 얇거나 두껍거나, 저렴하거나 비싸거나 등의 결함을 발견해낼 것이며, 결국은 결함을 개선해 변화를 만들어낼 것이다. 그 변화는 아무리 사소하더라도, 궁극적으로는 우리 주변에 있는 인공물 세계의 모습에 영향을 미칠 것이다. 현대인의 삶에서 사용되는 인공물 중에 가장 널리 알려진 물건을 만들고 1,093가지의 기록적인 특허를 따낸 토머스 에디슨도 기술적인 변화의 소용돌이를 피해갈 수는 없었다.

에디슨은 원통형 축음기를 만들고 싶어 했다. 최초의 축음기인 회전판 형태를 거의 본떴다. 경쟁자들이 편평한 디스크를 내놓자, 턴테이블이 있어야 하고 레코드 바늘이 레코드판의 홈을 따라 밖에서 안으로 돌아 들어오면서 결국에는 소리가 뒤틀릴 것이라는 점을 들어, 에디슨은 그 아이디어를 거부했다. 그러나 소비자들이 간편하게 보관하기가 편리하다는 이유로 디스크를 더 좋아하자, 대형 제조사를 운영하던 에디슨은 양면 레코드를 개발해 경쟁자보다 더 나은 제품을 만들었으며, 효율적인 디스크 보관이 가능하도록 했다. 결함을 발견하면 바로 해결해야 직성이 풀리는 성격이었다. 그는 언젠가 일기에 이렇게 적었다. "끊임없이 움직이면 불만이 보인다. 불만이야말로 발전을 위한 최초의 필요조건이다. 진짜로 만족해하는 사람이 있으면 내 앞에 데려오라. 무엇이 결함인지 알려주마."

오늘날 세상에 존재하는 엄청나게 많은 물건을 보면, 미래에는 더욱 무궁무진한 물건이 생겨나리라 확신하게 된다. 실제로 기존의 물건은 끊임없이 움직이고 불만을 토해내는 누군가의 감시를 받는 상황에서 공정한 게임의 대상이며, 감시자들은 '충분히 괜찮다'는 말을 결코 '결점이 전혀 없다'는 뜻으로 받아들이지 않고 끊임없이 불만을 나타낸다. 그냥 내버려두어도 된다는 반동적인 요구는 효력을 나타내지 못한다. 문명의 선진화는 그 자체의 실수와 결함을 끊임없이 고쳐나가는 역사이기 때문이다.

왼손잡이용 만물상과 기술이 진화하는 방식

물론 어떤 사람에게는 충분히 만족스러운 물건도 다른 사람에게는 그렇지 않을 수 있다. 왼손잡이들은 문고리, 책상, 책, 타래송곳 및 헤아릴 수 없이 많은 오른손잡이용 물건이 판을 치는 세상에서 살아가는 방법을 배워야 한다. 만일 글러브를 집에 두고 나왔다면, 오른손잡이용 글러브를 빌려 사용해야 할 수도 있다. 그러나 외야수의 미트나 드물게 볼 수 있는 책상을 제외한다면, 오른손잡이용 인공물을 왼손잡이가 사용할 수 있게 고친 물건은 거의 없다. 대부분 왼손잡이용 기구의 필요성을 강력하게 표출하지도 않는 것 같다.

그러나 알다시피 특화된 인공물의 경우 일반인이 필요성을 느껴서라기보다는 기존 물건의 결함에 대한 특유의 관찰에 의해 진화한다. 그래서 발명가와 제조사는 왼손잡이를 위한 물건과 상점을 고안해냈다. 런던 브루어가에 있는 '왼손잡이용 만물상'에서는 책장을 왼쪽에서 오른쪽으로 펼치고 쪽수도 그에 맞게 매겨져 있는, 오른손잡이에게는 아주 혼란스러운 카탈로그를 내놓고 물건을 소개한다. 반대 방향으로 가는 시계처럼 일부 물건은 편리함보다는 재미용이지만, 왼손잡이용 정원 가위와 국자는 참으로 구세주임이 틀림없다. 샌프란시스코에도 이와 비슷한 상점이 있었는데, 친지의 부인이 왼손잡이용 스위스 아미나이프를 사서 남편에게 선물했다. 그런 물건이 있는 줄 모르고 살아온 그는 오른손잡이용 물건을 오랫동안 어떻게 익혔는지를 설명해준 적도 있었다. 그러나 지금은 새로운 나이프를 왼손으로 어떻게 사용할 수 있는지, 반대 방향으로 돌리는 타래송곳을 어떻게 사용하는지 보여주고 싶어 안달이다.

'왼손잡이용 만물상'에서 파는 부엌칼은 자루를 왼손잡이에 맞도록 만들었고 톱니 모양의 날도 바꿨다. 비슷하게 톱니 모양을 낸 식탁용 나이프도 구할 수 있다. 왼손잡이에게 편한 방향으로 '자르는 갈퀴'가 달린 과자용 포크와도 잘 맞는다. '왼손잡이용 만물상'에 있는 물건은 하나하나가 고의든 부주의든 오른손잡이를 위해 디자인한 물건을 고쳐서 왼손잡이가 사용하는 데 문제를 일으키거나 불편을 주지 않도록 만든 것이다. 이것은 모든 인공물이 다양화되고 기술이 진화하는 방식을 보여주는 모델이 된다. 물건을 사용하는 동안 결함은 드러나게 되어 있기 때문이다. 기술과 물건이 지니는 문제점을 가장 먼저 발견한 사람이 발명가나 디자이너, 엔지니어가 아닐 수도 있다. 그러나 이들은 반드시 해결 방안을 찾아낸다. 우리는 세상이 기술적으로 완벽하지 못하다는 사실을 받아들이며, 얼마쯤 불편함을 감수하며 살아간다. 왼손잡이가 오른손잡이용 기구에 적응해온 것처럼 변형된 인공물이 놀랍도록 좋다는 것을 알기 전까지는 불완전한 기술에 생활습관을 맞추며 살아가기도 한다.